新世纪心理与心理健康教育文库

Xinshiji Xinli Yu Xinlijiankangjiaoyu Wenku

情绪心理学

Qingxu Xinlixue

郭德俊 刘海燕 王振宏◆编著

Guo Dejun Liu Haiyan Wang Zhenhong

开明出版社

新世纪心理与心理健康教育文库

编　委　会

总序

Sequence

早在上个世纪70年代就有专家预言：21世纪是心理学的世纪。21世纪人类所面临的最大挑战，不是其他，而是心理困惑和心理问题。

进入新世纪，我国社会主义物质文明、政治文明、精神文明建设不断加强，综合国力大幅度提高，人民生活显著改善。同时，我们也要看到，我国已进入改革发展的关键时期，经济体制深刻变革，社会结构深刻变动，利益格局深刻调整，思想观念深刻变化。这种空前的社会变革，给我国发展进步带来巨大活力，也必然带来这样那样的矛盾和问题。例如，城乡、区域经济社会发展很不平衡；就业、收入分配、社会保障、教育、医疗、住房等方面关系群众切身利益的问题比较突出；一些社会成员诚信缺失、道德失范；一些领域的腐败现象比较严重等。这些矛盾和问题让人们感到心理困惑，时刻冲击着人们的心理承受能力。

2006年，中共中央《关于构建社会主义和谐社会若干重大问题的决定》明确指出：我们必须坚持以人为本。要注重促进人的心理和谐，加强人文关怀和心理疏导，引导人们正确对待自己、他人和社会，正确对待困难、挫折和荣誉。要加强心理健康教育和保健，塑造自尊自信、理性平和、积极向上的社会心态。心理和谐是构建和谐社会的心理基础和重要标志。胡锦涛同志指出："科学发展观，第一要义是发展，核心是以人为本。"以人为本就必须重视人、尊重人、关心人、爱护人，就必须重视人的心理发展。加强心理健康教育和心理保健，不断提高人们的心理素质，帮助人们形成积极心理品质，为和谐社会建设奠定和谐的心理基础已经成为举国上下的共识。

促进人的心理和谐需要有科学心理学指引，加强心理健康教育需要有合适的教材。近年来，国内虽然也陆续出版了一些心理学或心理健康教育方面的图书，但不够系统，缺乏总体规划。正因为如此，我们组织了一批心理学专家、学者，编写了这套反映我国心理学发展及心理健康教育理论成果的“新世纪心理与心理健康教育文库”。

“新世纪心理与心理健康教育文库”具有系统性。文库参照心理学学科体系和我国现实需要，分为基础理论、应用理论和技术与实践三个系列。

“新世纪心理与心理健康教育文库”具有权威性。文库是国家出版基金资助项目；文库撰稿人的选择面向全国，每一本图书都由该领域的专家学者撰稿；文库的统稿工作由国内权威心理学家和心理健康教育专家负责完成。

“新世纪心理与心理健康教育文库”具有前沿性。文库在全国范围选聘心理学和心理健康教育领域的专家学者撰稿，既可以吸收心理学与心理健康教育的权威理论和最新研究成果，也可以保证所选内容资料贴近时代、贴近生活、贴近实际。

“新世纪心理与心理健康教育文库”具有实用性。文库在强调系统性、理论性、科学性的同时，更加强调实用性。力求做到理论联系实际，给出的理论实用，给出的技术可行，给出的方法可操作。

“新世纪心理与心理健康教育文库”理论性、实用性、资料性、工具性兼备，是心理学与心理健康教育的“百科全书”。它可以作为从事心理与心理健康教育工作的管理者和研究者的参考书、工具书；可以作为心理健康教育教师继续学习、自我提高的自修图书；可以作为心理健康教育教师的培训用书；可以作为师范院校心理与心理健康教育专业的教材或参考书。

我们相信，“新世纪心理与心理健康教育文库”对于从事心理与心理健康教育工作的人士会有所帮助；对于我国的心理与心理健康教育工作会起到推动促进作用；对于促进人的心理和谐、促进社会心理和谐会发挥一定作用。

我们希望，这套文库能够得到广大心理与心理健康教育工作者的认可、接纳。

郑日昌

于京师园

前 言
Preface

情绪是人的心理活动的重要组成部分。我们的心理世界充满着各种各样的情绪，有时欣喜若狂，有时焦虑不安，有时孤独恐惧，有时满腔怒火，有时悲痛欲绝，有时舒适愉快。情绪是一种极其复杂的心理现象，有独特的心理过程，有生理唤醒、主观体验和外部表现。情绪能表达人的内心状态，可以说它是人的心理状态的晴雨计。情绪是人脑的高级功能，是人类生存适应的第一心理工具。它具有组织、调节和动机的功能，是人格的核心内容，也是控制心理疾病、维护心理健康的一个关键成分。情绪与认知活动既有联系又有区别，是进化过程中的产物。

情绪心理学是研究情绪现象和规律的学科，主要探讨情绪发生发展的规律及其生理基础与人脑活动的机制，以及情绪与其他心理现象的关系和在实际生活中的运用。

当今，心理学各流派在情绪理论上彼此达成了某些共识。从进化的角度来认识情绪在心理活动中的作用，已成为情绪研究在方法论上的主导思想。对情绪的适应价值和动机性质的系统研究，已深入到人的整个心理结构。情绪激活机制的研究也出现了新的进展，从神经生化、信息加工的多样性方面提出了有关情绪的理论。近年来，心理学家开始思考人类的爱情、幸福、创造力、心身健康、自我满足和成就感等，期望情绪在人类生活中发挥更多更好的作用，使人类生活变得更加美好，更有意义。

随着科学技术的发展，人们对情绪本质与机制的研究逐渐深入，情绪研究已成为当今心理学研究中的热点。情绪在人们生活、工作中的作用，也越来越被人们所认识，人们需要了解情绪。本书是情绪心理学普及读物，因此，提供的是本学科的基础知识，介绍情绪发生和发展的一般规律、理论体系、派别和研究方法等，同时也注意反映当今情绪心理学研究的进展，强调内容的基础性、科学性、时代性和实用性。全书共有十章，包括两部分内容：第一部分涉及情绪的本质、理论观点、生理基础、分类、表达、调节与发展等内容；第二部分涉及情绪与认知、人格以及与人们生活和工作的关系等内容。

在本书的编写中，对于概念和理论，用实验资料、研究成果和生活实例进行论证，使基本理论与经典实验相呼应，尽可能地联系生活实际。注重科学性的同时，也注意到语言的流畅和趣味性。本书适合各类大专院校本科生、广大心理学爱好者学习使用，同时，也可作为教师、家长和心理学工作者的参考读物。

本书由首都师范大学郭德俊教授担任主编，并撰写第一章、第八章和第十章。第二章、第三章、第九章由中国地质大学（北京）刘海燕教授撰写。第四章、第五章、第六章、第七章由陕西师范大学王振宏教授撰写。

本书得以完成首先要感谢孟昭兰教授的推荐，是她给了我们这样一个宝贵的机会。同时，我们在编写过程中参考了国内外专家学者的大量文献，它们对于本书的编写起到了重要的指导作用。在此，我们一并表示由衷的敬意和诚挚的谢意。

由于作者水平和能力所限，书中难免错误与疏漏之处，敬请同行专家和广大读者批评指正。

编　者

目 录

Contents

第一章　绪论

【本章提要】

情绪是生物进化的产物，也是人类个体发生、发展过程中不断发展成熟的反应调节机制。情绪是一个复杂的，具有适应性、动力性和系统性的，能够帮助个体适应复杂多变环境的心理现象，是人类心理活动中的基本心理过程。它是由独特的主观体验、外部表现和生理唤醒三个成分组成的。情绪是适应生存的心理工具，是活动的动机，是心理活动的组织者，是人际之间交流的工具和身心健康的调节者。人类所有的情绪由几个基本的维度构成，不同情绪之间的相似性和差异性是根据彼此在维度空间中的距离来显示的。组成情绪的基本维度有两个，情绪的效价和唤醒度。对情绪的研究要从不同的成分、维度和水平等多层次进行考察，即要从生理、认知、行为、进化和社会等多种角度进行探讨。也就是说要采取多种研究方法，才可能揭示情绪的奥秘。分析情绪研究的不同取向、发展进程与动向，有助于把握情绪研究的规律，使我们对情绪研究的历史和现状有一个相对清晰的认识，有助于我们更好地明确今后的研究方向。

【学习重点】

1. 理解并掌握情绪的含义。
2. 了解情绪的三种主要成分。
3. 掌握情绪的主要功能。
4. 了解情绪的两个基本维度。
5. 了解情绪研究的不同取向。

【重要术语】

情绪　主观体验　表情行为　生理反应　情绪的维度　效价　唤醒度

第一节　情绪的本质

2008 年 5 月 12 日 14 时 28 分，四川汶川发生 8.0 级地震。山崩地裂，房屋倒塌，数万生命顷刻之间消失了……人们感到惊恐、害怕、悲伤、痛苦、内疚、孤独和自责。这场罕见的灾害，带给人们巨大的伤痛和无尽的悲哀，但却无法让我们惧怕和退缩。面对大灾，人们用爱心筑起精神的长城。解放军战士和武警官兵夜以继日，争分夺秒地展开生命大营救，教师在地震尚未停止之时来回往返教室多次，疏散学生，而自己却未能走出教室……地震给人们带来的是痛苦，而震后的救援带来的是感动。在这世纪罕见的灾难面前，人们的心理受到极大的创伤，特别是恐惧、害怕、悲伤等消极情绪会给人们身心的发展带来不良的影响，因此，在震后有许多心理学家赶赴灾区，帮助人们缓解心理压力，消除恐慌情绪。

上面事例中人们所产生的惊恐、害怕、悲伤、痛苦和内疚等都是情绪。日常生活中也充满着情绪，我们每个人每天都经历着情绪体验，人们生活在社会中，为了自身的生存和发展，就要不断地认识和改造客观世界，创造人类文明、进步和发展的条件。人们在变革现实的过程中，必然要遇到得失、顺逆、荣辱、美丑等各种情境，因而有时会感到高兴和喜悦，有时会感到气愤和憎恶，有时会感到悲伤和忧虑，有时会感到爱慕和钦佩。例如享受友谊的快乐，欣赏电影的愉悦，不小心弄坏了东西而难受等。同时，也会经历过一些强烈的情绪体验，如沉醉于热恋之中，为获奖而兴奋，为亲人的去世而悲伤等，这些情绪的性质可能不同，但它们都是情绪，这里的喜、怒、哀、乐、忧、愤、憎等都是情绪的不同表现形式。

一、情绪的含义

情绪 emotion 这个词源自拉丁文 e（向外）和 movere（运动），意思是指从一个地方向外移至另一个地方。它描述着“动”的现象，意味着骚动、紊乱。例如人们常把雷暴看做是天气的“情绪”；人们在政治和社会活动中的鼓动或动乱就是情绪的表达。

关于情绪的本质，从 19 世纪以来，心理学家进行了长期而深入的研究，对情绪的实质提出了各种不同的看法，但是，由于情绪的极端复杂性，至今还没有得出一致的结论。

有较多的学者认为情绪是表达个体与环境事件之间关系的心理现象。如坎波斯认为情绪是个体与环境之间某种关系的维持或改变（Campos，1970）。阿诺德也认为情绪是对趋向知觉为有益的，离开知觉为有害的东西的一种体验倾向，伴随着相应的接近或退避的生理变化模式（Arnold，1960）。拉扎鲁斯提出了与阿诺德类似的看法，他认为情绪来自正在进行着的环境中好的或不好的信息的生理心理反应的组织，它依赖于短时的或持续的评价（Lazarus，1984）。也就是说，情绪是作为个体愿望、需要和环境之间中介的一种心理活动。当客观事物或情境符合主体的需要和愿望时，就能引起积极的、肯定的情绪。如渴求知识的人得到了一本好书会感到满意，生活中遇到知己会感到欣慰，看到助人为乐的行为会产生敬佩，找到了志同道合的情侣会感到幸福等。当客观事物或情境不符合主体的需要和愿望时，就会产生消极、否定的情绪，如失去亲人会引起悲痛，无端遭到攻击会产生愤怒，工作失误会出现内疚和苦恼等。由此可见，这些学者是从情绪反映个体与内/外环境的适应状态的角度揭示情绪的本质。

有些学者则认为情绪具有动机性，如汤姆金斯（Tomkins，1970）提出情绪是有机体的基本动机。利珀（Leeper，1973）也强调情绪是一种具有动机和知觉的积极力量，它组织、维持和指导行为。扬（Young，1973）则提出情绪起源于心理状态的感情过程的激烈的搅乱，它同时显示出平滑肌、腺体和总体行为的变化。这说明他把情绪看成是感情过程的搅乱，强调了情绪的“干扰”性质。而巴克（Buck，1985）进一步指出，情绪联系着动机过程，情绪被进化成为携带动机信息的显示机制，报告着动机运作的过程，并认为由目标指引的行为（如攻击）与主观感受、表情行为和生理的唤醒一起构成情绪的主要成分。卡弗等人（Carver & Scheier，1990）定义情绪为监察目标与现实之间差距正在减少的比率的显示（readout）系统，正情绪反映差距减少的速度比预期的快，而负情绪则反映差距减少的速度比预期的慢。

有的学者如梅恩等人（Mayne & Ramsey，1994）认为情绪不是一个单一维度，而是一个系统。我国学者孟昭兰（1989，1994）在总结国内外情绪研究的基上提出情绪是多成分组成、多维量结构和多水平整合，并为有机体生存适应和人际交往而同认知交互作用的心理活动过程和心理动机力量。也就是说，情绪是一个多成分的复合过程，是生理、心理和社会不同水平整合的产物，是发生在多级心理水平上的心理现象。奥克斯纳和巴雷特（Ochsner & Barrett，2001）从情绪产生的行为水平及大脑结构和功能的神经水平，提出了情绪产生和调节的自动和控制的多水平加工机制。

从这些情绪心理学家对情绪的不同界定，可看出情绪是生物进化的产物，也是人类个体发生、发展过程中不断发展成熟的反应调节机制。是一个复杂的，具有适应性、动力性和系统性的，能够帮助个体适应复杂多变环境的心理现象。

二、情绪的成分

关于情绪的成分，大部分心理学家都认为情绪是人们对外界刺激的复杂反应，是一个多成分的复合过程，它是由独特的主观体验、外部表现和生理唤醒三个成分组成的（Izard，1977）。格鲁斯和利文森（Gross & Levenson，1993，1997）也认为情绪是包含着主观体验、表情行为、生理反应三个主要成分的生物性反应。拉扎鲁斯（Lazarus，1984）指出情绪包含动作冲动、躯体表达、主观的认知—情感状态以及生理的不平衡等混合的反应，即由行为的、生理的改变以及认知/主观报告三部分构成。坎波斯（Campos，1989）认为个体情绪可表达于生理、行为和认知等领域。

(一) 情绪的主观体验

情绪的主观体验(subjective experience)是指人们的某种特别的感受,例如快乐、恐惧、愤怒等都是情绪在主观意识上独特的感受,构成了情绪的心理内容,是心理活动中一种带有情绪色彩的觉知,这种独特的色彩觉知是在意识层面上的一种感受,被称为体验。不少研究者坚持,情绪主观体验应该是情绪的重要成分,也是必不可少的成分(孟昭兰,2000)。克洛尔和奥托尼(Clore & Ortony,1984)强调情绪的主观感受是情绪的必要成分。勒杜(LeDoux,1994)也认为,情绪过程可以在无意识状态中发生,但情绪必须有主观意识。只有达到意识状态,才可以成为一个完整的(full - fledged)情绪。也就是说,情绪必须被个体感受到,成为一种意识状态。

关于情绪主观体验的形成,詹姆斯(James,1884,1890)提出,情绪主观体验决定于情绪性外周生理反应的感觉反馈信息,是情绪生理反应的感觉反馈信息在大脑相关区域的意识形成。同时,有的学者认为情绪主观体验与个体对情境的评价和动机状态有着密切联系。曼德勒(Mandler,1990)认为与认知评价联系的主观情绪状态引导着适当的情绪选择,对情境的认知评价可以直接引起情绪体验并调节情绪。情绪感受与评价之间存在着密切的关系。好的评价与积极情绪感受有关,不好的评价与消极情绪感受有关。斯坦和莱文(Stein & Levine,1990)提出,情感体验与个体所追求的目标有着密切的关系。与目标一致、可帮助实现目标的环境,将引起愉快和兴趣等情绪感受;与目标不一致、阻碍目标实现的环境,使个体产生消极情绪体验,或无情绪体验。

(二) 情绪的外部表现

情绪的外部表现,通常称之为表情(emotional expression)。情绪心理学家认为表情行为是生物进化的产物,是情绪的一个重要成分,是表达情绪的外显行为,是情绪研究中经常采用的客观指标之一(孟昭兰,1987)。伊扎德(Izard,1991)指出,表情行为包括神经肌肉活动和感觉反馈信号活动两部分,表现为面部的、言语的、躯体姿势的、手势的活动。面部表情是面部肌肉变化所组成的模式,如高兴时额眉平展、面颊上提、嘴角上翘。面部表情模式能精细地表达不同性质的情绪,因此是鉴别情绪的主要标志。姿态表情是指面部表情以外的身体其他部分的表情动作,包括手势、身体姿势等。如人在痛苦时捶胸顿足,愤怒时摩拳擦掌等。语调也是表达情绪的一种重要形式。语调表情是通过言语的声调、节奏和速度等方面的变化来表达的,如高兴时语调高昂,语速快;痛苦时语调低沉,语速慢。

(三) 生理唤醒

生理唤醒(physical arousal)是指情绪产生的生理反应。与其他的心理活动相比，情绪涉及更多皮下中枢及更多的外周生理反应。如中枢神经系统的脑干、中央灰质、丘脑、杏仁核、下丘脑、蓝斑、松果体、前额皮层以及外周神经系统和内、外分泌腺等。生理唤醒是一种生理的激活水平。不同情绪的生理反应模式是不一样的，如满意、愉快时心跳节律正常；恐惧或暴怒时，心跳加速、血压升高、呼吸频率增加，甚至出现间歇或停顿；痛苦时血管容积缩小等。

人们在清醒状态下，能自我觉察到情绪的变化，但不能完全控制自己的情绪唤醒水平，因为主控情绪唤醒水平的自主神经系统是不受个人意志所控制的。自主神经系统包括交感神经系统和副交感神经系统，两者功能相反，前者在情绪状态下发生作用，后者在情绪平静时发生作用。

在现代司法心理学中，经常用到的测谎仪就是根据情绪状态下个人不能控制其生理变化的原理来设计的。测谎仪主要测量呼吸、汗腺及心跳等个体不能自行控制的反应。各种反应记录，都经过震动式描针记录在定速运行的纸带上（图1－1）。研究者根据被试回答问题时的各种线条变化，推测其是否说谎。

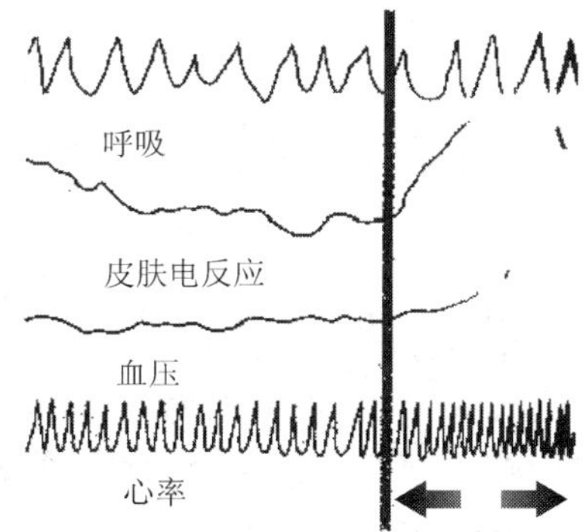

图1－1 测谎仪记录下的各项生理反应（D. Coon，O. John & Mitterer，2007）

三、情绪维度

（一）什么是情绪维度

情绪的维度（dimension）是指情绪所固有的某些特性，主要指情绪的动力性、激动性、强度和紧张度等方面。这些特征的变化幅度又具有两极性（two polarity），每个特性都存在两种对立的状态。研究情绪的维度，也就是从它的最基本的特性来了解情绪的本质。

情绪的动力性有增力和减力两极。一般地讲，需要得到满足时产生的积极情绪是增力的，可提高人的活力；需要得不到满足时产生的消极情绪是减力的，会降低人的活动能力。情绪的激动性有激动与平静两极。激动是一种强烈的、外显的情绪状态，如激怒、狂喜、极度恐惧等，它是由一些重要事件引起的，如突如其来的地震会引起人们极度的恐惧。平静是指一种平稳安静的情绪状态，它是人们正常生活、学习和工作时的基本情绪状态，也是基本的工作条件。情绪的强度有强、弱两极，如从愉快到狂喜，从微愠到狂怒。在情绪的强弱之间还有各种不同的强度，如在微愠到狂怒之间还有愤怒、大怒和暴怒等。情绪强度的大小决定于情绪事件对于个体意义的大小。情绪还有紧张和轻松两极。人们情绪的紧张程度决定于面对情境的紧迫性，个体心理的准备状态以及应变能力。如果情境比较复杂，个体心理准备不足而且应变能力比较差，人们往往容易紧张，甚至不知所措。如果情境不太紧急，个体心理准备比较充分，应变能力比较强，人就不会紧张，而会觉得比较轻松自如。

（二）情绪维度理论

人们对情绪的维度有着各种不同的看法，提出了许多理论。有人认为情绪有两个维度，有人认为情绪有三个维度，还有人认为情绪有四个维度，这些理论对于我们理解情绪的性质和对情绪进行度量是有一定意义的。下面介绍几种主要的理论。

1. 二维理论

情绪的维度理论认为人类所有的情绪是由几个基本的维度构成的，不同情绪之间的相似性和差异性是根据彼此在维度空间中的距离来显示的。现在较为公认的看法是，组成情绪的基本维度是两大维度，情绪的心理学家称为“大二（Big Two）”模式。20 世纪末拉塞尔等人（J. A. Russell，1989，1999；Watson et al，1999）对爱沙尼亚、波兰、希腊、中国和加拿大的被试进行情绪测试，要求他们报告不同的情绪体验，其结果显示情绪体验都在两个维度中。一个维度是愉快不愉快，称之为情绪的效价（valence）。在效价维度上，由正到负，愉悦度依次降低，中间的某一点上无情绪感受。位于正效价那端，有愉悦感受的情绪称为积极情绪（正情绪），位于负效价那端，有不愉悦感受的情绪称为消极情绪（负情绪）。另一个维度是唤醒度（arousal），有低唤醒与高唤醒，它由弱到强。情绪的两个维度见图 1－2 所示。

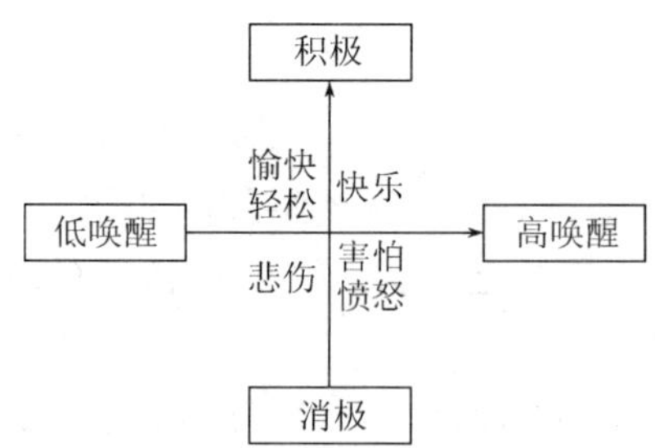

图 1－2　情绪的两个维度（Myers，2003）

这两个维度在人们的生活中都可以见到。效价维度在成功的运动员中可以见到，他们喜悦、愉快，他们认为唤醒使其精力充沛，赋予他们一种优势（Raglin，1992）。这是一种正效价的情绪。而那些失败者往往产生的是消极情绪，如悲伤、痛苦等，是负效价。有经验的教师在上课前喜欢有唤醒，这有助于他们讲授时达到最佳状态。在唤醒与效价的维度中，唤醒由低到高，效价由愉快到不愉快，情绪的强度是不一样的。如恐怖比害怕更惊恐，激怒比愤怒更气愤，欣喜比快乐更开心。

2. 三维理论

早在 19 世纪末，冯特（Wundt，1896）就提出了情绪的三维理论，认为情绪是由三个维度组成的，即愉快—不愉快；激动—平静；紧张—松弛。每一种具体情绪分布在三个维度的两极之间的不同位置上。他的这种看法为情绪的维度理论奠定了基础。

20 世纪 50 年代，施洛伯格（Schloberg，1954）根据面部表情的研究提出，情绪的维度有愉快—不愉快、注意—拒绝和激活水平三个维度，建立了一个三维模式图（图 1－3）。椭圆切面的长轴为快乐维度，短轴为注意维度，垂直于椭圆面的轴则是激活水平的强度维度，三个不同水平的整合可以得到各种情绪。

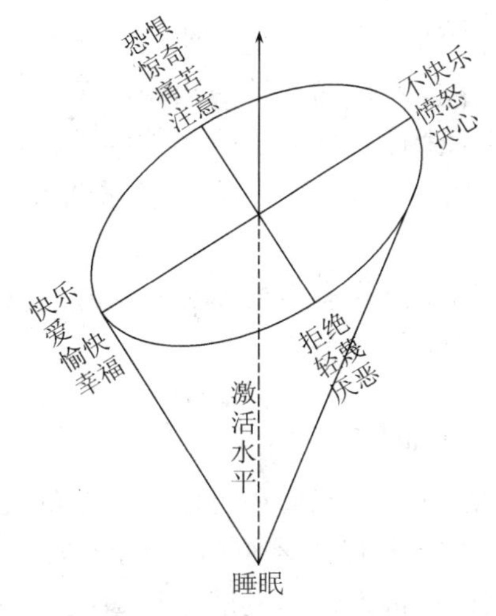

图 1－3 施洛伯格情绪三维模式图（克雷奇，1981）

20 世纪 60 年代末，普拉切克（Plutchik，1970）认为情绪是多维度的，其维度有强度、相似性和两极性等三个维度，并用一个倒锥体来说明三个维度之间的关系。锥体截面划分为 8 种原始情绪，相邻的情绪是相似的，对角位置的情绪是对立的，锥体自下而上表明情绪由弱到强的变化（见图 1－4）。他认为任何一种情绪都会在强度上有差异，例如，忧郁和悲伤之间，悲伤更强一些。在相似性上也不一样，例如，快乐与期盼之间的相似性要大于憎恶与惊奇之间的相似性。在极性上也不同，例如厌恶与容忍是相对立的。

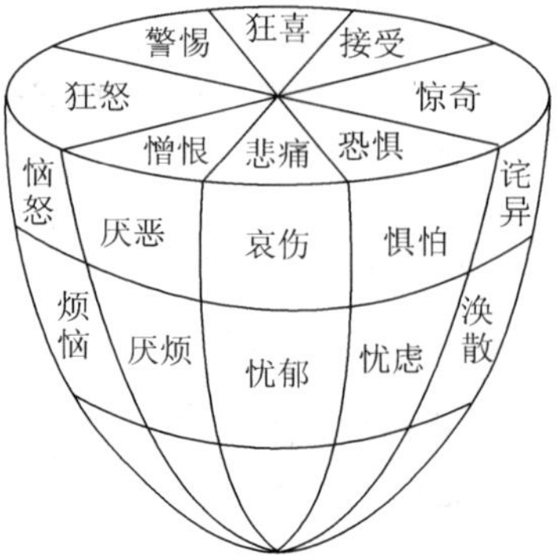

图 1－4　普拉切克的情绪三维模式（斯托曼，1986）

3．四维理论

美国著名心理学家伊扎德（Izard，1977）提出了情绪的四维理论，认为情绪有愉快度、紧张度、激动度和确信度四个维度。愉快度表示主观体验的享乐色调；紧张度表示情绪的生理激活水平，包括肌肉紧张和动作抑制等成分的激活水平；激动度或冲动度表示个体对情绪、情境出现的突然性，即个体缺乏预料和缺乏准备的程度；确信度表示个体胜任、承受感情的程度。在认知水平上，个体能报告出对情绪的理解程度，在行为水平上，能报告出自身动作对情境适宜的程度。

情绪维度的确定对于情绪测量有重要意义，通过它才能对情绪体验作出较为准确的评估。同时也有利于情绪的分类。

第二节　情绪的功能与地位

为了进一步揭示情绪的本质，我们还可以从情绪的功能方面进行探讨，也就是说，情绪在人们的生活中究竟有什么作用，它能帮助人们解决哪些实际问题，如何保证人们的生存，怎样促进人们的发展，提高人们的生活质量。同时，也可以进一步了解情绪在人们生活、工作和心理学研究中的地位和作用。

一、情绪的功能

在人类生存和发展的过程中，心理学家通过观察和研究，认为情绪具有以下几种功能。

（一）情绪是适应生存的心理工具

适应是达尔文进化论的一个基本概念，生物必须适应环境才能生存和延续，不能适应环境就会被淘汰。有机体在生存和发展的过程中，有多种适应方式。情绪是有机体适应生存和发展的一种重要方式。

低等动物只具有感应的能力，没有神经系统，无所谓情绪。但是发展到低等脊椎动物，神经系统出现了初级的脑结构，开始形成具有适应价值的行为反应模式。例如，搏斗、逃跑、哺喂和求偶等行为。当动物的神经系统发展到皮质阶段时，这些适应行为与特定的生理唤醒相对应而发生，在脑中产生相应的感觉状态并留下痕迹，就是最原始的爱、怒、怕等情绪。因此，情绪是进化的产物。当特定的行为模式、生理唤醒及相应的感受状态三个成分出现后，就具备了情绪的适应性，它激发机体中的能量，使其处于适宜的活动状态，并将感受通过行为表现出来，以达到共鸣或进行呼救。所以，情绪是有机体通过进化而获得的，从一开始就是适应生存的心理工具。

情绪是人类早期赖以生存的手段。婴儿出生时，还不具备独立的生存能力和言语交际能力，这时主要依赖情绪来传递信息，与成人进行交流，得到成人的抚养。成人也正是通过婴儿的情绪反应，及时为婴儿提供各种生活条件。在成人的生活中，情绪直接反映着人们生存的状况，是人们心理活动的晴雨计，如通过愉快表示处境良好，通过痛苦表示处境困难。人们还通过情绪、情感进行社会适应，如用微笑表示友好，通过移情维护人际关系，通过察言观色了解对方的情绪状况，以便采取适当的、相应的措施或对策等。也就是说，人们通过各种情绪、情感，了解自身或他人的处境与状况，以适应社会的需要，求得更好的生存和发展。例如，愉快而平稳的情绪，能使人的大脑处于最佳活动状态，保证体内各器官系统的活动协调一致，使得食欲旺盛，睡眠安稳，精力充沛，充分发挥有机体的潜能，提高脑力和体力劳动的效率和耐久力。

迈耶和萨洛维（Mayer & Salovey，1994）等人提出的情绪智力理论，使我们更清楚地看到情绪在人们生活中的重要作用，人们要能很好地管理自己的情绪，识别他人的情绪，就能处理好工作和生活中的各种问题，提高工作效率和生活质量。戈尔曼（Goleman，1995）认为情绪智力是个体重要的生存能力，运用情感能力影响生活各个层面是关系到人生未来的关键品质。戈尔曼认为，在人成功的要素中，智力因素是重要的，但更为重要的是情感因素。戈尔曼发现，一个人的情绪智力对其职场表现有着非常重要的影响。一个针对全美前500大企业员工所做的调查发现，不论产业类别为何，一个人的智力和情绪智力对他在工作上成功的贡献为1∶2，也就是说，对于工作成就而言，情绪智力的影响是智力的两倍。

（二）情绪是活动的动机

在前面我们已提到情绪与动机具有共通性，情绪是动机的源泉之一，是动机系统的一个基本成分，也有一些人认为情绪构成了基本的动机系统（Tomkins，1962，1963，1984；Izard，1991）。它能够激励人的活动，驱动人们依据情绪状态去认识环境并做出行为，提高人的活动效率。适度的情绪兴奋，可以使身心处于活动的最佳状态，进而推动人们有效地完成工作任务。研究表明，适度的紧张和焦虑能促使人积极地思考和解决问题。个体在适度的焦虑情绪之下，大脑和神经系统的张力增加，思考能力亢进，反应速度加快，因而能提高工作效率和学习效果。又如，恐惧使个体进入紧张激动状态，由于交感神经兴奋，肾上腺分泌增加，呼吸、心跳、脉搏加快，血压、血糖和血中含氧量升高，血液循环加快，把大量营养输向大脑和肌肉组织，血小板较平时增加很多，因之血液较易凝固，而消化器官的活动将会减低，甚至完全停止，这种应激反应的作用，使身体有较多的能量来应付当前的危险。

生理驱力（如饥饿、渴、睡觉、性、疼痛）一直被早期动机理论家视为动机的基本来源。汤姆金斯明确指出：早期动机理论的错误之处在于它把内驱力本身的信号和这个信号的“放大器”混淆了。内驱力信号，如食物、水、氧气等生理需要的信号，需要经过一种媒介的放大，才能驱策有机体去行动。这种起放大作用的媒介，就是情绪。例如，个体在缺氧时，空气的缺失威胁了身体的体内平衡，引起了吸氧的生理需要（内驱力的信号），同时，空气的缺失产生了一个强烈的害怕或恐怖的情绪反应，这种恐怖将缺氧的内驱力信号加以放大并与之合并，提供了补充氧气的行动的动机。如果仅有内驱力而没有情绪反应，相应的行动就不可能产生。汤姆金斯认为，情绪不仅可以放大内驱力信号，其本身也是一种基本的动机系统。与内驱力相比，情绪是更强有力的驱策因素，情绪系统更具有概括化的性质，例如，任何食物都能满足饥饿的生理需要，但情绪却使人喜欢吃这个，不喜欢吃那个。因此，情绪比内驱力具有更普遍的动机作用。

另外，情绪提供了一个人始终变化的动机状态的读出系统。动机和情绪就像是一个硬币的两面（Buck，1988）。饥和渴这样的生理驱力激励人去行动，而沮丧感和缓和感这样的情绪提供了这些动机被满足情况的持续进展报告。例如，对于性动机，情绪反应可以提供进展报告，促进一些行为，抑制另一些行为。在试图性满足时，积极的情绪如兴趣和高兴促进了性行为，而消极的情绪如憎恶、愤怒和内疚感会抑制它，这种情绪信息读出系统使人们的动机和行为得到很好的协调。

在人们的生活中，情绪的动力性也表现得十分突出。如革命战士面对敌人的挑衅义愤填膺，“天兵怒气冲霄汉，横扫千军如卷席”就是对情绪动力性的生动写照。爱的力量同样非常强大，如 2009 年度感动中国的十大人物之一，被称为“暴走妈妈”的陈玉蓉，55 岁的她患有重度脂肪肝，然而为了割肝拯救患有先天性肝脏功能不全的儿子，她从 2009 年 2 月 18 日开始，风雨无阻，每天暴走 10 公里。7 个月下来，陈玉蓉的体重由 66 公斤减至 60 公斤，脂肪肝消失，医生连称“简直是个奇迹”。2009 年 11 月 3 日，陈玉蓉接受了肝脏割离手术，随后儿子叶海斌接受了肝脏移植手术。母爱的强大动力使她坚持了 7 个月的暴走，挽救了儿子的生命。父母为了挽救孩子的生命舍弃自己的生命，这样的事例在人们的生活中是屡见不鲜的。

（三）情绪是心理活动的组织者

情绪是一个独立的心理过程，有自己发生、发展的过程。斯鲁夫（Sroufe，1976，1979）认为情绪作为脑内的一个检测系统，对其他心理活动具有组织作用。这种作用表现为积极情绪的协调作用和消极情绪的破坏、瓦解作用。有研究证明，情绪能影响认知操作的效果，其影响效应取决于情绪的性质及强度。中等唤醒水平的愉快和兴趣情绪为认知活动提供最佳的情绪背景。愉快强度与操作效果曲线呈倒“U”形，过低或过高的愉快唤醒均不利于认知操作。这些研究结果符合关于不同唤醒水平的情绪对难度不同的任务操作具有不同效应的耶克斯—多德森定律（A. Welford，1974）（图1－5）。而对消极情绪来说，痛苦、恐惧的强度与操作效果呈直线相关，情绪强度越大，操作效果越差。与痛苦、恐惧不同的是，由于愤怒情绪具有自信度较强的性质和指向于外的倾向，中等强度的愤怒，有可能导致较好的操作效果（孟昭兰，1984，1987）。这些研究结果则补充了耶克斯—多德森曲线。考试焦虑也是一个典型例子，考试压力越大，考生考砸的可能性越大。一般来说，中等程度的紧张是考试的最佳情绪状态，过于松弛或极度紧张都会瓦解学生的认知功能，不利于考生正常水平的发挥。当一个人悲哀时，会影响到他的工作或学习状态，导致注意力不集中，易分神，思维流畅性降低等。

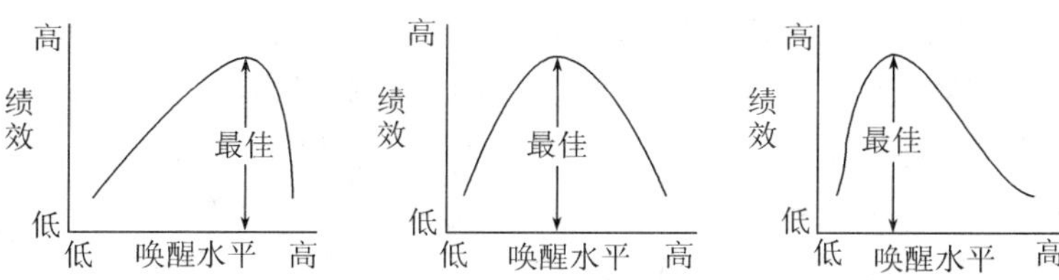

图1－5 耶克斯—多德森定律（格里格，津巴多，2003）

情绪的组织功能也体现在对记忆的影响方面。鲍尔的研究表明，当人处在良好的情绪状态时，更容易回忆那些带有愉快情绪色彩的材料；如果识记材料在某种情绪状态下被记忆，那么在同样的情绪状态下，这些材料更容易被回忆出来（G. Bower，1981）。这说明情绪具有一种干预记忆效果的作用，使记忆的内容根据情绪性质进行归类。

情绪的组织功能还表现在对人的行为影响上。人们的行为常被当时的情绪所支配。当人处在积极、乐观的情绪状态时，倾向于注意事物美好的一面，态度和善，乐于助人，并勇承重担。而消极情绪状态则使人产生悲观意识，失去希望与渴求，也更易产生攻击性。这些事例表明，情绪执行着监测认知、行为活动的功能，不同性质和不同强度的情绪起着不同程度的组织或瓦解认知、行为活动的作用。

（四）情绪是人际之间交流的工具

情绪在人际间具有传递信息，沟通思想的功能。这种功能是通过情绪的外部表现，即表情来实现的。表情是思想的信号，在许多场合，只能通过表情来传递信息，如用微笑表示赞赏，用点头表示默认等。表情也是言语交流的重要补充，如手势、语调等能使言语信息表达得更加明确或确定。从信息交流的发生上看，表情的交流比言语交流要早得多，如在前言语阶段，婴儿与成人相互交流的唯一手段就是情绪，情绪的适应功能也正是通过信号交流作用来实现的。达观快乐的积极情绪还能使别人更喜欢接近自己，从而有助于建立良好的人际关系。美国心理学家杰·列文甚至认为："会不会笑，是衡量一个人能否对周围环境适应的尺度。"此种说法虽不免有些夸张，但真诚的笑，确能感染别人，消除隔阂。来了陌生的客人，相视一笑，即可握手言欢；打扰、伤害了别人，歉然一笑，便能得到谅解；遇到异国朋友，投之一笑，彼此的心就相通了。

情绪的交流作用还体现在人际之间的感情联结上。例如，母婴之间有着以感情为核心的特殊依恋关系，这是最典型的感情联结模型。半岁以上婴儿在母亲离开时会表现不安和哭闹，称为"分离焦虑"（R. Spitz，1965）。婴儿在七八个月以后，在母亲经常接近和离开的不断重复中，学会预料母亲接近和离开的后果，形成"依恋安全感"（security of attachment；R. Bowlby，1969，1973）。依恋安全感的建立是儿童情绪健康和人格完善发展的重要基础。它使婴儿经常快乐，更容易同他人接近并建立友好关系，更愿意认识和探索新鲜事物。此外，感情联结还有其他多种形式，例如友谊、亲情和恋爱，都是以感情为纽带的联结模式。

表情信号的传递不仅服务于人际交往，而且往往成为人们认识事物的媒介。这一现象在婴幼儿中表现得最明显，在成人中也经常发生。例如，婴儿从一岁左右开始，当面临陌生的不确定情境时，往往从成人面孔上搜寻表情信息，如鼓励或阻止的表情，然后才选择是趋近还是退缩的行动。这一现象称做情绪的社会性参照作用（R. Emde，1986）。情绪的参照作用对于儿童和成人都有助于社会适应，尤其对于儿童的心理发展起着关键的作用。它有助于促进儿童探索新异环境，扩大活动范围和发展智慧能力。

（五）情绪是身心健康的调节者

人对社会的适应是通过调节情绪来进行的，情绪调控的好坏会直接影响到身心健康。常听人们叹息"人生苦短"，在一般人的情绪生活中，常是苦多于乐。在喜怒哀乐爱惧恨中，正面情绪占3/7，负面情绪占4/7。情绪对健康的影响作用是众所周知的。积极的情绪有助于身心健康，消极的情绪会引起人的各种疾病。我国古代医书《内经》中就有"怒伤肝，喜伤心，思伤脾，忧伤肺，恐伤肾"的记载。有许多心因性疾病与人的情绪失调有关，如溃疡、偏头痛、高血压、哮喘、月经失调等。有些人患癌症也与长期心情压抑有关。一项长达30年的关于情绪与健康关系的追踪研究发现，年轻时性情压抑、焦虑和愤怒的人患结核病、心脏病和癌症的比例是性情沉稳的人的4倍。

愉快的情绪能使整个机体的免疫系统和体内化学物质处于平衡状态，从而增强对疾病的抵抗力。据说英国著名化学家法拉第，在年轻时由于工作紧张，神经失调，身体虚弱，久治无效。后来，一位名医给他做了详细检查，没有开药方，只留下一句话："一个小丑进城，胜过一打医生。"法拉第仔细琢磨，觉得有道理。从此以后，他经常抽空去看滑稽戏、马戏和喜剧等，并在紧张的研究工作之后，到野外和海边度假，调剂生活情趣，以保持经常的心境愉快，结果活了76岁，为科学事业作出了很大贡献。有人调查发现，几乎所有长寿老人平时都非常愉快，并且长期生活在一个家庭关系亲密，感情融洽，精神上没有压力的环境中。同时，焦虑、忧愁、恐惧、愤怒等不愉快的情绪，只要适当，也是正常而有益的。

二、情绪在人类心理活动中的地位和作用

我们从情绪是心理活动的基本过程之一、情绪在人们心理生活中的作用以及情绪研究在心理学发展中的作用等方面论述。

（一）情绪是人类心理活动中的基本心理过程

人是以个体而存在的，个体所具有的心理现象称为个体心理。个体心理一般分为知、情意与人格，即认知、动机与情绪和人格三部分。情绪是人类心理活动基本过程中的重要组成部分，情绪作为基本的心理过程之一，在整体的心理活动中有一定的位置，它对有机体的生存和生活有着重要的价值。

首先，我们从情绪的（种系）发生和发展上看，情绪是在物种进化的过程中产生的，达尔文明确指出感情和智能等心理功能是在进化过程中获得的。他还特别强调了表情的适应性和有用价值。这说明，情绪表情不单是进化和适应的产物，而且是适应和进化的有效手段。兰格尔认为：人类从动物智力的一般水平上的分离，是由于人类种族在感情上有一个巨大的，特殊的进化（Langger，1967）。

其次，从个体发展看，情绪是人类出生后，也就是新生婴儿还没掌握语言前为适应生存从先天遗传得到的重要心理工具。也就是说，婴儿最早是通过情绪与人交流，维持生存的。而随着人类的社会化进程，儿童语言和认知发展的同时，儿童的情绪也得到发展，这样情绪与认知相互作用，形成儿童个性中的重要组成部分，从而主导着儿童的成长。这说明情绪在个体的心理活动中占据着重要的位置。

再次，从情绪的主要特点看，情绪是一种主观体验，为意识提供最初的来源。人类婴儿有机体内部器官的正常和异常活动所引起的感受变化就是最初的意

识。如婴儿最初的微笑和啼哭。同时，情绪是一种状态，情绪状态促进或延缓、增强或阻碍加工的效率，影响加工的选择，支配加工的方向。如心境好工作效率就高，另外，情绪作为一种特质，为人格形成增添了重要的成分。情绪特质在人格中使个体具有主动或被动、内向或外向、敏捷或迟钝、易感或沉静等个性特征。特别是情绪作为适应的手段，起着驱动有机体采取行动的作用。它是支配有机体随意或不随意行为的重要心理能力。

（二）情绪在人类心理活动中发挥着重要的作用

情绪活动经常出现在人的心理活动的前沿。人们遇到什么事情，情绪先受到触发，也就是说，人们做事情首先受到情绪体验的监察。人们享受着情绪带来的喜悦，也经受着情绪带来的折磨、痛苦和失落。人生发展的各阶段都经历着各种各样的情绪，对人生的发展产生着重要的影响。新生儿生活的开始，就依赖着情绪与周围的人进行交流而求其生存，与人们建立依恋关系，保证着他们的身心健康。儿童有着欢乐的童年，同时不可避免地也要经受一些痛苦。在青少年时期升学、就业、恋爱和结婚等都会经历顺利与困难、成功与失败。人们到了晚年也会经历离开岗位的失落和孤独。人生的道路是复杂的，矛盾是不可避免的，人们的生活随时都伴随着情绪，人们会体验到生活美满、事业成功的欢乐，也会体验到疾病和挫折带来的痛苦和折磨，这些都会影响着人们的成长和发展，所以我们要学会驾驭情绪，使其对我们的健康发展和良好个性的形成起到促进作用。

情绪在人类的各种工作中发挥着重要的作用。在企业管理中，管理者不仅要重视员工的知识、技能和经验，更要重视他们的情绪，工作情绪是工作积极性的直接动机。所以管理者要善于调动员工的工作积极性和饱满的工作情绪，要了解员工的困难，体察他们的欢乐与痛苦，与他们建立良好的情感关系，只有这样才能完成预期的任务。随着服务型经济的兴起，越来越多的工作岗位需要善于表达自我和调控情绪的员工，在众多服务岗位上，如空姐、教师、护士、演员、收银员、理发师等典型的情绪性工作者们，他们需要管理好自己的情绪来完成工作任务。例如在空姐的工作中，微笑、热情、体贴是她们工作内容中的重要组成成分，微笑服务是她们用来获取报酬的重要工具。也就是说，像这样一类需要努力管理和调控自己的情绪表现，使之与组织需要的情绪行为一致的工作，在心理学中称之为情绪工作或情绪劳动。例如，演员在上台之前，得知父亲突发重病，但是他必须控制自己焦急的情绪，按角色要求的情绪进行表演。又如教师自己的孩子重病在家，在课堂上他仍要情绪饱满地、热情地、耐心地讲课和对待学生，不能因自己的消极情绪影响课堂气氛。

总之，情绪在人们的生活中随时随地都存在，而且在人们的生活中发挥着越来越重要的作用。

（三）情绪研究推动着心理学的发展

情绪是一种心理过程，它是人类整个心理结构中的重要组成部分。因此，情绪是许多心理学领域研究的核心内容。例如临床心理学研究中，要花费很多的精力和时间探讨控制有害、紊乱情绪的方法和策略；认知心理学的研究也需要考虑情绪对认知的制约，情绪可能为认知提供操作的背景，影响注意的集中、记忆的保存和提取，干扰和促进思维的加工以及影响人们的决策等；人格心理学要探讨情绪对人们个性形成的影响；社会心理学要考虑情绪在人际关系中的作用，等等。总之，情绪的研究与整个人的心理的研究是不可分割的，情绪研究的发展也将对心理学的发展产生重要的影响。

尽管在现代心理学产生后不久，威廉·詹姆斯就于1884年提出了第一个情绪理论，但是，由于情绪的复杂性，情绪研究的发展比较缓慢，直到20世纪60年代以后，情绪研究才出现了飞速的发展。在人本主义、认知理论和信息加工理论的影响下，认知作为一个新的变量介入情绪研究，构成了情绪研究的主流。人的主观能动性和大脑皮层的整合作用得到了情绪研究者的重视。80年代后情绪的认知研究深入到对情绪刺激的社会结构的分析之中，力图从人与社会环境相互作用的关系上来认识情绪刺激的性质，进而把握情绪的本质。

在情绪研究历史上，各种情绪理论长期处于分歧和争论之中，这也使研究者逐渐意识到，这个现象本身就说明每种情绪理论都有缺陷。因此，现今情绪理论上各派彼此合理地兼收并蓄达成某些共识。从进化的角度来认识情绪在心理活动中的作用，进而认识情绪的基本属性，已成为情绪研究在方法论上的主导思想。对情绪的适应价值和动机性质的系统研究蓬勃发展，深入到人的整个心理结构的各个方面，并在动机心理学和教育心理学领域引发了相应的研究课题，例如，学习动机形成和发展的情绪基础、情感性教学等。情绪激活机制的研究出现了新进展。从神经生化的研究中提出了情绪激活的神经内分泌模式；从信息加工的多样性研究中提出了情绪激活的四系统理论。同时，人们认为以往情绪心理学家着重研究人类的消极方面，以解决各种紧迫问题。但近年来，心理学家开始思考人类的爱情、幸福、创造力、身心健康、自我满足和成就感等，也就是说，要更多地研究积极方面。对人类的优良品质进行正规的研究，将能更好地发挥情绪在社会生活中的积极作用，使人类生活得更加美好，更有意义。

第三节 情绪的研究方法

人类对自然和社会的认识，是随着方法的进步而越来越深刻的。例如人们对人脑的认识随着核磁共振仪的出现而变得更加清楚。情绪研究方法在研究理论及实验设计原则上与心理学的其他领域基本一致，但是，情绪是一种复杂的、多成分的、多维度的、多水平整合的心理现象，因此，对情绪的研究要从不同的成分、维度和水平等多层次进行考察，即要从生理、认知、行为、进化和社会等多种角度进行探讨。也就是说要采取多种研究方法，综合运用才可能揭示情绪的奥秘。特别是情绪研究必须以情绪为变量，即“自变量”或“因变量”，如何操纵/诱发“情绪”，并系统、合理地测量到情绪的变化，是情绪研究方法上的一个重要问题。根据情绪心理现象的特点，情绪研究者在探索的过程中，创造了一些切实可行的研究方法。我们从情绪的主观体验、行为表现和生理反应三方面介绍一些主要的方法。

一、情绪主观体验测量与诱发的方法

（一）情绪主观体验的测量

情绪主观体验的测量可以划分为直接测量和间接测量两大类。直接测量要求被试直接报告他们主观上所能意识和体验到的情绪感受。“情绪词检表”是一种比较常见和通用的主观报告工具。比较常用的有伊扎德（Izard，1979）的情绪维度等级量表（DRS）和分化情绪量表（DES），格鲁斯（Gross，1993，1997，1998）采用的情绪主观报告表等。形容词检表测量方法的基本形式是将要求被试报告的情绪词列在表格的左边，如快乐、兴趣、恐惧、愤怒、厌恶、悲伤、羞愧、内疚、紧张、痛苦、满意等。右边排列可供被试选择的等级，如 0、1、2、3、4、5。“0”代表“没有”，“5”表示要报告的情绪是曾经经历过的该情绪的最大程度。下面是在格鲁斯（Gross，1997）所使用的情绪主观报告表基础上改编而成的一个以情绪形容词来测量情绪的主观报告表（黄敏儿，郭德俊，2001，2002）。

以下是 12 个描写情绪的形容词，每个情绪词后面连着 6 个表达情绪感受变化的等级。从 0 到 5 表示感受程度逐渐地、按等级地增加。

“0”表示您对该情绪一点儿感受也没有；“1”表示只有很少的一点点情绪感受；“2”表示比较低的情绪感受；“3”表示中等程度的情绪感受；“4”表示比较高的情绪程度；“5”表示您感受到在以往生活中所感受过的该情绪的最大量。

请选择最能表达您在观看录像材料过程中情绪感受程度的等级，并在等级数字上划圈。

情绪词	评定等级					
快乐	0	1	2	3	4	5
愤怒（恨）	0	1	2	3	4	5
厌恶（恶心）	0	1	2	3	4	5
兴趣	0	1	2	3	4	5
悲伤	0	1	2	3	4	5
惊奇	0	1	2	3	4	5
恐惧（怕）	0	1	2	3	4	5

（续表）

情绪词	评定等级					
蔑视	0	1	2	3	4	5
尴尬	0	1	2	3	4	5
满意	0	1	2	3	4	5
痛苦	0	1	2	3	4	5
紧张	0	1	2	3	4	5

另外，常用的情绪量表还有几类，如焦虑评定量表、抑郁评定量表、孤独评定量表和生活质量与主观幸福感量表等。

间接测量不直接测量被试的情绪体验，而通过测量情绪体验所影响的其他的心理活动及行为的变化，如注意、记忆、思维、决策、社会行为等，从而间接地检测到情绪主观体验的变化。之所以可以间接地测量，是因为按照伊扎德的理论，主观体验可以影响正在进行的认知活动。测量出它所影响的认知过程，也就是对这种主观体验的间接了解。例如，在情绪诱发之后，要求被试去做各种有关的认知任务，如情绪词的偏爱选择，情绪面孔喜爱程度，对故事中任务的喜欢/不喜欢程度等。

（二）情绪诱发的方法

现代情绪研究常常采用情绪诱发技术，诱发被试的情绪体验，然后要求被试完成一项研究任务，从而来探讨被试的情绪行为的规律（陈少华，2008）。主要有以下几种诱发情绪的方法：

1. 感染引发情绪。一般采用影片、表情图片或情绪图片作为诱发材料。当人们在观看影片时会受到人物情绪的感染而产生相应的情绪，时而高兴、时而痛苦。同样在观看一些富有表情的人像或照片时，人们的情绪也会受到感染。

2. 记忆引发情绪。人们曾经经历过的情绪体验，在某种刺激的作用下会重现，这种现象称为“激情记忆”或“情绪记忆”。如领袖接见和受到嘉奖的喜悦与兴奋，在回忆时能体验到当时的情感，如身临其境。

3. 表情引发情绪。莱尔德（Laird，1974）要求被试假装微笑或皱眉来收缩面部肌肉，然后向被试呈现一系列卡通片。结果表明，假装微笑组比皱眉组报告愉快感觉的多，并且认为材料有趣。其他的研究也表明，假装的表情可以使人感受到恐惧、发怒、悲伤和厌恶（Duclos et al，1989）。斯蒂帕尔等（Stepper，1993）要求不同被试在不同高度的桌子上写字，形成不同的坐姿，有的坐直，有的蜷成一团。结果表明，坐直的被试比蜷成一团的被试报告骄傲的情感比较多。

4. 特定情境引发情绪。人们面临某种特定情境时，会出现某种情绪。如当人们面临危险时会感到恐惧，被人欺骗时感到愤怒，在黑暗中独处时会感到孤独等。

二、表情行为测量的方法

在人类情绪研究中除了对外显行为的直接描述外，还可采用照相、录像、电影等手段进行行为测量，或者用专门的符号系统记录被试的动作和身体姿势，并借助计算机进行分析。它的测量可分为三类。

（一）情绪性行为（emotional behavior）

情绪性行为是指在特定情绪状态下的典型情绪性行为。由于没有一种单一的行为可以充分地指向一种特定情绪（Lewis，1982），例如哭泣通常代表悲伤，但也有可能是愤怒，甚至是快乐。因此，作为行为测量的应该是在特定情境中具有内在联系的反应模式，而不是某种单一的行为。

（二）情绪表现（emotional expression）

情绪表现是指个体在情绪状态时，在生理上、心理上以及外显行为上的一切变化或活动，包括姿态表情、面部表情和言语表情。姿态表情包括头面部、躯体和四肢的姿势、位置、运动方向、速度以及幅度。情绪研究者形成了一些表情编码系统。常用的表情编码系统主要有艾克曼及同事的“面部肌肉活动编码系统”（FACS；Ekman & Friesen，1978），伊扎德的“最大限度辨别面部肌肉运动编码系统”（MAX；Izard，1979）和“表情辨别整体判断系统”（AFFEX；Izard，1980）。另外，表情的测量也可以通过记录面部的肌电活动（EMG）来实现。

（三）完成行为（consummatory act）

完成行为，即将被试作了一连串预备反应后最终完成某项作业的情况作为因变量。这一变量在研究情绪的影响时经常采用。例如我国心理学工作者在研究情绪状态对幼儿认知操作的影响时，就使用了这种因变量（孟昭兰，1985）。

三、生理的方法

生理的方法和技术大部分直接来源于生理心理学的研究方法。最普通的方法有损伤法、电刺激法、化学刺激法和生理反应测量等。

（一）损伤法（injury method）

损伤法，即损伤神经系统的某些部位，或者切断神经系统的某些部位之间的联系。这种损伤可以局限在神经系统的某一部分或整个断面，也可能是切除脑的某些部位。有关情绪中枢机制的大量动物实验研究使用了这种方法。例如，巴伦奈（Barenne，1920）的经典研究就是切除动物皮质而使丘脑和下丘脑保持完好；克里弗（Kluver，1937，1938，1939）对动物颞叶中的海马、杏仁核、梨状区及额、颞皮层进行损伤。但损伤法也存在着问题：第一是技术上的困难，即如何将皮层或皮层下系统区分为明确的区域，如何确定一个特定损伤或切除的位置和范围。第二是机能定位问题，事实上很难确定中枢神经系统各部分的确切功能。第三从伦理上考虑，这种方法只能局限于动物，对于人类只可寻找病理个案进行分析。

（二）电刺激法（method of electrical stimulation）

电刺激法，即用电流刺激被试中枢神经系统的某些部位。对动物被试，电刺激可直接针对脑部进行。脑部电刺激的最著名工作是由奥尔兹和米勒（Olds & Miller，1954）完成的。奥尔兹（Olds，1958）用斯金纳箱进行实验。在老鼠的脑中装入电极，老鼠只要一按作为开关用的杠杆，电路就接通，装有电极的脑部位就会受到微弱的电刺激。老鼠经过一定时间的学习，就学会通过按压杠杆来控制电流对脑的刺激，即建立操作性条件反射。实验表明，在鼠脑的大脑腹侧的嗅脑到脑干的很多部位装入电极，老鼠会无休止地、连续按压杠杆以进行自我刺激，这些部位在受刺激时给老鼠带来快感，因此被称为“快乐”中枢。在鼠脑的中脑内侧及其附近部位装入电极，老鼠则会在按压一、两次杠杆后，就不再按压杠杆以避免刺激。这些部位在受到刺激时给老鼠带来痛苦，因此被称为“痛苦”中枢或“惩罚”中枢。

（三）化学刺激法（method of chemical stimulation）

化学刺激法一般也以动物作为被试，实验者可以使药物直接作用于被试的中枢神经。因此，用此法阐述中枢神经系统与行为的一般关系是有效的。化学刺激所使用的药物一般是某种激素，如乙酰胆碱、阿托品以及某种神经化学介质，如去甲肾上腺素、五羟色胺等。药物的作用通常是使有机体处于一种激活或唤醒状态。某些药物可直接影响情绪状态，例如在精神病临床治疗中常用的抗抑郁药物和抗躁狂药物。其他药物，如抗高血压药物利血平对情绪也可产生抑制性作用。相反的药物如体育运动中形形色色的兴奋剂。使用化学刺激作为自变量也存在一定的问题，首先是无法精确地确定药物在脑内扩散的范围和速度；其次，药物发生作用的方式尚不明确，例如它可能直接影响行为而不是通过情绪影响行为；第三，不同种类动物对药物的反应可能存在差异。

（四）生理反应的测量

情绪的生理反应涉及神经系统的生理生化活动，因此，可以运用各种生理记录仪器记录这些变化，作为情绪活动的指标。例如，心率、血压、血糖、呼吸、脉搏容积、皮肤电阻、肌肉紧张度及脑电变化、脑神经化学物质变化等。

1. 生理多导记录仪。它可以同步记录各项生理指标，同步取得多项数据，用以综合分析。运用生理多导仪记录的方法，大量研究探讨了不同基本情绪反应的不同生理反应。如恐惧时心率加快；愤怒时心率加快，血压升高等。也有研究运用生理多导记录仪记录了情绪调节过程中生理反应的变化等。

2. 脑电仪。这种仪器是通过在头皮表面记录大脑内部的电活动情况而获得脑电图。当情绪发生时，大脑的相应部位就会出现电变化，用脑电仪就可以记录到情绪的脑电变化的情况。目前大量的事件相关电位（Event-related Potentials，简称ERP）研究发现，积极情绪图片/词汇与消极情绪图片/词汇诱发的脑电变化不同。

3. PET 和 fMRI。近 20 年来，随着现代物理、电子与计算机技术的迅速发展，脑功能成像技术（functional brain imaging）取得了长足的进步，一批功能强大的无创性脑功能成像手段相继诞生。这促使脑功能成像技术在认知过程、情绪过程研究中的应用日益广泛。最常用的是 PET（正电子发射断层扫描，见图 1－6）和 fMRI（功能磁共振成像），它们的主要优势是可以应用于人体实验，能够在空间分辨率与时间分辨率之间寻找一个平衡点，来绘制全脑的图像。测量的内容包括：结构像扫描（structural scan）、局域脑激活（regional brain activation）、解剖联系（anatomical connectivity）、受体结合（receptor binding）和基因表达（gene expression）等。例如莫瑞斯（Morris et al，1998）运用 PET 技术研究人对恐惧和高兴面部照片加工的激活模式，发现被试对恐惧面部照片加工时激活了左侧杏仁核、左侧小脑、右侧额上回及左侧扣带回。而被试面对高兴面部照片加工时，激活了右侧颞中回、左侧顶叶上部以及左侧距状裂等部位。

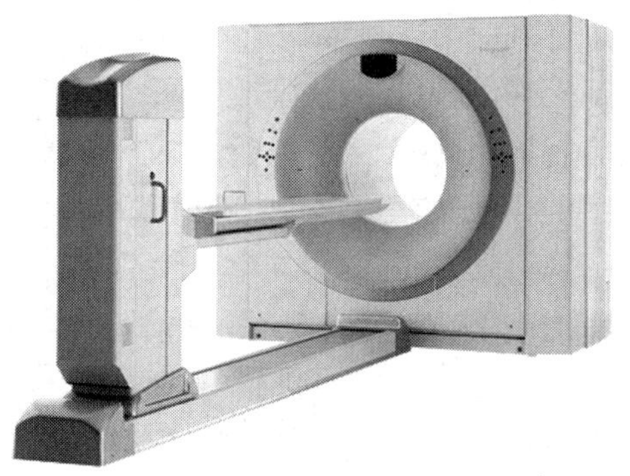

图 1－6　正电子发射断层扫描显像（PET）（Posner & Raichle，1996）

4. 情绪神经的生化研究。可以通过血液、唾液、尿液等样本检测体内与情绪有关的激素及神经递质等化学物质的代谢及变化。最后，也可以通过 DNA 检测方法，探测情绪特点的遗传基础。

第四节　情绪心理学的历史与现状

情绪的复杂性导致了情绪研究的多样性，使得研究者在探索思路、研究方法、理论贡献等方面都有所不同。分析情绪研究的不同取向，把握情绪研究的发展进程与动向，有助于把握情绪研究的规律，使我们对情绪研究的历史和现状有一个相对清晰的认识，有助于我们更好地明确今后研究的方向。下面我们对情绪心理学的研究发展过程进行简要的论述。

一、情绪研究的发展

早在 1884 年，威廉·詹姆斯就提出了第一个情绪理论，但是由于情绪的复杂性以及研究方法上的困难，以后的几十年情绪研究发展十分缓慢，直到20世纪60年代以后，情绪研究才出现了发展和变化，形成了三个发展阶段。

（一）情绪研究的开拓时期

19世纪80年代至20世纪50年代是情绪研究的开拓时期。在这个期间，情绪研究的主要内容是：情绪的生理唤醒、情绪的脑机能定位、情绪的生理伴随模式、情绪的发生序列、情绪与体内平衡、情绪与环境、条件性情绪反应、情绪与人格发展等。

这一时期主要研究动物行为，由此得出的情绪模式基本上是在脑的较低级中枢的作用或一般性条件反射的作用。许多动物研究所测量的只是一般的神经兴奋唤醒水平，而不是具体的情绪。但是，这些研究对情绪与各个生理系统的关系，局部性机制有了不同程度的了解，并展示了进一步探索的可能性。由于这些研究之间缺乏内在联系，无法从整体上解释情绪发生的生理学机制，也无法证实具体情绪与特定生理反应之间有何种模式化的对应关系。这时，能量系统的概念被不同程度地运用于情绪与生理需要和体内平衡之关系的探讨中，把情绪看做是心理能量及其释放过程或本能冲突的表现，把情绪所依据的基础看做是无意识的。对情绪的解释基本上可以归结为生理唤醒、行为主义和精神分析几个主要学派的观点。此时期的情绪研究虽然从理论上来看显得粗糙，但它为当代情绪研究奠定了基础。当代情绪研究所涉及的内容，大都可以在此时期内找到渊源。

（二）情绪研究的飞速发展时期

20世纪60年代至70年代是情绪研究在广度和深度上飞速发展的时期。这个时期情绪研究的内容非常广泛，囊括了情绪的各个方面，包括情绪发生的认知机制、认知评价与生理唤醒、情绪的适应价值和动机性质、表情的生物性和社会性、面部表情反馈、情绪的脑皮层机制等。

这个时期由于人本主义、认知理论和信息加工理论的影响，认知作为一个新的变量广泛介入到情绪研究的各个方面，并构成情绪研究的主流。人的主观能动性和大脑皮层的整合作用得到普遍重视。同时对一些问题产生了激烈的争论，如情绪的生理机制问题上的“中枢机制”与“边缘机制”的争论；情绪的体验问题上的“非特异激起”与“分化情绪”的争论；在情绪的性质问题上的“组织瓦解”与“适应机能”的争论；在情绪的识别问题上的“表情的普遍性”与“文化决定性”的争论。同时，各学派所建构的情绪模式和情绪理论，各自强调的方面不尽相同，论述层次也不尽统一，因此彼此间显得难以比较。这时，情绪的进化理论和动机—分化理论在情绪的认知研究热潮中异军突起，其独特的研究思路和理论框架展示了全面认识情绪本质的巨大潜力。关于面部表情反馈在情绪体验产生和分化上的作用的研究，为探索情绪与生理的模式化伴随关系开辟了另一条反馈机制的研究路线。这对于深入认识生理、体验和表情三成分在情绪产生中的整合性或不可分割性，有着重要的意义。

(三) 情绪研究的延续和深入

20 世纪 80 年代至今的情绪研究是前一时期的延续和深入，并已显露了理论上的综合倾向。现今情绪研究的主流已被理论上的折中主义所取代。进化已成为情绪研究在方法论上的主导思想。对情绪的适应价值和动机性质的系统研究蓬勃发展，深入到人的整个心理结构的各个方面。情绪的认知研究深入到对情绪刺激的社会结构的分析之中，力图从人与社会环境相互作用的类型上来认识情绪刺激的性质，进而把握情绪的本质。情绪激活机制的研究出现了新进展。例如，亨利(Henry，1986) 从神经生化的研究中提出了情绪激活的神经内分泌模式；伊扎德(Izard，1993) 从信息加工的多样性研究中提出了情绪激活的四系统理论。情绪的个别差异、情绪的社会调控机制以及如何将情绪研究纳入客观主义的科学道路等问题日益突出，亟待解决。

二、现代情绪研究的取向

第二次世界大战后新的心理学思想相继产生，它们以新的思潮或发展方向影响着情绪心理学的发展。形成了一些能影响学科发展方向的研究范式，我们称其为研究取向，其中最具影响的有以下五种情绪研究取向。

(一) 生理心理学的研究

情绪心理学在很大程度上是从情绪生理研究的基础上发展起来的。从生理角度研究情绪的心理学家，大都有这样一种观念：人类情绪中的每一现象都应有平行的生理过程，无论何时，情绪现象的变化都应伴随着平行的生理过程变化。因此，情绪的生理研究大都围绕脑的情绪机能定位和生理与情绪之间的模式化对应关系而展开。具体来说，涉及周围神经系统的情绪生理研究，围绕内脏生理变化与情绪发生之间的模式化对应关系的问题，试图揭示不同情绪的生理变化模式，以及大脑中的反馈机制等。

情绪的生理研究获得了丰富的资料，而且许多成果已成为各种情绪理论和模式的依据。但是，生理研究在方法或技术上是有局限的，成果往往也是局部性的，缺乏必要的内在联系，因而在解释情绪发生的整体性生理机制上显得不够；其次，情绪的生理研究主要围绕着大脑皮层下的各个生理结构，而对大脑皮层的生理结构缺乏充分的研究手段，以致在分析大脑皮层在情绪发生中的作用时，往往依赖于推测性的笼统描述。另外，情绪的生理研究是一种还原性的研究。还原是一种有益的科学研究方法，可以对情绪的基础机制有所了解。但是将对情绪的解释从心理学水平转化为低一层的生理学水平，必然要失去某种意义。因此，生理研究虽然有助于加深对情绪的理解，但它不可能对情绪进行完全的解释。

(二) 认知心理学的研究

认知心理学主要研究人的认知过程，但是认知过程与人的动机、情绪等心理活动是密不可分的，因此认知心理学没有忽视动机和情绪的研究，它超越了单纯的认知研究，已经成为了一种思潮。情绪的认知研究是现象学和生理学的混合产物，它的基本思路是将环境影响从客观刺激引向认知评价，将生理影响从自主神经系统的唤醒活动推向大脑皮层的高级认知活动。

在环境影响方面，情绪的认知研究表明，客观刺激本身不是特定的情绪刺激，它只有经过人的认知评价，才可能成为引发特定情绪的刺激。这种对客观刺激的认知评价，是一个确定客观刺激与人自身关系的过程，主要涉及价值评价如好与坏、美与丑、满意与不满意和控制评价等。这样，认知研究就为分析环境与情绪之间的关系提出了一个启动情绪反应的解释机制。这也正是认知研究对情绪理论最突出的贡献。

在生理影响方面，情绪的认知研究强调，自主神经系统的唤醒活动只是情绪产生的必要条件，而在大脑皮层水平上进行的认知评价过程才是情绪体验产生的关键。情绪的认知研究试图通过研究一种认知评价与皮层兴奋模式，将认知评价与自主神经系统的反馈结合起来，以解释生理与情绪之间的关系。情绪认知研究的理论被人们广泛运用，在推动理论发展上起到了划时代的作用，但是，它的实验基础不很稳固，假设的成分很大，也没有对认知评价的心理机制给予充分的说明。

（三）行为主义研究

行为主义在20世纪以后作为一个学派已不存在了，但是它的研究范式在心理学的某些领域还是有很大影响的。情绪行为的心理学家，注重情绪研究的客观性，强调情绪研究应着重在可以直接观察和测量的外显行为上。当然，他们也不否认情绪体验的存在。在他们看来，研究可观察到的情绪行为比研究不可观察的情绪体验更为科学。因此，他们把人类情绪看作是一种反应或各种等级的反应，试图像理解动物行为那样，用一组相对有限的特征去寻求对人类情绪的理解。认为由特定刺激引发的无条件情绪性反应是情绪产生的根源。情绪的行为研究取得了许多有意义的成果，在情绪的个体发展和环境作用等方面积累了宝贵的资料，但是其理论阐述比较粗糙、单薄且不系统。

（四）情绪的动机研究

在传统心理学中，人们把情绪看作是与理性相对立的心理现象，总是从紊乱、瓦解、冲动、不理智等消极意义上来解释情绪的性质与功能，只把情绪看做心理治疗的研究对象。在情绪心理学中，以往的研究多是从生理、认知、行为等某一角度去看待情绪，更多注意的是情绪如何受生理、认知和环境等因素的影响，而很少注意情绪本身具有何种功能，因此，把情绪看做机体过程和认知的伴随物或从属现象。随着情绪的进化研究的兴起，情绪被认为是有机体力求应付和控制生存环境的心理衍生物，是为成功地增强有机体的生存能力而出现的心理工具。他们的研究结果表明，情绪的每次发生和发展、变化和转化、加强或减弱、存在或消失，都是具体而生动的操作过程。情绪是一种重要的动机变量，它能以一种与生理动机相同的方式激发和指导行为，它能作为一种特殊的心理背景制约行为的动机状态，它本身就构成一种基本的动机系统。这种基于动机研究的情绪理论，不是单纯地阐述情绪与动机的关系，主要是以情绪的现实作用或功能为纽带，着重从情绪的调节功能的角度阐述情绪与其各主要影响因素之间的相互关系，以及情绪在人的整个心理结构中的地位。

（五）情绪的进化研究

早在一个多世纪以前，达尔文就从种族进化上看到了情绪对有机体生存的适应价值，并提出了从连续性的角度探索人类情绪的研究途径。然而，随着对社会达尔文主义的批判，情绪研究不再重视人类情绪与种族进化之间的连续性，而是单纯强调人的经验、文化和认知能力的作用。直到近二三十年，由于社会生物学的发展，进化问题又被重新提了出来。持进化观的情绪心理学家认为，情绪是一种包含生理、认知、体验和行为等多种成分的复杂心理活动，仅从某一侧面去界定会导致片面认识，只有从它的产生、变化、发展和消失的整体过程上加以把握，才有可能形成对其本质的全面、正确的认识。也就是要从两个方面考察：一是从种族进化的角度，探讨情绪在种族进化中获得的适应价值在人类情绪中的表现，及其在人的整个心理结构中的地位；二是从个体发展的角度探讨情绪在人的生存和生长、认知和人格、行为和交往诸方面的适应价值和动机性质，以及生命的进化与情绪的分化之间的一致性。

【建议参考资料】

1. 孟昭兰. 人类情绪［M］. 上海：上海人民出版社，1989.
2. 孟昭兰. 情绪心理学［M］. 北京：北京大学出版社，2005.
3. 陈少华. 情绪心理学［M］. 广州：暨南大学出版社，2008.
4. 乔建中. 情绪研究：理论与方法［M］. 南京：南京师范大学出版社，2003.

【问题与思考】

1. 什么是情绪？它有由哪些成分构成？
2. 情绪有哪些主要的功能？
3. 情绪有哪些维度？情绪的维度理论有哪些？
4. 研究情绪有哪些主要的方法？
5. 情绪研究的发展有哪几个阶段？各阶段有什么特点？
6. 现代情绪研究有哪些取向？
7. 请举例说明情绪的功能。
8. 你认为情绪研究发展的方向是什么？为什么？

第二章　情绪的分类

【本章提要】

情绪是有机体在生命进化过程中逐渐分化出来的。为了适应生存环境的变化，首先分化出快乐、愤怒、悲哀和恐惧等基本情绪，在个体社会化过程中又形成了爱、焦虑、抑郁等复合情绪。如果个体的情绪能够在一段时间内保持相对稳定，那就形成了情绪状态。常见的情绪状态有应激、激情和心境。随着情绪研究的深入，社会性情绪或情感的研究越来越受到重视，其中自20世纪80年代以来道德情绪的研究迅猛发展，关于道德情绪的分类也出现了新的观点，如海特将道德情绪划分为谴责他人的情绪（蔑视、愤怒和厌恶）、自我意识情绪（羞愧、尴尬和内疚）、他人痛苦的情绪和称赞他人的情绪。

【学习重点】

1. 掌握基本情绪与复合情绪的区别及类别。
2. 掌握正情绪与负情绪的特征。
3. 掌握心境、激情、应激等情绪状态的区别。
4. 了解道德情绪的分类。

【重要术语】

基本情绪　复合情绪　焦虑　抑郁　心境　激情　应激　道德情绪　内疚　羞愧

情绪和情感究竟是遗传还是后天获得一直是心理学家们所关注的问题。达尔文（Darwin，1872）在《人类和动物的情绪表情》中认为，不同的面部表情是天生的、固有的且为全人类所理解。哈洛（Harry F. Harlow，1905—1981）的小猴与母亲分离实验也揭示了诸如爱或依恋这样的复杂情绪也是一种本能行为。人的情绪是有机体在适应环境变化过程中、在先天基础上逐渐分化出来的。那么人类具有哪些先天的基本情绪，在个体社会化过程中又形成了哪些复杂情绪呢？本章将为这些问题给出答案。

第一节 基本情绪与复合情绪

一、基本情绪

从生物进化的角度，可以把情绪分为基本情绪和复合情绪。基本情绪也称初级情绪（primary emotion），是人们与生俱来的，为人类和动物所共有。每一种基本情绪都具有独特的神经生理机制、内部体验和外部表现，并有不同的适应功能。例如：悲伤与丧失的知觉相关，恐惧与受到惊吓或身体受到伤害的知觉相关，生气与侮辱或不公平的知觉相关。

基本情绪究竟包括哪些，古今中外的学者有不同的观点。我国古代思想家对基本情绪的分类也是众说纷纭。例如《中庸》将情绪分为“喜、怒、哀、乐”四种；《素问》则把情绪分为“喜、怒、悲、忧、恐”及“喜、怒、思、忧、恐”五种；而《吕氏春秋·尽数》则把情绪分为“喜、怒、忧、恐、哀”；《三国志·魏陈思王植传》中把“喜、怒、哀、乐、怨”定为五情；《左传·昭公二十五年》把情绪分为“好、恶、喜、怒、哀、乐”六种；《荀子·天论》分为“好、恶、喜、怒、哀、乐”；《白虎道·情性》称“喜、怒、哀、乐、爱、恶”，也主张“六情”分类法；《礼记·礼运》曰：“何谓人情？喜、怒、哀、惧、爱、恶、欲，七者弗学而能”，提出七情说；《荀子·正名》还有“说、故、喜、怒、哀、乐、爱、恶、欲以心异”，所谓“九情”的说法等。

谢弗（Shaver，1987）等学者认为有六种基本的情绪类别。他们曾经选取了135个情绪名词，让大学生被试将其中类似的情绪划归为一类。结果发现了六种基本的情绪类别，它们分别是爱（love）、喜悦（joy）、惊奇（surprise）、愤怒（angry）、悲伤（sadness）和恐惧（fear），而其他的情绪皆可根据其含义和性质划归为六种基本情绪的一种。

国内学者孟昭兰从婴儿情绪的发生角度，认为人类婴儿有六种基本情绪：快乐、兴趣、厌恶、恐惧、痛苦（悲伤）和愤怒。基本情绪随着个体的成熟而出现，它们的出现有时间的顺序，而对于不同个体而言，其出现的时间也有所差异。

美国著名心理学家克雷奇（Krech，1980）把快乐、悲哀、愤怒和恐惧看做人类的四种基本情绪。他认为快乐是盼望的目的达到、紧张解除后随之而来的情绪体验；悲哀是失去所盼望的、所追求的东西或有价值的东西而引起的情绪体验；愤怒是由于目的和愿望不能达到或一再地受到妨碍，逐渐积累而成的；恐惧是企图摆脱、逃避某种可怕的情景时产生的情绪体验。

普拉切克（Plutchik，2003）根据自己的研究提出了恐惧、惊讶、悲伤、厌恶、愤怒、期待、快乐和接受八种基本情绪，每一种基本情绪都可以根据强度上的变化而细分，例如，强度高的愤怒是狂怒，强度很低的愤怒可能是生气

（图 2－1）。一种基本情绪可与相邻情绪混合产生某种复合情绪，也可能与相距较远的情绪混合产生某种复合情绪。比如恐惧与期待混合在一起会产生焦虑情绪。

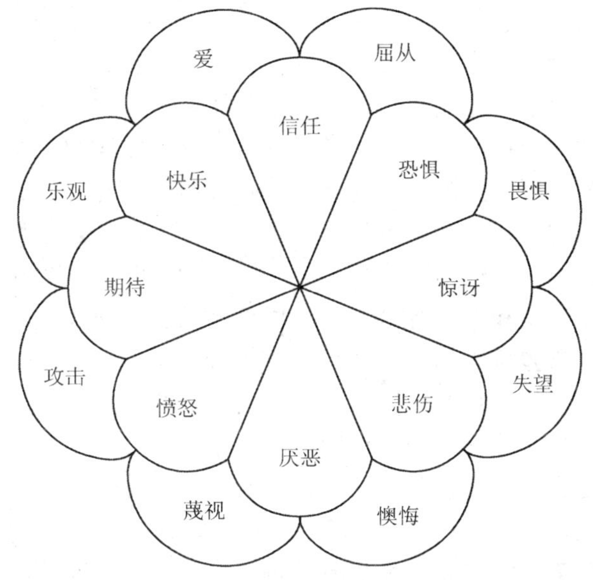

强度低	基本情绪	强度高
兴趣	期待	警觉
宁静	快乐	狂喜
接受	信任	赞赏
忧虑	恐惧	恐怖
分心	惊讶	惊愕
忧伤	悲伤	悲痛
厌烦	厌恶	憎恶
生气	愤怒	狂怒

图 2－1　基本情绪和复合情绪（Plutchik，2003）

按照个体情绪的分化过程，接下来为大家简单介绍快乐、愤怒、恐惧和悲伤这四种基本情绪。

（一）快乐

快乐（happy）是指心理上的愉快和舒适感，是个体达到期盼的目的或紧张解除时产生的一种情绪体验。快乐按强度可以分为满意、欣慰、愉快、欢乐、狂喜等几个等级，快乐的程度与其目标与任务的难易程度相关联。一个目标越难达到，当个体达到之后的快乐体验就越强烈。例如，你圆满地完成了今天的工作，可能会觉得很满意；但是如果你完成了工作中高难度的攻关且取得了瞩目的成绩，那么接下来你可能会体验到狂喜了。此外，当人们的愿望在意想不到的时机或者场合得到满足时，也会给人带来更大的快乐体验。“范进中举”就是个很好的例子。

一般认为快乐是在安全和熟悉的情景下产生的，当个体的目标有了进展或实现时，快乐被诱发出来。弗瑞达对此进行了解释，他将与快乐相联系的行为倾向定义为自由的活动，他指出“快乐在某种程度上是无方向的，随时准备去参与任何表现自身的相互作用，在某种程度上是准备投身于享乐”。在弗瑞达看来，最典型的快乐事件是“在阳光明媚的早晨，小孩子跳下床，到处跑着去找可以玩的东西”。也就是说，快乐促使人们去游戏，广义的游戏，不仅包括物理的、社会性的形式，也涵盖智力和艺术性的形式。游戏的形式，尤其是富有想象的形式，是最无法预见的，它包含探索、发明、为之着迷的一切活动。在我们的心目中，游戏的动机代表一种很特殊的、没有特定模式的思维活动的倾向。就此，快乐和相关的积极情绪被列为可以扩展个体思维活动的范畴。维恩霍润（Veenhoren，1984）认为快乐是个体积极评判自身综合生活质量的一种程度，不仅仅是简单高兴的累加，而是个体积累各种经历体验后形成的认知结构。对快乐的诠释看似是指一种情感心理状态，它实质上是个体不同领域生活多项目标合并的产物。

（二）愤怒

愤怒（angry）指当个人愿望受阻或产生违背愿望的情境时所产生的情绪体验。其强度取决于愿望干扰的大小及违背愿望的程度。根据其强度可分为不满意、生气、愠怒、激愤、狂怒等几个等级。引起愤怒的原因很多，如权益受损、受到挫折或伤害、被忽略、自己的独立权或自主权受到侵犯等。愤怒是人类进化的产物，其原型意义是激发力量来防止和打击来犯者或主动出击。在当今社会中，它变成一种表达自身反抗意向和态度的标志。一般认为出生三个月的婴儿就有愤怒的表现。婴儿的愤怒主要是探索外界环境受限制所引起，例如，约束婴儿身体的活动，强制婴儿睡觉，限制他的活动范围，不给他玩具等。

愤怒有时会成为引发某种行为的内在动力，发挥其积极和建设性作用。如对入侵者的极大愤怒可以激起强烈的爱国主义情感，让人们做出宁可牺牲自己也要保全祖国和人民利益的举动；对假冒伪劣产品的愤怒激起打假公司的成立；对学界造假的愤怒激起反学术不端组织的成立。相反，如果愤怒的表达方式不当则会带来消极破坏性作用。研究表明愤怒与暴力行为密切相关。敌意、好斗、好战在具有暴力行为的罪犯中是预测其暴力是否产生的一个显著因素。在精神病人的研究中也有类似发现，克雷格（Craig，1990）对1 000名精神病人进行研究发现，11%的病人存在着定期的暴力行为，而愤怒是与之联系最为显著的因素。在精神病人发生身体攻击行为时，愤怒是最强的预兆。愤怒与攻击性和暴力性行为是紧密相连的，因此人们应学会愤怒的适当表达方式。

（三）恐惧

恐惧（fear）是由威胁或潜在的威胁情境所引起的一种情绪反应。“威胁”一词的本义是指表现出能压服人的威力，通过逼迫和恫吓使人屈服。这里的威胁情境可作三种理解：一是面对从未接触过的新异刺激可能产生的潜在威胁；二是刺激情境可能造成消极后果会给人带来不愉快的体验；三是确实能够危及生命的伤害刺激。

由威胁情境诱发出的有机体反应至少有三方面的表现：回避、逃跑或战斗的动作趋向或动作反应；面部表现为额眉平直，眼睛睁大时额头有些抬高或有平行皱纹，眉头微皱，上眼睑上抬，下眼睑紧张，口微张，双唇紧张并向后平拉，先是口部横拉，窄而平，拉向后；严重的恐惧中，面部各部分肌肉都较为紧张，口角后拉，双唇紧贴牙齿等（孟昭兰，1989）；还伴有担心、害怕、不确定感、不安全感和危机感的情绪体验，同时出现流汗、脸红、呼吸短促，心悸、胃肠不适及疼痛、绞痛等自主神经系统支配的生理变化。

研究（刘海燕等，2008）表明，危险与伤害类，未知和不确定事物类，失败、惩罚和错误类，动物类，社会关系类是引起恐惧的五个主要方面。我国青少年最恐惧的事件主要是与危险和伤害、亲子关系类有关。排在前 10 位的引起恐惧的事件是服用有害的毒品（71.4%）、不能呼吸（57.7%）、核战争（54.6%）、自己的国家被侵略（53.6%）、被绑架（53.4%）、艾滋病（53.1%）、家人出了意外事故（66.3%）、家人去世（59.9%）、父母分居或离婚（52%）、没有朋友（47.1%）。

从个体发展的角度看，恐惧是儿童情绪发展中较早分化出来的一种基本情绪，对个体的发展起着重要的作用。恐惧的发展是儿童正常发展的组成部分，在确保儿童的安全、保障儿童的生存方面起着重要作用。当个体遇到恐惧事件时，如大火或即将发生的灾难，个体的身体会产生一些生理变化，如心跳加快、瞳孔放大、肾上腺素分泌增加等，这些生理状况的改变，会促使个体本能地躲避灾难而保全自己的生命。如果个体在相应的年龄阶段没有发展出应有的恐惧，那么其心理发展就会出现问题。因此，适度、正常的恐惧有利于个体的发展，但是过度、长期持续的恐惧可能会影响个体的心理健康，尤其是到了青春期，易于诱发恐惧症和其他心理疾病。许多研究表明，儿童的情绪失调与儿童的问题行为密切相关（Eisenberg et al，2001）。同时，情绪失调与成人的抑郁、酗酒、焦虑等相关（Gross，1999），是诱发神经病理问题如焦虑、恐慌、恐怖症、抑郁症的主要原因之一。

从社会发展的角度看，恐惧是人类社会生活的必要组成部分。正是为了减少各种危险和求得生存，才使人们形成了集体和国家，发明了共存的准则和规范、权力组织和武器……没有恐惧就没有文化。正如著名的哲学家伊曼努尔·康德说过，恐惧是对危险的自然厌恶，它是人类生活中不可避免的和无法放弃的组成部分。因此正常的恐惧具有适应意义，是人类行动的强大推动力。

（四）悲伤

悲伤（sadness）是指个体失去某种重视和追求的事物时产生的情绪反应。如亲人亡故或与亲人分离等。悲伤可以分为失望、遗憾、难过、悲伤、悲痛几个等级。与家人或朋友分开、失恋、人际关系不佳、成绩不理想、运动场上失败等，都可以引起悲伤。悲伤的强度取决于失去的事物对个体心理价值的大小，心理价值越大，引起的悲伤越强烈。

尽管悲伤令人难过，但它也具有正面功能和适应价值。汤姆金斯（Tomkins，1963）及伊扎德（Izard，1977）曾指出了悲伤的三个主要功能：1. 悲伤使人产生改变生活的动力。例如父母发誓不让子女过自己以前那样穷苦的生活，就会拼命地工作以改善孩子们的生活条件和状况；2. 表达出悲伤，使别人能帮助我们；3. 悲伤增进团体的凝聚力。

与悲伤相关的另一种情绪是悲痛（grief）。悲痛是一个人失去他原来所拥有的、所珍视的人或事物之后的一种自然反应。由于这些人或事物都与个人有强烈的情感联系，所以失去这些人或事物将令个人难以接受、痛苦万分。如近些年的空难、地震、海啸、纵火、车祸、枪击、生产事故、意外伤亡等事件的频繁发生，给人们带来了极大的悲痛。与悲伤相比，悲痛的情绪强度更强烈也更复杂，甚至可视为不只一种情绪，常会衍生愤怒、害怕、羞耻等情绪。令人悲痛的事件发生后，人们对悲痛的反应也因情景因人而异，如有的人可能痛哭失声，有的人可能一言不发，有的人可能会觉得自己一无是处而强烈地自责，更为严重者会造成酗酒、焦虑以及自杀倾向等。

二、复合情绪

与基本情绪相对的是复合情绪（complex emotion）或称之为次级情绪（secondary emotion）。复合情绪就是由两种及两种以上的基本情绪所派生出来的情绪。复合情绪表达了人与客观事物之间极其复杂的相互关系。由于客观事物对个体多方面的意义，因此组成了类别繁多的复合情绪。如 20 世纪 70 年代初，伊扎德用因素分析的方法提出人类的基本情绪有 11 种，即兴趣、惊奇、痛苦、厌恶、愉快、愤怒、恐惧、悲伤、害羞、轻蔑和自罪感。由此产生的复合情绪有三类：第一类是基本情绪的混合，如兴趣—愉快、恐惧—害羞、恐惧—内疚—痛苦—愤怒等，第二类是基本情绪与内驱力的结合，如性驱力—兴趣—享乐、疼痛—恐惧—怒等；第三类是基本情绪与认知的结合，如活力—兴趣—愤怒、多疑—恐惧—内疚等。复合情绪有上百种，有些复合情绪可以命名，如愤怒—厌恶—轻蔑的复合情绪可以命名为敌意；由恐惧—内疚—痛苦—愤怒组成的复合情绪可以命名为焦虑等。而大多数复合情绪是很难命名的。在此只介绍爱与依恋、焦虑、抑郁三类复合情绪。

（一）爱与依恋

爱（love）是一种复合情绪，它具有原始性，同时，它又在进化的过程中，随着个体的社会化而由多种情绪复合而成。这些情绪包括快乐、愤怒、恐惧和悲伤等基本情绪，在复杂的社会情境和人际关系中，也包括享乐、满意、担心、焦虑和怨恨等复合情绪。

爱是由母婴依恋（attachment）发展而来。依恋是指儿童（特别是婴儿）与成人（父母或其他看护者）之间形成的持久感情联结。母婴依恋主要表现为：婴儿与母亲分离时表现出焦虑、恐惧并寻找母亲；在母亲回来后就变得激动、愉快，并依附于母亲。从进化的角度来讲，这有助于母亲及时给予婴儿照顾和呵护，而母亲的照料往往是婴儿个体生存的重要条件，因此依恋有助于个体生存和物种延续。母婴依恋发生的同时，婴儿对母亲的各种情绪也由此产生出来，逐渐复合成为较稳定的情绪。

爱是由进化而来的。爱在进化的过程中，进一步分化为激情爱和陪伴爱。激情爱较为强烈，是渴望与另一个人相结合的状态；而陪伴爱则较少伴有强烈的情绪，是深切的依恋、亲密接近和互相承担义务的复合体验。在进化的过程中，需要通过两性结合的方式来延续物种，激情爱正是为了适应个体两性结合的需求而分化出来的；而在有机体面对生存和种族延续时，为了保证生育和育幼的顺利进行，陪伴爱分化了出来。激情爱具有以下几个作用：第一，使个体体验到幸福感；第二，有助于个体的身体健康，研究表明在恋爱时个体一般免疫系统良好，处于良好的健康状态；第三，激情爱还可以表现在群体中，产生群体共有的强烈情绪，例如在抗日战争爆发期间中国人民表现出来的强烈的爱国主义热情，使我们团结一致战胜了强大的敌人。而陪伴爱的作用则包括以下内容：第一，有助于培养良好的心境，促进个体的身心健康；第二，可以建立良好的亲子关系和家庭氛围，有助于下一代的抚养和教育；第三，有助于建立良好的夫妻关系，利于家庭和谐乃至社会和谐；第四，陪伴爱在特定的情境下可以在群体中激活平时难以发生的崇高的爱。比如在汶川地震期间，全国人民所表现出的对灾区人民的关爱正是陪伴爱的升华。

正如前面所讲，依恋与爱具有密不可分的关系，依恋对于个体的发展具有至关重要的作用。主要表现在：第一，在个体发展的早期，依恋对于儿童的认知发展和社会性发展都具有显著的影响。此外，儿童依恋和元认知技巧的使用有关，埃伦（Moss Ellen，1996）等人对儿童依恋的安全性和元认知活动监控的相互关系进行观察，结果发现在母婴共同解决认知问题时，婴儿依恋的安全性和元认知技巧的使用具有高相关。梁兰芝（2000）等人认为这说明安全的母婴依恋关系为儿童学习如何制订行动计划以及学习自我调节技巧提供最好的社会情绪内容。而对儿童早期的同伴交往的研究表明，与没有良好依恋的儿童相比，具有良好依恋的儿童在玩伴中具有更强的人际吸引力，积极、利他行为也比较多。第二，依恋对于成人的人际关系具有重要作用。儿童从小得到良好的照顾，发展出安全的依恋，长大后容易成为具有安全感的成人，他们同自己的伴侣在一起会感到亲密、舒适，并相信和依赖伴侣；如果在儿童期没有发展出安全依恋关系，到成人期与人亲密接近时会感到不舒服，不愿依赖他人。第三，良好的依恋有助于个体的身心健康。各项研究表明，依恋对于成人的自我效能感、自我概念等都具有重要的影响。成人不良的依恋与抑郁、焦虑、情绪障碍、摄食障碍、行为障碍、人格障碍都存在着高相关。

爱与依恋是较为复杂的复合情绪，其影响因素也非常多。归纳起来可能有以下几点：第一，遗传的作用。研究表明儿童的气质是依恋类型的决定因素，而气质在很大程度上受到遗传的影响，因此遗传是依恋的重要影响因素之一。第二，生理因素的影响。神经科学家的研究表明，陪伴爱的某些化学激素，比如催产素等，对于亲热的结合、性和生产育幼行为具有促进作用（孟昭兰，2005）。第三，家庭因素的影响。人出生后第一个生活环境就是家庭，父母首先给予子女无限的爱并教会子女如何去爱。依恋最初也是建立在母亲对婴儿的养育过程中。研究发现高敏感性的母亲能使 1 岁的婴儿形成安全型依恋（李秀红，2004）。还有研究表明父代的依恋模式对子代的依恋模式有一定的预测性（陈琳，桑标，2005）。第四，社会环境的影响。研究表明，父母以及自身的社会支持、工作、婚姻关系等也会对爱和依恋产生重要的影响（崔亚平，许玲，2011）。第五，文化的影响。儿童依恋的跨文化研究显示，美国、日本、德国等国家的儿童依恋不同类型的比例不同，同一依恋类型的具体特点也不相同（胡平，孟昭兰，2000）。在日常生活中我们也可以发现，西方人的爱往往更热烈、直接、更多地表达出来，而东方人的爱可能较为含蓄、内敛。

（二）焦虑

焦虑（anxiety）是由潜在威胁（个人预测到可能发生不良后果）所引发的以不安、担忧、紧张为主要特征的复杂情绪反应。焦虑有三种基本成分：认知成分，即以担心为特征的，由消极的自我评价所形成的意识体验，如“我觉得希望不大”，“我肯定会考砸的”等；生理成分，同自主神经系统活动增强相联系的特定的情绪反应，如心率加快、呼吸加剧、胃肠不适、多汗频尿等；行为成分，是通过防御或逃避所表现出来的行为，如担心找不到合适的工作，就干脆不去考虑就业，依赖年长者。

焦虑一般可分为状态焦虑和特质焦虑。状态焦虑是人们在某些特定的情景下所表现出来的一种担忧和不安状态，同时，它也伴随着个体能觉察到的自主神经系统活动或唤醒的特征，它是由具体情境所诱发的，具有暂时性。特质焦虑与稳定的人格特质有关，是人格特质的一部分。高特质焦虑者在很多情况下都会表现出焦虑状态，表现出跨时间、跨地域和跨情境的稳定性。

焦虑作为一种情绪具有一定的适应性。精神分析学派认为，焦虑是个体应对具有威胁环境的重要途径。适度的焦虑可以使大脑和机体处于最佳的觉醒水平和兴奋状态，保持思维敏捷和行动迅速，有助于个体躲避危险，提高活动效率。但过度的焦虑却会使人们对潜在的威胁刺激产生过度反应，导致一系列问题的出现：他们可能出现躯体症状，如免疫功能下降、胃肠功能紊乱，甚至是心脏问题；他们可能出现情绪紊乱，如紧张、不愉快，甚至痛苦和难以自制，他们的情绪问题可能导致酒精和药物依赖、失眠和自杀等问题，还会增加患诸如焦虑症、情感障碍等精神疾病的风险等。美国科学家加德利和斯皮尔伯格对焦虑水平的研究表明，中等水平的焦虑对工作学习最为有效，高水平和低水平的焦虑都会降低行为效应（E. Gadeli & C. D. Spielberger，1971）。现代科学研究表明，焦虑与身体健康的关系也是非常密切的。当个体出现焦虑情绪时，会引起生理上的反应，例如出汗、心悸、疼痛、肠胃不适、肌肉紧张、血压上升、胆固醇升高、脉搏加快等，如果焦虑的持续时间长或强度高，就会影响到人们的身体健康。

焦虑情绪的产生和发展受多方面因素的影响，主要包括生物、心理和环境因素。从生物因素来看，研究表明，焦虑情绪的生理基础是交感神经和副交感神经系统活动的普遍亢进：在交感神经系统方面，焦虑可表现为心跳加速、血压上升、皮肤苍白、手心出汗、口干舌燥和呼吸变深等；在副交感神经方面，则表现为尿意频繁、恶心、呕吐或腹泻，甚至大小便失禁等。严重焦虑时，可见肌张力增高，出现刻板动作，食欲减退以及睡眠障碍等。遗传因素在焦虑症的发生中起着重要作用，数据显示血缘亲属中焦虑症发病的同病率为15%，远高于正常居民。从心理因素上讲，挫折所导致的情绪波动可作为诱因引发焦虑情绪，而个体自身自卑、谨慎、怯懦的性格特征也可增加个体的焦虑易感性，使个体更容易产生焦虑障碍。从环境因素上看，严重的失败和创伤性事件会导致个体出现焦虑情绪，而人们生活的大环境也会诱发个体的焦虑，如生活空间拥挤、环境污染、工作压力大等。

（三）抑郁

抑郁（depression）是指以心境低落为主的、自感无力应付外界压力而产生的一种情绪，这种情绪的出现常常伴随着自卑、痛苦、羞愧、压抑等情绪体验。其主要表现为：1. 兴趣衰退。对生活失去兴趣，对新鲜事物也毫无热情，一切都索然无味。2. 悲观失望。感觉到生活的一切都失去了意义，前途渺茫，常有一种无助、绝望感，对生活中的任何事都喜欢往坏处想。3. 自我评价过低，缺乏自信，自责、自罪等。4. 自我封闭，回避他人，既不愿意和任何人进行情感交流，也不愿意参加集体活动。5. 精力衰退，经常感到浑身乏力，整日昏昏沉沉，无法集中精力学习，注意力涣散，记忆力下降。主观上想要去完成一些任务，但常感到力不从心。6. 有时伴有失眠、食欲下降、性欲下降等生理变化。根据个体抑郁程度，其范围从轻度抑郁（哭泣）一直到绝望（深深的无助感）。

抑郁情绪对人的心理和生理健康都有着极大的危害。从心理方面来看，被抑郁情绪困扰的人容易罹患"无助—无望综合症"，这是一种个体无法看到生活的希望，消极、悲观、无助的思维方式。这种思维方式及长时间极端程度的抑郁，有可能导致重度抑郁障碍、双相情感障碍等心境障碍，而重度抑郁障碍是目前自杀率最高的精神疾病。从生理方面来讲，长期抑郁会引起人体植物神经系统紊乱，导致免疫系统功能下降，出现各种疾病，如口腔溃疡、结肠炎、慢性胃炎、神经性头痛、心脏神经官能症、关节游走性疼痛等。

造成个体抑郁的原因有很多，可分为生物因素、心理因素和环境因素。根据研究数据，抑郁症与家族病史有着密切关系，可见遗传因素在抑郁情绪的易感性和发作中起着重要作用（G. Winokur，W. Coryell & M. Keller，1995）。而若个体罹患慢性疾病，如心脏病、糖尿病、癌症或阿兹尔海默病等，患抑郁症的几率也会比较高（王琛，2006）。此外，长期服用治疗关节炎、帕金森等疾病的药物的个体，也更容易造成抑郁情绪。上述三方面生物因素的影响是很关键的，而心理因素的影响也不容忽视。有着自卑、内向、敏感等个性倾向的个体更容易陷入抑郁，而某些不合理的认知信念也会使个体更易悲观地看待世界，从而造成情绪低落。除此以外，环境也是一个重要的诱发因素，如丧偶、失业、失去工作、失去亲人、人际关系紧张、经济困难、工作不顺、考试成绩不如意等压力事件，也很容易造成个体感觉失落，从而导致抑郁。

三、正情绪和负情绪

自 2000 年塞利格曼（Seligman）和西卡森特米哈伊（Mihaly Csikzentmihalyi）的《积极心理学导论》出版开始，积极心理学迅速进入了人们的视野，于是积极情绪和体验、积极人格特征、积极社会环境、积极心理学治疗的术语和研究迅速流行于以心理学为主的多个学科之中。在情绪研究领域也出现了积极情绪和消极情绪的术语和观点。"positive emotion" 和 "negative emotion" 国内有人译成正情绪和负情绪，有人译成积极情绪和消极情绪。其实在积极心理学兴起之前，positive emotion 和 negative emotion 术语就存在，我们倾向于译成正情绪和负情绪。

（一）正负情绪划分的理论依据

尽管正负情绪这个术语，人们频繁地使用着，但对其含义的理解却有不同的观点。正情绪和负情绪的划分来源于下述方面：

1．情绪的维度理论

情绪的维度理论认为人类所有的情绪都是由几个基本的维度所构成，不同情绪之间的相似性和差异性是根据彼此在维度空间中的距离来显示的。现在比较公认的看法是，组成情绪的维度有两个：一个维度是效价（valence）或愉悦度，分为正负两极；另一个维度是唤醒度（arousal）。在效价维度上，由正到负，愉悦度依次降低。位于正效价那端，有愉悦感受的情绪称为正情绪；位于负效价那端，有不愉悦感受的情绪称为负情绪。

2．行为接近与行为抑制理论

1971 年，心理学家格雷（Gray）提出了行为接近与抑制理论。他认为，正性情绪与行为接近有关，负性情绪和恐惧与行为抑制有关。接近行为与奖励或无惩罚信号的外部刺激相连，抑制行为通常与新鲜事物、惩罚或无奖励信号的外部刺激有关。戴维森（Davidson，1990）指出正情绪是与接近行为相伴随产生的情绪，负情绪是指与回避行为相伴随产生的情绪。这是从情绪对行为的影响角度进行划分的。

3．情绪反映了人（主体）与外界事物之间的关系

尽管关于情绪的本质目前还处于探讨过程中，但不少学者都认为情绪是表达个体与环境事件之间关系的心理现象，情绪是作为个体愿望、需要和环境之间中介的一种心理活动。当客观事物或情境符合主体的需要和愿望时，就能引起正性的、肯定的情绪；当客观事物或情境不符合主体的需要和愿望时，就会产生负性的、否定的情绪。孟昭兰（1989）认为正情绪与某种需要的满足相联系，通常伴随愉悦的主观体验，并能提高人的积极性和活动能力。黄希庭（2007）认为，通常能满足人们需要的对象会引起愉快、喜悦等正性情绪体验，不能满足人们需要的对象则会引起焦虑、厌恶等负性情绪。

（二）正负情绪划分的标准

根据上述理论观点，正负情绪的划分标准有 3 个。

1．按从愉快到不愉快的感受程度来进行划分，这是从情绪体验角度来区分，这时的正负情绪类似于心境。

2．按照情绪对行为的影响程度即情绪的动力作用来划分。情绪动力性表现在任何一种基本情绪，不管是高兴、恐惧，还是愤怒、厌恶等，当其体验的强度太低时无法激发出个体的接近或抑制行为，当其体验的强度过高时也激发不出接近行为，可能会激发其抑制行为或冲动行为，只有在适宜的体验强度下，才可以激发出个体的接近行为。

3．按照客观事物满足主体需要的程度进行划分，这是从情绪产生的角度来区分的。如此分析，我们认为正情绪是人对正向价值的增加或负向价值的减少所产生的情绪，负性情绪是人对正向价值的减少或负向价值的增加所产生的情绪，

这里的正向价值包括客观事物满足个体需要的程度、愉快体验、接近行为等，负向价值包括客观事物无法满足个体需要的程度、不愉快体验、抑制或回避或冲动行为等。

（三）正负情绪的特征

一般认为，正情绪在缓解压力、恢复被压力消耗的资源方面具有积极作用。正情绪有助于个体从压力生活事件，如配偶去世（Bonanno & Keltner，1997）、心血管疾病（Fredrickson & Levenson，1998）等中恢复；而负情绪则有利于个体动员各种资源，达到自我保护的愿望。正情绪可能降低对疾病症状的感知、判断和行动，而负情绪则可能增强对疾病症状觉察的准确性。正情绪能够提高认知灵活性。弗雷德里克森（Fredrickson，1998）认为，正情绪能拓宽注意范围、提高行动效能；负情绪则可能使思维动作反应模式变得狭隘，影响活动的效率。

第二节 心境、激情和应激

情绪状态是指在某种事件或情境影响下，人在一定时间里表现出的一定情绪。其中较典型的情绪状态有心境、激情和应激等。

一、心境

心境（mood）是一种比较持久的、微弱的、影响人的整个精神活动的情绪状态（叶奕乾，祝蓓里，1994）。心境具有弥散性和长期性的特点。心境的弥散性指它不是关于某一事物的特定体验，而是以同样的态度体验对待一切事物。它似乎成为一种内心世界的背景，每时每刻发生的心理事件都受这一情绪背景的影响，使之产生与这一心境相关的色调。例如在舒畅的心情下，人们对事物产生欢快的情绪体验，做什么事情都很积极，觉得世界一切都很美好，甚至觉得连花草树木都在冲自己微笑。而悲伤时则会使人感到凡事枯燥乏味，悲凉忧伤，做事情无精打采，觉得满世界都是悲伤。心境的长期性是指其持续时间较长，强度较低。心境持续时间有很大差别，某些心境可能持续几小时，另一些心境可能持续几周、几个月或更长的时间。例如有时候一件不如意的事也会让人们很长一段时间内忧心忡忡，情绪低落，而一件成功的事情则会让人们开心很久，这些都是心境的表现。中国的古代就有俗语“忧者见之则忧，喜者见之则喜”，说的就是心境。

心境产生的原因有很多，学习、工作、人际关系、健康状况，乃至自然环境的影响，都可以成为引起某种心境的原因，事件对心境的影响越大，引起的心境持续时间也越长久。例如考研被自己心仪的学校录取，会高兴很久，而在这一段时间内会认为什么事情都是美好的，使周围的事物都染上同样的情绪色彩。有时对过去快乐或是悲伤的回忆，也会导致与之相联系的心境重新出现。例如亲人去世，往往会使人处于较长时间的郁闷心境，但是过了很多年之后如果人们想起，还是会出现郁闷的心境。个体自身的特点如气质、性格、世界观、人生观都会影响心境的产生。抑郁质的人可能会经常体验郁闷的心境，性格开朗的人遇到不愉快的事情往往会很快化解，一个有高尚人生追求的人会看淡人生的失意和挫折，始终以乐观积极的心境面对生活中的任何事情。由于心境强度变化比较弱，有时候引起心境的原因，个体并不能清晰地意识到，总是觉得莫名其妙地不开心。

心境能影响人的整个精神活动、精神状态，对人的工作、生活、学习以及健康都有很大影响。积极向上、乐观的良好心境可以提高人的活动效率，增强信心，对未来充满希望，有益于健康；消极不良的心境则会使人意志消沉，悲观绝望，无法正常工作和交往，甚至导致一些身心疾病。因此，我们应当学会做心境的主人，学会调整，使自己经常保持良好的心境，努力培养和激发积极的心境，克服消极的心境，这对我们的工作、学习和生活都十分重要。

二、激情

激情（passion）是一种强烈的、爆发性的、短暂的情绪状态。这种情绪状态通常是由对个人有重大意义的事件引起的。如重大成功后的狂喜、被人激怒后的暴怒、惨遭失败后的绝望、亲人突然死亡引起的极度悲哀、突如其来的危险所带来的异常恐惧等，这些都是激情状态。激情具有爆发性和冲动性，往往是在一瞬间爆发，爆发的强度比较强烈且比较冲动，常常会不计后果。

激情状态往往伴随着生理变化和明显的外部行为表现，例如，暴怒时全身肌肉紧张，双目怒视，怒发冲冠，咬牙切齿，紧握双拳等；狂喜时眉开眼笑，手舞足蹈；极度恐惧、悲痛和愤怒之后，可能导致精神衰竭、晕倒、发呆，甚至出现所谓的“激情休克”现象，有时表现为过度兴奋、言语紊乱、动作失调。

激情的产生原因主要有以下几个方面。激情常由生活事件所引起，那些对个体有特殊意义的事件会导致激情，如忽然得知被自己心仪的学校所录取，接到自己期待已久的入职电话等。出乎意料之外的突发事件也会引起激情，例如多年失去音信的亲人突然回归，常常会使人欣喜若狂。对立意向的冲突或过度的抑制也很容易引起激情，例如恋人之间的吵架，如果一个人一直沉默，到一定程度的时候就会爆发。

激情的爆发可以分为三个阶段：第一阶段，意志力会减弱，随之身体变化和表情动作会变得越来越难以控制，人们会高度紧张，从而使细微的动作发生紊乱。在这个时候，人们就容易受到情绪体验的影响。第二阶段，人在失去意志监督的情况下，可能发生不可控制的动作和失去理智的行为。第三阶段，激情爆发后会出现平息阶段，这时就会出现平静和疲劳的现象，严重的时候可能还会出现筋疲力尽，对一切事物漠不关心，精神萎靡。

激情对人的影响主要有积极和消极两个方面。一方面，激情可以激发内在的心理能量，成为行为的巨大动力，促使人更加积极地投入，提高工作效率并有所创造。如演讲时的演讲者，有激情相伴时，能让其演讲得更有感染力，发挥得更好；画家在创作中，有激情能让其作品更生动；运动员在报效祖国的激情感染下，敢于拼搏，勇夺金牌；表演者在舞台上最需要的也是激情，在这种场合，过分地抑制激情是完全不必要的。

另一方面，激情也有很大的破坏性和危害性。激情中的人有时任性而为，不计后果，对自己或者他人都造成损失。激情状态下人往往会出现“意识狭隘”现象，其认识活动的范围往往会缩小，理智分析能力受到抑制，控制自己的能力减弱，甚至会有些鲁莽的行为或动作，不能正确地评价自己行动的意义及后果，并且会有很明显的外部表现，如吹胡子瞪眼，咬牙切齿等，有时甚至发生痉挛性动作等。《儒林外史》中的范进听到自己金榜题名时，狂喜之下，竟然意识混乱，手舞足蹈，疯疯癫癫；有些人在暴怒时，怒发冲冠，双目圆睁，咬牙切齿，甚至会拳脚相加。一些青少年犯罪，就是在激情的控制下，一时冲动，酿成大错。所以，我们在生活中应该适当地控制激情，多发挥其积极作用。对于不良的激情迸发时需要动员自己的意志力，有意识地控制它，例如转移注意力等，以降低激情暴发的程度。

三、应激

应激（stress）是在出乎意料的紧迫与危险情况下所出现的高度紧张的适应性反应。在人们日常生活中，经常会遇到紧急危险情景，如面对自然灾害时人们都会产生高度的紧张状态，此时需要集中自己的智慧和经验，动员自己的全部力量，迅速作出选择，采取有效行动。例如飞机在飞行中，发动机突然发生故障，驾驶员紧急与地面联系着陆；正常行驶的汽车意外地遇到故障时，司机紧急刹车等。在这些情况下人们所产生的一种特殊紧张的情绪体验及其应对策略，就是应激状态。

应激状态的产生与人面临的情景及人对自己能力的估计有关。当已有的知识经验与面临的事件提出的新要求不一致，没有现成的办法可用时，就可能进入应激状态。这种情况有时会使人做出平时所不能做出的大胆勇敢的行为，从而使事情迎刃而解。但是有时却会使人认识狭窄，很难作出符合目的的行动，容易作出不适当的反应。例如当一间屋子失火的时候，有人急中生智从平时不起眼的小窗户逃出去，有人则会惊慌失措，猛敲、推撞门，就是不能迅速地拉开门逃离出去。所以，已有经验不足以应付当前的境遇是导致人们产生无助感和紧张感的原因。

应激情绪状态的作用可分为有利和有害两个方面。积极的应激反应状态下，人处于警觉之中，通过神经内分泌系统的调节，使内脏器官、肌肉、骨骼系统的生理、生化过程加强，促使机体释放能量，使人全力以赴地排除危险，克服困难，提高活动效能；消极的应激反应会使人处于惊慌无措状态之中，无效动作增加，无法有效地应对应激情境。例如，有人在失火时不是拉开门迅速地逃离，而是在猛敲门或推撞门。

长期或过度的应激会影响个体的身心健康。人在应激状态下，会引起机体的一系列生物性反应，如肌肉紧张度、血压、心率、呼吸以及腺体活动都会出现明显的变化。其反应的具体过程为：紧张刺激作用于大脑，使得下丘脑兴奋，肾上腺髓质释放大量肾上腺素和去甲肾上腺素，从而大大增加通向体内某些器官和肌肉处的血流量，提高机体应付紧张刺激的能力；如果人们长时间地处于应激状态，也会过多地消耗掉身体的能量，引起人体化学保护机制的崩溃，从而导致某些疾病的出现。加拿大学者汉斯·塞里（Hans Selye，1907—1982）将这种变化称为适应性综合征，并指出这种适应性综合征包括动员、阻抗和衰竭三个阶段。动员阶段是指有机体在受到外界紧张刺激时，会通过自身的生理机能的变化和调节来进行适应性的防御。阻抗阶段是通过心率和呼吸加快、血压升高、血糖增加等变化，充分动员人体的潜能，以对付环境的突变。衰竭阶段是指引起紧张的刺激继续存在，阻抗持续下去，此时必需的适应能力已经用尽，机体会被其自身的防御力量所损害，结果导致适应性疾病。可见，“应激是在某些情况下可能导致疾病的机制之一”（Lavine，1972）。

第三节　道德情绪

情绪是由生物进化而来的，是人和动物共同具有的。人类情绪与动物情绪的最大区别就是人类具有社会情感（social feeling）。社会情感是指在人们社会化过程中所形成的对社会准则和规范的主观感受，如理智感（在认识和评价事物过程中所产生的情感）、道德感（在评价人的思想、意图和行为是否符合道德标准时产生的情感）、美感（根据一定的审美标准评价事物时所产生的情感）等，社会情感具有稳定性、深刻性和持久性。

社会情感的研究内容广泛，且可从伦理学、哲学、政治学、文学等多学科角度进行研究。就心理学的研究取向看，目前道德情绪（moral emotion）研究迅速增加。海特（Haidt，2001）曾对20世纪70年代到90年代之间发表的有关道德情绪方面的论文进行了归纳整理，结果发现70年代研究最多的道德情绪是移情和内疚，而在90年代愤怒、羞愧和厌恶等道德情绪研究成果迅速增加，道德情绪的研究成为新的热点（见表2－1）。因此，本节就介绍关于道德情绪分类的一些研究成果。

表 2－1　心理学数据库中关于某些情绪的期刊文章变化情况

情绪	1975—1979	1985—1989	1995—1999	增加的百分比（%）
厌恶	0	10	36	无穷大
羞愧	18	70	173	860
愤怒	105	309	525	400
轻视	1	9	4	300
尴尬	10	31	22	120
移情或同情	195	285	303	55
内疚	158	240	199	26
道德情绪指数[a]	487	954	1262	159
情绪[b]	211	933	1300	516
道德[b]	505	739	698	38
道德推理[b]	54	110	81	50
恐惧[c]	535	815	983	83

注：以上数字是以左栏单词为关键词或题目的文章在心理学数据库中搜索到的数量，按自 20 世纪 70 年代末至 90 年代末增长百分比由多至少排序。

[a] 道德情绪指数是对七种所列的道德情绪的数量的简单相加。

[b] 这三个术语的含义是关于道德情绪的研究迅猛增长，而关于道德推理的研究开始增长缓慢，至 80 年代末，开始下滑。

[c] 与对大多数道德情绪的研究相比，关于恐惧这种非道德情绪的研究也增长缓慢。

关于道德情绪的界定有两种途径。一种方法是首先界定道德的定义，再说明道德情绪是那些对违反道德的行为或者激起道德行为（包括由自己或他人的道德或不道德行为）时所产生的情绪。另一种方法是按情绪构成成分来界定的。目前越来越多的人都认为情绪是多反应成分的整合。情绪是一种整合性的心理组织（孟昭兰，2000），是由多个反应成分综合构成的，如诱发事件、认知评价、面部表情、生理变化、现象学体验、动机或行为倾向（Frijda，1986；Russell，1991；Scherer，1984；Shweder，1994）。海特（Haidt，2003）根据情绪的诱发诱因与自我关联程度、行为倾向的亲社会程度两个标准来界定道德情绪，并按此标准将道德情绪划分为二维空间，见图 2－2，X 轴表示诱发情绪诱因与自我有利害关系的程度，Y 轴表示情绪的行为倾向（亲社会的程度）。右上角是道德情绪的原型（崇敬、同情、愤怒、内疚）。每种情绪的位置并不确定，可以构成许多其他排列组合，每种情绪有许多亚型，如愤怒、恼怒、义愤、愤恨等，道德情绪是一个程度问题。受“基本情绪”和“情绪家族”的启发，海特将道德情绪划分为四种情绪家族：谴责他人的情绪，包括轻视、愤怒和厌恶；自我意识情绪，包括羞愧、尴尬和内疚；他人痛苦的情绪家族；称赞他人的情绪家族.

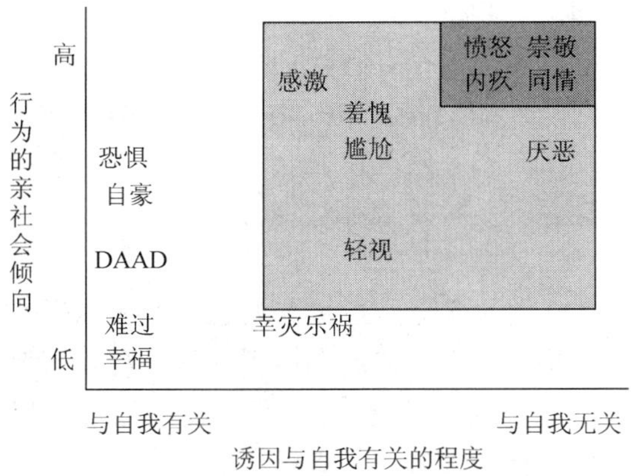

（注：DAAD：苦恼着他人的苦恼。）

图 2－2　海特的道德情绪类别

一、谴责他人的情绪：轻视、愤怒和厌恶

情绪是人们应对周围环境改变的一种适应方式。为了更好地生存，人与人之间需要产生互利式的合作，在合作过程中，需要遵循相互约定俗成的“规则或规范”，如果有人不遵守或违反这种“规则”，人们就会对“违反者”产生轻视、讨厌或厌烦、愤怒等情绪反应。这种由不符合特定种族或社会的道德规范或品德（人格）特点而引起的情绪，统称为谴责他人的情绪，它包括轻视、愤怒和厌恶等。

（一）愤怒

一般认为愤怒（angry）是当个体的目标受阻和受到挫折时所产生的反应。但是不道德的行为也是引起愤怒的诱因。赫尔（G. S. Hall，1898）通过问卷收集了两千多人的愤怒体验，结果表明对他人所做的不合法或不正确的事情的评价，例如当我的父母或朋友受到侮辱，当我的诚实受到质疑，当看到贫困的人奢侈享受，当人们不敢说真话时等，是引起愤怒的诱因。谢勒（Scherer，1997）发现，在一个跨文化研究中，被试认为不公平和不道德的情境诱发出的愤怒，比目标阻碍和不愉快的感受引起的愤怒要强烈。因此，道德意义上的愤怒是指对他人或自己所做的不符合道德标准的行为进行评价时所诱发出的情绪反应，如背叛、侮辱、不公平、报复的欲望等。

愤怒情绪通常跟攻击、侮辱的行为倾向（动机）相联系，并具有明显的外显行为。如在日常生活中，人们经常对那些不公平、不道德行为的个体产生报复性行为，对那些受害者产生补偿性行为。海特和他的同事（Haidt & Sabini，2000）让被试观看一些关于不公平的好莱坞影片的剪辑，要求被试对可能的结局进行评价。结果表明，被试不满意的结局是：受伤害者接受失去的东西，宽恕罪犯，从而获得成长和满足。相反，被试最满意的结局是：犯罪者受到伤害，知道受伤害者正在对其罪行进行报复，并且受到伤害的程度要与其伤害他人的程度相同，如若可能，要受到公开的羞辱。这就是说愤怒的行为倾向具有双向性，在涉及自我利益时可能表现出自私、甚至反社会的意向，在不涉及自我的利益时，表现为不公平的动机，进而产生报复或补偿性行为。

（二）厌恶

厌恶（disgust）最原始的含义是指对令人恶心的东西如不良气味等所产生的反应。达尔文认为厌恶是由令人恶心的东西引起的一种不舒服感受。厌恶主要是由味觉引起的，也可以由嗅觉、触觉、视觉引起；厌恶可以是实际上知觉到的，也可以是想象出的（Darwin，1872，1965）。

厌恶的诱发因素很多，如食物、血迹、伤口、乱伦、截肢手术、伪善等。厌恶对象不仅包括物理对象还包括社会现象。米勒（Miller，1997）把伪善、背叛、残酷、奉承等恶行看做诱发厌恶（非愤怒或憎恨）的主要因素。

尽管厌恶的诱因从物理对象扩展到社会对象，但厌恶的行为倾向则较少改变。一般的厌恶都具备回避、排斥或中断与冒犯者联系的动机，也经常伴有清洗、净化或消除与该冒犯者有任何实质性联系的动机（Rozin & Fallon，1987；Rozin et al，1993）。

厌恶的行为倾向一般是亲社会的，厌恶通过排斥那些令人厌恶的道德行为，可以有效地制止特定文化中不允许的不道德行为，尤其是与身体纯洁有关的不道德行为。

社会道德意义上的厌恶指当人们故意违背了特定社会习俗和道德标准要求时所产生的一种情绪反应，如厌恶体验、回避。

（三）蔑视或轻视

蔑视（contempt）也是谴责他人情绪家族中的一员，正好介于愤怒和厌恶之间。普拉切克（Plutchik，1980）认为它是二者的结合，拉扎鲁斯（Lazarus，1991）认为它包含在愤怒家族之中。除了对蔑视的面部表情外，关于蔑视的实证研究不多。作为社会道德范畴的蔑视一般与无法胜任道德要求有关，如道德判断能力低下、没有同情心或者与观察者存在竞争关系。米勒（Miller，1997）根据等级和声望的区别指出，在民主社会“向上蔑视”很普遍，即工人蔑视老板，工人阶级蔑视上层阶级，非精英人物蔑视那些自称为精英的人物。

蔑视一般不会引起攻击或退缩反应，而会引起社会认知的改变。

作为谴责他人家族的三种道德情绪，愤怒、厌恶、蔑视之间也存在着密切的联系。按照从低到高的分化关系看，关于三种道德情绪情感之间关系的观点有三种假设：最简单的等价模型认为愤怒、厌恶、蔑视在语义上是等价的，都是人际关系问题引起的不良情绪状态的同义词（Nabi，2002）；部分分化模型以攻击/处理和避免/回避为根据，将谴责他人情绪家族区分为一个是愤怒，另一个是厌恶、蔑视两个情绪家族（Fiske，Cuddy & Glick et al，2002；Mackie，Devos & Smith，2000）。完全分化模型认为这三种情绪是不同的，其中 CAD 三角组合假说（Rozin，Lowery，Imada et al，1999）认为，蔑视、愤怒和厌恶（CAD）三种情绪是违反三个道德原则后的反应，这三个道德原则分别为：群体、自主性和宗教（上帝）的伦理观（Shweder，Much & Mahapatra et al，1997）。若津等人（1999）发现，美国和日本的被试总是将蔑视（词和面部表情）与无礼的道德冒犯、违反责任和等级相匹配（群体伦理观）；将愤怒与违背权利和公平相匹配（自主性伦理观）；将厌恶与违背生理纯洁（如，食物和性禁忌）相匹配。因此，轻视、愤怒和厌恶分别是不同道德秩序的守护者，这三种情绪都会激发人们改变其与道德违背之间的关系。

但是这三种谴责他人的情绪之间也存在着区别。有学者（C. A. Hutcherson & J. J. Gross，2011）从社会机能主义的观点对愤怒、厌恶、蔑视进行了实证研究，结果表明，从语义上看愤怒可能是由与自我相关的评价所引起，厌恶可能与对一个人道德上不可信（故意的不道德行为，明显的不道德反应）的评价相关，而蔑视是唯一一种对一个人在道德上无胜任力和不聪明的评价相关的情绪。同时，愤怒和外显的行为密切相关，也与一个人采取破坏性行动的企图相关；道德厌恶与对一个人道德品质的判断有关；蔑视与对一个人有无胜任力的判断密切相关。

二、自我意识情绪：羞愧、尴尬和内疚

在人们对违背社会习俗和道德规范作出愤怒、厌恶和轻视的情绪反应之前、之时或之后，人们就会对自身行为进行监控和约束，这种对自身行为的监控和约束属于自我意识范畴。由于不同文化之间的差异，目前这个自我意识家族中有多少成员还很模糊。大多数西方研究者们认为羞愧、尴尬和内疚是自我意识情绪中的成分。

（一）羞愧和尴尬

羞愧和尴尬（shame，embarrassed）既属于自我意识情绪又属于道德情绪，是两种非常相近但又存在着差别的情绪。费斯勒（Fessler，1999）认为，从种系发展角度看，羞愧主要有两种形式：一种是比较简单的“原型羞愧”，在等级社会结构中，只要高级阶层出现就会诱发这种情绪；另一种是复杂的羞愧形式，当个体意识到自己或所在群体违反了规则并被他人知晓的时候会诱发羞愧情绪。《心理学大辞典》（2003）中把羞愧解释为“个体意识到自身或所属团体违反社会规范和道德行为时产生的自我谴责的情感体验”，这就是费斯勒（1999）所说的复杂的羞愧形式。

凯尔特纳等人（Keltner & Buswell，1996）指出，西方社会将道德秩序（如伤害、权利、公平等）从社会秩序（非道德的社会习俗如对穿衣、饮食、卫生的选择等）中分离了出来。当个体违反社会习俗时会感到尴尬，而当个体违反道德规范时会感到羞愧。按照费斯勒（1999）对原型羞愧的描述与凯尔特纳对尴尬的分析（Keltner，1995；Keltner & Buswell，1997），原型羞愧和尴尬是相匹配的，所以，尴尬是羞愧的原始形式。但是尴尬还有其独有的行为表现，如当人们处于尴尬情绪状态时，有时会无意识地习惯性地摸脸或“傻笑”。因此羞愧与尴尬虽然相似，但还不是完全相同的一种情绪。

从诱发事件来看，按照不符合道德、美学、能力的标准判断，核心自我有缺陷时，就会诱发羞愧；而当一个人违反了社会的风俗习惯或者无法控制某些事件，如交往中的社会身份或人格受到破坏或威胁时，就会诱发尴尬。

从行为倾向看，羞愧和尴尬都会激发隐藏、退缩或消失的动机，导致社交活动和交谈的次数减少。由于羞愧和尴尬使个体意识到违背了规则，因而会抑制某些冲动行为，减少了攻击或被惩罚的可能性。但羞愧和尴尬在行为倾向上也存在着一些差异，最主要的差异是羞愧会使人更痛苦地急于退缩，甚至会引起自杀（Durkheim，1951；Mokros，1995），而尴尬尽管伴有脸红和混乱，但其退缩程度更温和一些，不太痛苦，且会尽快地恢复（Keltner & Buswell，1997）。

与羞愧相反的一种情绪是自豪。对于西方人而言，如果一个人的自我是美好、有能力、有道德的，就会产生自豪的情绪行为，自豪一般是一种愉快的情绪（Lazarus，1991；Lewis，1993）；而当自我有缺陷时，就会诱发出羞愧的情绪，羞愧是一种痛苦的情绪（Lewis，1971）。

（二）内疚

关于什么是内疚（guilt），学术界有不同的解释。《牛津高阶英汉双解词典》中将内疚解释为“因做错某事而产生的焦虑和不安”；《心理学大辞典》将其定义为“个体认识到自己的行为违反道德准则时产生的一种悔恨、自责的情感体验”；《社会心理学词典》将内疚定义为“人做了自己认为错误的事情后产生的一种惭愧、不安或自责的情感体验”。霍夫曼（Hoffman，1987）认为内疚是个体认为自身行为危害了别人的利益，或违反了道德准则，从而产生良心不安，对行为负有责任的一种负性体验。一般认为因违反了道德规范而给他人带来了伤害、损失、痛苦，而且这些伤害可能会影响到日后的交往关系时就会产生内疚。

内疚和羞愧是两种经常混淆的情绪，其实这是两种不同的情绪。从来源看，它们来源于不同的心理系统。羞愧的诱因和表现与等级的交互作用有关，内疚的诱因和行为倾向表明它来源于群居关系和依恋系统（Baumeister，Stillwell & Heatherton，1994；Tangney，1991）。从体验的强度看，羞愧的痛苦体验是十分强烈的，而内疚的痛苦体验并不那么强烈。从行为倾向看，羞愧使人尽力驱散羞愧的感受，回避让人羞愧的情境或事件，而内疚则驱动人们对失败或伤害进行纠正和补救。

内疚的行为倾向是一种亲社会的、美好的道德情绪原型，它会促使个体帮助被害者或者弥补其伤害行为。鲍迈斯特等人（Baumeister et al，1994）认为内疚会激发个体真诚地对待合作伙伴。内疚会激发人们去道歉或忏悔，并试图修复或改善他们与被伤害者之间的关系。

羞愧、尴尬、内疚都是重要的道德情绪，它们的行为倾向都会促使人们遵守道德规则，维护社会秩序。内疚是这三种情绪中唯一可以激发出直接助人行为的情绪，羞愧和尴尬则在日常的人际交往中潜在地发挥作用。

三、他人痛苦的情绪家族

他人痛苦的情绪指当他人痛苦时，自己也会感觉到不舒服。这种对他人痛苦的情绪具有先天性。有研究表明，婴儿不到一岁时就会对他人的痛苦产生情绪反应，1 岁后，就会试图帮助痛苦者（Harris，1989）。对其他灵长类动物的研究表明，对他人痛苦的敏感并不只是人类的天性，有时黑猩猩和倭黑猩猩也具有这种天性（Waal，1996）。

已有的研究文献将他人痛苦的情绪家族区分出了两类主要成员："苦恼着他人的苦恼（DAAD）"和同情（compassion）。

DAAD 是指看见或听见他人流露出苦恼的迹象时，个体也会表现出苦恼的倾向（Batson & Shaw，1991；Cialdini，1991）。新生儿就会产生这种情绪，当他听见其他婴儿的哭声要比听见其他声音更难过（Sagi & Hooffman，1976）。在助人行为的研究中也发现，那些看到痛苦的受害者的人会设法远离受害者（Cialdini et al，1987）。但是，DAAD 并不是一种真正的情绪。除了一般的苦恼特征（如逃离苦恼源的动机）之外，它并没有明显的生理反应、面部表情或行为倾向，更多程度上是同情的先兆（Hooffman，1982）。

他人痛苦的情绪家族中真正的道德情绪是同情。史密斯（Adam Smith，1759，1976）、休谟（David Hume，1739，1969）以及皮亚杰（Jean Piaget，1932，1965）都认为同情是道德之本。但同情这个词是用"sympathy"还是其他呢？韦氏词典中对"sympathy"的解释是指两种事物联系在一起的倾向："想法或感受相似的倾向"，因而"sympathy"更侧重于情绪理解方面相似的感受或倾向。因此，更合适的同情词语是"compassion"。拉扎鲁斯（Lazarus，1991）认为"compassion"意为"被他人的痛苦感动"，韦氏词典解释为"对痛苦的深切感受和理解，并伴有减轻其程度的愿望"。

同情包括两层含义：一是知觉到他人的痛苦或悲伤，也就是感知到他人幸福、痛苦、愤怒的情绪感受，相当于 sympathy 的含义。二是产生与他人相似的情绪反应。同情来源于哺乳动物的依恋系统，人们可以对所有的陌生人产生同情，但是对于亲属以及与自己有亲密关系的他人会产生强烈的同情（Batson & Shaw，1991）。

同情会促使人们采取帮助、安慰或其他减轻他人痛苦的行为（Batsin & Shaw，1991；Eisenberg et al，1989；Hoffman，1982）。所以同情会引起利他等亲社会行为倾向。

四、称赞他人的情绪家族

称赞他人的情绪是指由亲社会道德行为或优良道德品质（美德）诱发出的情绪，这类情绪包括感戴、敬畏和崇敬等。

（一）感戴

感戴（gratitude）一词是从拉丁文演变而来的，其词根是 gratia，意思是优雅、亲切和愉悦的。之后的所有衍生意思都跟善良、慷慨、礼物、美好的给予、接受或者付出有关。感戴的含义很丰富，埃蒙斯等人（Emmons，McCullough & Tsang，2003）认为感戴是一种道德情绪，也是一种态度、习惯，一种个人特质和一种应对反应。从道德情绪的界定标准来理解，感激或感戴是指对“施利者表示出热情友好、感谢并促使个体做出报答他人帮助的倾向”。鲍姆加滕（Baumgarten - Tramer，1938）要求 2 000 名瑞典儿童说出自己最大的愿望，然后让他们回答对那些让自己愿望实现的人的感觉和反应，儿童们的答案是向施利者表示友好、表示谢意并试图回报。罗伯茨（Roberts，2004）认为感戴的定义包含三个要素：施益者，施益行为，受益者。只有当施益者的施益行为被受益者感知到，并使受益者产生了感激之情以及报答的意向时才算是产生了感戴。在此基础上，斯坦德尔 - 拉斯特（Steindl - Rast，2004）提出了一个更宽泛的感戴定义，他把感戴区分成两类：一个是个人感戴，同罗伯茨的定义相类似；另一个是超个人的感戴，即对于客观的（如大自然）或者非人类的（如上帝、动物、宇宙等）的感激。

关于感戴的实证研究很少，但已证实知觉到他人有意或自愿为自己做了一件有益的事情后会激发人的亲社会行为。麦卡洛等人（McCullough et al，2001）提出，感戴的功能就像道德动机一样，促使人们做出更多的亲社会行为。积极心理学的观点也认为，感戴是人类一种重要的积极力量，感戴的情绪会使个体感到幸福、精神满足（Emmons & Crumpler，2000；Emmons & Sheiton，2002）。感戴作为一种重要的道德情绪，既是道德动机又是道德行为。

感戴与称赞他人家族的崇敬情绪都会直接激发亲社会行为，但是感戴的诱发情境与自我较为相关，与偿还自己的债务有关，崇敬的诱因完全与自我无利害关系。

（二）敬畏和崇敬

关于敬畏（awe）的研究比感戴的研究更少，心理学数据库中只搜索到 11 篇使用敬畏为题目或关键词的文章。拉扎鲁斯（Lazarus，1991）认为敬畏是一种模糊不清的状态，混合了恐惧和惊异。希恩等人（Shin，Keltner，Shiota et al，2003）对敬畏的原因和结果进行了问卷研究，发现敬畏受到一系列不同事件的诱发，如体验到了自然美、艺术美，典范的或超常的人类能力或行为都会诱发敬畏。敬畏可能会使人们对敬畏的人或事表达出敬佩和崇敬之情，阻止不良情绪和行为发生。也许正是因为这个原因，宗教中经常研究敬畏，把敬畏作为对上帝的特有反应。这种敬畏情绪在虔诚的宗教文化中当然是一种道德情绪，许多宗教场所存在的目的就是激发并增强人们的敬畏体验，从而使人们更愿意接受所听到的教诲。

还有一种与敬畏有关的情绪体验——崇敬（elevation）。许多人报告，当他们听到关于友善和慈善行为的故事时，就会被其深深地感动。海特等人（Haidt，Algoe，Meijer et al，2002）曾研究过这种情绪状态，他们收集了一些关于敬畏体验的叙述文，在实验室里使用道德典范的视频诱发这种情绪，然后分析敬畏情绪的反应，结果发现敬畏情绪除了具有与众不同的面部表情之外，基本情绪的大部分特点都具有。看见高尚或美好的人性展现时似乎就会诱发崇敬，它会激发一种胸怀开阔的热情，使自己变得更加完美，这种情绪似乎会让个体对给自己带来这种情绪的人或者他人更加开放。同感戴一样，崇敬会使人对给自己带来这种情绪的人产生好感，但与感戴又不同，崇敬更会激发仿效道德典范的行为。崇敬就像人类意识中的某种“道德重启按钮”。道德楷模可以按下他人的重启按钮，产生一系列有道德意义的连锁反应（Haidt，2000）。

崇敬和感激直接激发亲社会行为，感激的诱发情境与自我有利益关系，与偿还自己的“债务”有关。但是，崇敬的诱因完全与自我无利害关系。听到一件好事、某个陌生人对另一个陌生人做了一件好事都可以深深地影响我们，这是人类值得称赞的地方。崇敬是所有道德情绪中的原型情绪。

当然，其他道德情绪在人类的道德生活中也发挥着重要作用。道德情绪只是一种程度上的差异，从无利害关系的诱因和亲社会行为倾向来说，任何情绪在某种程度上都是道德情绪。几乎任何情绪至少在某些时刻都会满足某个标准。如，恐惧就是守法或尊重规范等行为的重要原因。然而，恐惧的诱因一般会引起对自我（或对自己的亲属）的关心。同样，幸灾乐祸是由他人的不幸诱发的，也包含了重要的道德成分，因为若个体认为那个倒霉的人与其以前的高贵身份不相符时，这种情绪也很强烈（Portmann，2000）。然而，幸灾乐祸似乎与亲社会行为倾向无关。因此，恐惧和幸灾乐祸都是临界道德情绪，分别居于图 2 - 2 中的左边和下部。还有爱这种情绪，能引导人们做出许多亲社会的牺牲自我的行为，在许多宗教伦理系统中，这种大爱是主要的情绪（Templeton，1999）。然而，心理学研究主要将这种大爱视为一种特质。需要进一步研究社会情境是否会激发这种大爱并产生亲社会的结果。

【建议参考资料】

1. 孟昭兰. 情绪心理学［M］. 北京：北京大学出版社，2005.

2. 叶奕乾，祝蓓里. 心理学［M］. 上海：华东师范大学出版社，1996.

3. 斯托曼. 情绪心理学：从日常生活到理论［M］. 王力，译. 北京：中国轻工业出版社，2006.

4. 蔡秀玲，杨智馨. 情绪管理［M］. 合肥：安徽人民出版社，2001.

5. 彭聃龄. 普通心理学［M］. 北京：北京师范大学出版社，2003.

【问题与思考】

1. 什么是基本情绪？基本情绪有哪些类别？各自含义是什么？

2. 什么是焦虑情绪？如何调节过度焦虑？

3. 什么是抑郁情绪？如何调节过度抑郁？

4. 简述心境的特点及良好心境的培养。

5. 简述道德情绪的分类及其作用。

6. 两位热恋的大学生在校园中散步，忽然女生感到头上有口痰液。原来是教学楼窗户旁边一位男生 B 在作怪。男生 A 便带着女生去询问，见男生 B 在屋里发泄，男生 A 与男生 B 理论，男生 B 由于心理积压了许多的事情，语气不好，男生 A 被激怒，从而两人发生了争吵，男生 B 推了男生 A 一把，把男生 A 推到地上，这时女生看着心里很愤怒，拿起屋里的板凳击打男生 B 的头部，致使男生 B 身受重伤，后休克死亡。

事后了解到，男生 B 是因为刚刚得知自己有一门非常重要而且认真准备了的考试没有通过，又被老师责骂而心里不舒服，在屋里发泄，喝了一罐啤酒，被呛住了，往窗外吐了口痰，不小心吐在那个女生头上。

（1）导致这种恶性事件发生的原因是什么？在这种个事件中出现了哪几种情绪状态？

（2）请从他们每个人的角度去分析他们该如何面对这件事情。

（3）结合案例及个人体会谈谈，人为什么要管理情绪？怎样管理自己的情绪？

（4）“情绪具有巨大的能量，我们只要正确管理它，无论正面情绪或负面情绪，都会成为我们进步的动力”，我们该如何理解这句话？在生活中又该怎样去做？

第三章　情绪的理论

【本章提要】

本章将为大家介绍一些主要的情绪理论。1885 年，詹姆斯与兰格首开先河，认为“情绪就是对机体变化的知觉”，建立了第一个完整的情绪心理学理论。之后在对其的质疑声中，产生了坎农—巴德理论，使人们对情绪产生机制的关注点从外周转移到中枢，并就这一问题开始了持续的讨论，促成了近些年感情认知神经科学的诞生。然而，随着阿诺德的认知情绪理论的出现，开启了重视认知在情绪产生中作用的新时代。在她之后，一大批学者如沙赫特和辛格、拉扎鲁斯、欧特雷和约翰逊 - 莱尔德，还有曼德勒等都提出了自己的情绪认知理论。与此同时，以伊扎德为代表的情绪动机—分化理论也逐步形成和发展完善。由于情绪现象的复杂性和其应用领域的广泛性，各种情绪理论如雨后春笋般不断出现，本章还介绍了一些其他情绪理论的主要观点和内容，包括情绪的生理学理论、情绪的环境理论、情绪适应理论、情绪的发展理论、情绪社会学理论和情绪临床理论等。

【学习重点】

1. 了解情绪理论的发展历程。

2. 了解不同情绪理论的主要观点，并将理论灵活运用到现实生活中，解释现实生活中的情绪现象。

【重要术语】

认知评价　生理唤醒　情绪唤醒模型　认知比较器　评定—兴奋说　认知—激活理论　认知—评价理论　目标和计划　情感编码系统　帕佩资环　动机—分化理论　幸福感

第一节　情绪的早期理论

所谓情绪理论，是指心理学家对情绪这一概念所作的理论性、系统性的解释。从 1885 年美国的威廉·詹姆斯与丹麦的卡尔·兰格（William James & Carl Lange，1885）首次提出“外周情绪理论”直到今日，情绪在心理学研究中已有超过150种理论。詹姆斯与兰格提出的“外周情绪理论”是关于情绪的第一个理论，他们的“先跑后怕”、“先斗后怒”观点一度俘获了很多人。然而坎农随后提出了与之相反的观点，他们之间关于躯体反应和情绪体验的先后顺序的争论一直持续至今。

一、詹姆斯—兰格的情绪外周学说

情绪外周学说的创始人威廉·詹姆斯（William James，1842—1910），是美国心理学家和哲学家，美国机能主义心理学和实用主义哲学的先驱，也是美国心理学会的创始人之一。早年他在哈佛大学劳伦斯理学院学习化学和解剖学，后又改学医学，因此有着深厚的生理学背景。1872年他接受了哈佛大学生理学讲师职位，在哈佛大学开设生理学和解剖学课程。由于研究神经系统生理学及其他与心理学有关的生理学问题，詹姆斯慢慢开始转向心理学问题的研究。

图3－1 威廉·詹姆斯

受达尔文“生存竞争学说”的影响，詹姆斯非常重视心理生活在有机体适应现实中的作用。他反对把意识只看做一种与某些生理过程平行的副现象，主张意识的功用在于指引有机体达到生存所必需的目的。在这种理念的指导下，詹姆斯在1884年提出一种全新的情绪理论，他根据情绪发生时引起的植物性神经系统的活动，和由此产生的一系列机体变化，得出“情绪就是对身体变化的知觉”的观点。正如他所说，“情绪，只是一种身体状态的感觉；它的原因纯粹是身体的”，“人们的常识认为，先产生某种情绪，之后才有机体的变化和行为的产生，但我的主张是，先有机体的生理变化，而后才有情绪”。当一个情绪刺激物作用于我们的感官时，立刻会引起身体上的某种变化，激起神经冲动，传至中枢神经系统而产生情绪。在詹姆斯看来，悲伤乃由哭泣而起，愤怒乃由打斗而致，恐惧乃由战栗而来，高兴乃由发笑而生。这种理论与人们的普遍认识相悖，因此引起了强烈的反响，吸引了众多追随者和批判者。

巧合的是，在1885年，即詹姆斯提出他的理论的第二年，丹麦生理学家卡尔·兰格（C. G. Lange，1834—1900）提出了与之类似的理论。兰格认为，情绪是内脏活动的结果。他特别强调情绪与血管变化的关系：“情感，假如没有身体的属性，就不存在了。”“血管运动的混乱、血管宽度的改变以及各个器官中血液量的改变，乃是激情真正的最初的原因。”兰格以饮酒和药物为例来说明情绪变化的原因。酒和某些药物都是引起情绪变化的因素，它们之所以能够引起情绪变化，是因为饮酒、用药都能引起血管的活动，而血管的活动是受植物性神经系统控制的。植物性神经系统支配作用加强，血管舒张，结果就产生了愉快的情绪；植物性神经系统活动减弱，血管收缩或器官痉挛，结果就产生了恐怖。因此，情绪决定于血管受神经支配的状态、血管容积的改变以及对它的意识。相比于强调内脏在情绪中起到重要作用的詹姆斯的观点而言，兰格更极端地强调内脏尤其是血管变化对于情绪的影响。由于詹姆斯与兰格的观点如出一辙，因此常将它们合称为“詹姆斯—兰格理论”（James – Lange theory），又由于两个人都将情绪归因于身体外周的变化，也将此理论称为“情绪的外周理论”。

怎样理解“情绪的外周理论”呢？我们通过下面的例子来分析说明其理论观点。想象你正独自在动物园里闲逛，突然一只破笼的老虎向你奔跑过来。在一般人的常识中，此时面对咆哮的老虎，你首先会感受到万分恐惧，接着在逃跑的过程中，出现剧烈的心跳、口渴、出汗和神经质发抖等生理表现。然而在詹姆斯看来却恰恰相反，他觉得此时你可能来不及想些什么或是感受什么，只是拼命地逃跑，躲避老虎的追赶。之后老虎被工作人员控制住了，你脱险了，然后你会心跳加速，呼吸急促，四肢紧张，这才感觉到：太危险了！因此，该理论认为我们最初出现的应当是心跳剧烈、口渴、出汗和神经质发抖等生理表现，而内心体验到的情绪是对身体出现反应的感受而已。

在詹姆斯—兰格的理论观点中，外界环境的刺激首先引起身体出现一系列的变化（如心跳加速，出汗等），之后对于这种身体变化的感知，就是我们所谓的情绪。此过程可由图 3 – 2 来表示：

图 3 – 2 詹姆斯—兰格的情绪外周理论图解

也有学者将此过程总结为：1. 首先有引起个体反应的环境刺激；2. 该环境刺激引发个体的生理反应；3. 由此生理反应产生个体相应的情绪活动。

詹姆斯—兰格理论是第一个关于情绪的完整的心理学理论，其独特的观点引发了从 19 世纪一直延续到 21 世纪的学界争论。该理论所提出的生理反应在情绪感受中的重要作用，不仅对之后的情绪理论的发展产生了深远的影响，而且对情绪理论的研究起到了巨大的推动作用。

很多学者的研究都为詹姆斯—兰格的学说提供了支持的证据。心理学家乔治·霍曼斯（G. C. Homans，1966）曾对 25 名在两年前或更早以前遭受过脊椎断裂的退伍士兵进行采访，他请这些士兵描述受伤之前和受伤之后经历过的情绪体验之间的区别，这些情绪体验包括愤怒、恐惧、悲伤及性冲动。大多数士兵表示，在受伤之后，他们体验的情绪似乎没有受伤之前来得强烈了。而更为值得注意的是，伤势越严重（身体系统与大脑断开的数量越多），这种改变越大。美国著名的情绪心理学家艾克曼（Ekman，1983）也曾做过一系列的相关研究。他的研究结果表明，当被试故意假装做出某种面部表情时，比被试故意做出笑脸时，会感觉更加高兴。由此，艾克曼认为，故意假装的表情可引起肌肉的变化，然后引发与面部肌肉变化相一致的情绪感觉。这在一定程度上证实了詹姆斯—兰格理论的某些合理性。

但是，该理论也引发了诸多质疑，主要有以下两点。

1. 如果如詹姆斯所言，情绪就是对外周生理变化的感觉，那么每种不同的情绪感受都应该有自己独特的一套生理变化模式。例如，高兴的生理变化应该与愤怒的生理变化有区别，否则人们将无法区分这两种情绪。但是，坎农（W. B. Cannon，1915）认为，并不存在对应不同情绪的相异的生理反应。而近年来的研究资料表明，植物性神经系统的生理反应模式有可能随着情绪状态的不同而不同，但是，这是否可以导致个体产生相异的情绪体验，目前学术界还未对这一问题得出明确的答案。

2. 詹姆斯—兰格理论认为所谓情绪体验即是对生理改变的反应，那么剥夺了身体的生理反馈，情绪体验也就不存在了。这既是说，如果一个人没有了心跳、冒汗等生理反应，那么他也就感受不到恐惧。一些学者，如谢林顿（Sherrington，1900）对狗的研究发现，失掉了外周的生理反应，情绪依然存在。显然，外周生理反应并不是情绪的唯一来源。

二、坎农—巴德的丘脑学说

美国生理学家坎农（W. B. Cannon，1927）首先提出了对詹姆斯—兰格情绪理论的反对意见。坎农通过一系列实验研究的结果对詹姆斯—兰格的“外周情绪理论”提出了质疑：他通过外科手术切断了动物的视觉神经与脑的联系之后，发现动物仍然有情绪行为，这显然与外周情绪理论的观点是相悖的；坎农发现，内脏变化通常发生在外界刺激之后的1—2秒之内，但情绪反应一般需要更短的时间，因此可以推论出，情绪反应是发生在生理变化之前的；坎农认为不同的情绪，其生理表现可能是相同的，例如愤怒和恐惧都伴随心跳加速和血压升高，因此情绪并不是一个人对自己身体所发生变化的感觉。之后坎农于1915年出版专著，系统地批评了詹姆斯的理论。他提出的批评意见主要有以下五点。

图3-3　坎农

1. 如果是人为引起的身体反应变化，如出汗、颤抖等，似乎并不会使人体验到相应的情绪。

2. 没有相关的证据支持，对于不同的情绪会有相应的一套身体反应与之匹配。

3．内脏器官的组织敏感性较低，因而对不同情绪的区别很难根据来自于内脏器官的反馈。

4．通过手术将内脏器官与神经系统的联系切断后，身体反应无法传达给大脑，但情绪反应依然发生。

5．身体的生理变化是一个比较慢的过程，而情绪则是在出现外部刺激后，最多一秒钟后就产生了。因而，从时间上讲，情绪产生的速度要远远快于身体反应的速度。

鉴于上述事实，坎农认为，在情绪的产生中，身体反馈起到的作用是微弱的，即使它们对情绪反应起作用，也只能是次要的作用。而与此同时，坎农的弟子菲利普·巴德（Bard，1934，1950）也意识到，一些情绪可能来源于丘脑。坎农于 1927 年在理论上提出对詹姆斯—兰格的质疑，然后经巴德的实验加以证明，最终形成了坎农—巴德理论。

坎农进一步描述了这一神经系统活动的过程。由外界刺激引起感觉器官的神经冲动，通过内导神经，传至丘脑，再由丘脑同时向上向下发出神经冲动。向上传至大脑，产生情绪的主观体验；向下传至交感神经，引起机体的生理变化，如血压增高、心跳加速、瞳孔放大、内分泌增多和肌肉紧张等，使个体生理上进入应激状态。例如，某人遇到一只熊，由视觉感官引起的冲动，经内导神经传至丘脑处，在此更换神经元后，同时发出两种冲动，一是经躯体神经系统和植物性神经系统到达骨骼肌及内脏，引起生理应激状态；二是传至大脑，使某人意识到熊的出现。这时某人的大脑中可能有两种意识活动：其一，认为熊是驯养的动物，并不可怕，因此，大脑即将神经冲动传至丘脑，并转而控制植物性神经系统的活动，使应激状态受到压抑，恢复平衡；其二，认为熊是可怕的，会伤害人，大脑对丘脑的抑制解除，使植物性神经系统活跃起来，加强身体的应激反应，并采取行动尽快逃避，于是产生了恐惧，随着逃跑时生理变化的加剧，恐惧的情绪体验也加强了。因此，情绪体验和生理变化是同时发生的，它们都受丘脑的控制。

再例如，某天你非常为之心动的漂亮女同学突然坐到你身边来。这时，这个女同学靓丽的面容、动人的身姿和馥郁的气味等通过各个感觉通道传入你的神经系统，并将一切信息汇报给“丘脑”这个“司令官”之后，丘脑举起两个电话的听筒，同时给大脑皮层和自主神经系统两位“师长”打了电话，并把这个美人的消息同时告诉它们。然后，两位师长开始进行各自的工作了。大脑皮层指挥它手下的干将辛勤工作，来使你感觉到这位美女同学给你带来的幸福与紧张的感觉；自主神经系统层层下达命令，告诉你的身体各部位此时该做出什么样的反应：告诉心脏“你该跳得更快些”、告诉汗腺“再多分泌些汗液”、告诉血液“流动快一点吧，面部皮肤还不够红”……而这两位师长及其手下的工作，几乎是同时进行的。这也就造成了你的面红耳赤心跳，以及既兴奋又紧张的感觉。

坎农—巴德的丘脑学说使人们开始关注丘脑在情绪产生中的重要作用，它的意义在于把詹姆斯—兰格对情绪的外周性研究推向对情绪中枢机制的研究。目前多数人认为，情绪的复杂生理机制在很大程度上取决于下丘脑、边缘系统和脑干网状结构的功能，而生理变化则起到调节情绪的作用。

很多学者的研究支持坎农—巴德理论，英国生理学家谢灵顿（Sherrington，1900）所做的狗的实验就是其中之一。他通过外科手术将狗的内脏与交感神经系统切断，因此所有来自心脏、胃、肠、肺等器官的信息与大脑之间的联系都被切断了。但是，这个实验的结果却如坎农所言，这些令人极度不安的手术对动物的情绪反应并没有产生任何影响。发展心理学家斯坦纳（Steiner，1970）的实验也有一定说服力。他给一些新生儿拍照，在婴儿第一次通过乳房或者奶瓶吃奶之前，让婴儿分别喝有甜味、咸味和苦味的水。甜水使婴儿吮吸嘴唇，咸水使婴儿吸起嘴唇或皱起鼻子，苦水使婴儿张开嘴吞水或者作呕。斯坦纳接着在无脑的新生婴儿身上做同样的实验，他们的面部表情和反应与正常婴儿相同。可见，简单的情绪及面部反应似乎由脑干产生。

但是，坎农—巴德学说也存在一些不完善之处。尽管外周生理反应不是情绪的唯一来源，但是生理反应确实在一定程度上决定着我们的情绪行为反应，例如假装笑脸确实能使人感到一定程度的快乐。因此，坎农—巴德学说完全否认身体反应在情绪中的作用，未免有失偏颇。此外，该学说过分强调丘脑在情绪中的作用，忽视了大脑皮层对情绪的调节和控制作用。20 世纪 90 年代感情神经科学研究表明情绪是大脑皮层和皮下组织共同活动的结果。

第二节　情绪的认知理论

1950 年，阿诺德（M. B. Arnold）两卷集巨著《情绪与人格》的发表，标志着情绪研究进入了一个新的时期，即情绪认知理论兴起的时期。情绪认知理论非常重视认知在情绪产生中的作用，主张情绪产生于对刺激情境或对事物的评价，对刺激情境或事物的评价不同，产生的情绪反应也不同。随着认知心理学的崛起，许多情绪心理学者转向情绪的认知研究，形成了自 20 世纪 60 年代以来的情绪认知理论研究的一大派别。

一、阿诺德的情绪“评定—兴奋”说

无论是詹姆斯的生理取向观念还是华生（Watson，1878—1958）的行为取向观念都忽视了“人”的意义，但是情绪的认知观则有别于上述两种观点。美国心理学家麦独孤（W. McDougall，1871—1938）认为人与其他动物的区别在于，

人具有认识能力，正是这种认识能力和人的预期使得人在其趋利避害过程中产生的不是原始情绪，而是复杂的情感。受到这种观念的影响，阿诺德在 20 世纪 50 年代提出了情绪的评定—兴奋学说。

阿诺德的情绪评定—兴奋说的主要观点如下。

第一，她认为情绪产生的基本过程是刺激—评价—情绪。同一刺激情景，由于对它的评估不同，会产生不同的情绪反应。评估的结果可能认为对个体“有利”、“有害”或“无关”。如果是“有利”，就会引起肯定的情绪体验，并企图接近刺激物；如果是“有害”，就会引起否定的情绪体验，并企图躲避刺激物；如果是“无关”，人们就予以忽视。在阿诺德看来，情绪体验是一个人认识到刺激事件的意义之后才产生的，而刺激事件的意义则来源于评价。她强调，刺激情景并不直接决定情绪的性质，从刺激出现到情绪产生，要经过对刺激的评价。例如，面对一个热闹的聚餐，有的人觉得很烦躁，有的人则很欣喜，乐在其中，这是因为对情境的评估不同，不同的评估必然会导致产生不同的情绪体验。

阿诺德指出，在评价过程中，记忆是基础。我们以往生活的点点滴滴都会留在记忆中，而正是这些过去的记忆形成了我们现在作判断的标准。例如一个人之前被蛇咬伤过，那么他对蛇的看法就是可怕而危险的。因此我们会根据自己的记忆来对当前的环境情况进行评价，进而形成某种情绪。而当前的事件又会作为记忆保存在我们的大脑中，对下一次的评价产生影响。

第二，情绪产生是大脑皮层和皮下组织协同活动的结果。只有大脑皮层足够兴奋了，才有能量去产生某种情绪行为，因此它是最重要的条件。

最后，她将情绪的产生过程总结如下：引起情绪的外界刺激作用于眼睛等感受器，产生神经冲动，通过内导神经上传至丘脑，在更换神经元后，再传到大脑皮层，之后刺激情景在大脑皮层得到某种评价，形成对外界刺激的某种态度（如恐惧及逃避、愤怒及攻击等）。然后这种态度通过外导神经传至丘脑的交感神经，引起身体的一系列变化，人们再通过这种身体上的变化产生某种情绪感觉。这种来自外周的反馈信息，在大脑皮层中被评价，使纯粹的认知经验转化为被感受到的情绪。这就是“评定—兴奋”学说。

阿诺德的“评定—兴奋”说在情绪心理学研究的历史上具有划时代的意义。因为在阿诺德之前，在情绪的产生问题上，人们陷入对生理唤醒的作用的无休止的争论中，而阿诺德却第一次把情绪的产生和高级认知过程联系在一起。她将认知评价看做刺激事件与情绪反应之间必不可少的中介物，将情绪的产生与高级认知活动联系起来，倡导了一条全新的理论路线，为情绪心理学的研究开辟了一条崭新的道路。如果说詹姆斯是第一个情绪学说的开创者，那么阿诺德则可以看做是“第二代”情绪学说的创始者。

二、沙赫特和辛格的认知—激活理论

阿诺德开启了情绪的认知理论研究的新篇章。受她的影响，1962 年，美国心理学家沙赫特和辛格（S. Schachter & J. E. Singer，1962）提出了认知—激活理论。这一理论主要来自于沙赫特与辛格所做的一系列设计巧妙的实验，对这些实验结果的解释具有极其广泛的启发性价值。

他们的经典实验是这样进行的：选择三组被试，并为他们注射肾上腺素，然后就刚才注射的药物，分别对三组被试做了不同的解释。告诉甲组被试，由于药物的作用，你们会产生发抖、心跳加快、面红耳赤的感觉（正确指导组）；告诉乙组被试，药物是温和的，不会有任何副作用；告诉丙组被试，由于药物作用，你们会出现发抖、手脚稍微发麻等症状。之后将注射了药物的三组被试各分一半，分别进入两种不同的情境中。一种是愉快的、可笑的环境，就是让被试观看有趣的滑稽表演；一种是令人厌恶的环境，强迫被试回答繁琐的问题，并强词夺理横加指责。结果显示，甲组被试由于已经知道药物会产生的效应，因此他们将自己的心跳、气促、手颤等生理反应归因为药物，因而情绪并不受到外界环境的影响，不会随着情境的不同而发生变化，因此无论在滑稽的表演情境还是在让人生气的回答问题情境中，被试的情绪大体相同；而乙组和丙组被试，在愉快环境中显示出愉快情绪，在愤怒情境中显示出愤怒情绪。如果情绪体验是由内部刺激引起的生理激活状态决定的，那么三组被试注射的都是肾上腺素，引起的生理状态应该相同，情绪表现和体验也应该相同；如果情绪是由环境因素决定的，那么不论哪组被试，进入愉快环境中就应表现出愉快情绪，进入愤怒环境中就应表现出愤怒情绪。实验证明，人对生理反应的认知和了解决定了最后的情绪体验。这个结论并不否定生理变化和环境因素对情绪产生的作用。事实上，情绪状态是由认知过程（期望）、生理状态和环境因素在大脑皮层中整合的结果。环境中的刺激因素，通过感受器向大脑皮层输入外界信息；生理因素通过内部器官、骨骼肌的活动，向大脑输入生理状态变化的信息；认知过程是对过去经验的回忆和对当前情境的评估。来自这三个方面的信息经过大脑皮层的整合作用，才产生了某种情绪经验。沙赫特将上述理论转化为一个工作系统，称为情绪唤醒模型。

沙赫特提出情绪的产生包含三个亚系统：第一个亚系统是对来自环境的输入信息的知觉分析，也就是知道目前周围发生了什么。第二个亚系统是在长期生活经验中建立起来的对外部影响的内部模式，包括对过去、现在和将来的期望。这就是说，在个人的成长过程中所形成的一些特有的对事物的看法，自己的个性特征等等。第三个亚系统是现实情境的知觉分析与基于过去经验的认知加工间的比较系统，称为认知比较器。也就是说，基于个人过去的经验，来对当前发生的事情进行解释。这个认知比较器可以激活神经系统和生化系统，使人产生生理变化。

沙赫特—辛格的经典情绪实验和理论无疑是相当具有启发性的，有很多相关的证据对沙赫特和辛格的理论进行了支持。例如，来自生理唤醒的反馈对情绪状态有增强作用。这即是说，若一人在观看恐怖电影，此时他会感觉四肢发凉、颤抖，若此时电影院的冷气开得很强，促使人发冷、发抖，那么观影人体验到的恐怖情绪，会因为他强烈的生理反应而变得更强。

总之，沙赫特和辛格的情绪理论是非常有影响力的，它关注并强调了情绪的认知成分及其作用。当然，这个理论也并不是完美无缺的，也有学者对其进行质疑，比如有人认为他过分夸大外周唤起的作用以及唤起和情绪之间的关系，但现在还没有充分的证据来否定这一观点。

三、拉扎鲁斯的认知—评价理论和弗瑞达的评价理论

（一）拉扎鲁斯的认知—评价理论

拉扎鲁斯（Arnold Allan Lazarus，1932）生长在南非，虽在当地接受教育，却强烈认同美国。他在约翰内斯堡的威特沃特斯兰德大学先后学习了英文、心理学和社会学，并于 1960 年获得临床心理学博士学位。1971 年，他出版了《行为治疗技巧》，此书是最早的认知—行为治疗法书籍之一。之后，他又拓展了阿诺德的“评价”理论，并建立了一个迄今为止最著名的认知理论框架，形成了一个十分有影响的学派。

图 3－4　拉扎鲁斯

拉扎鲁斯理论的基本假设是，情绪是个体对环境事件知觉到有害或有益的反应。具体来说，情绪是人和环境相互作用的产物，在情绪活动中，人不仅接受环境中的刺激事件对自己的影响，同时要调节自己对于刺激的反应。而要做到这种双向的互动，情绪活动必须借助认知活动的指导，只有通过认知活动的指导，人们才可以了解环境中刺激事件的意义，才可能选择适当的、有价值的动作组合，即行为反应。

这种认知活动即是“评价”，它也是拉扎鲁斯理论中的核心概念。在产生某种情绪的过程中，人们需要不断地评价刺激事件与自身的关系。具体来讲，评价是一个过程，并且分为三个层次的评价：初评价、次评价和再评价。

初评价是指人确认刺激事件与自己是否有利害关系，以及这种关系的程度。与主体无关的刺激，在初评价后即终止；而对伤害性、威胁性或挑战性刺激则进行次评价。如走在马路上，迎面过来一个人，你首先要对他进行下列评价：我认识他吗？他向我走来这件事对我而言，是开心的、麻烦的，还是无所谓的？如果你并不认识这个人，那么就没有必要进行其他评价了。

次评价是指人对自己反应行为的调节和控制，它主要涉及人们能否控制刺激事件，以及控制的程度，也就是一种控制判断。接着上面的例子，假设你遇到的是目前最不想见到的、让你讨厌的前男友，那么你要判断自己能否避开他。如果你可以采取视而不见的方式轻易地避开他，那你的感受就比较轻松了；但若他是个主动上前与你交谈的家伙，那你的感受就没那么悠哉了。

再评价是指人对自己的情绪和行为反应的有效性和适宜性的评价，实际上是一种反馈性行为。你采取视而不见的态度有效地避开了前男友，那“再评价”将会对你的行为给予高度适宜的评价，之后，你的评价就结束了。但若你视而不见，可是他仍然跑到你面前，并且指责你有意避开他，那么你又要回到“次评价”，继续作出反应以结束这尴尬的情绪。因此，可以这样说，应对来自评价，是评价后采取的策略和手段，它既能改变或调整行为，也能改变或调整情绪。

（二）弗瑞达的评价理论

弗里达（Nico Frijda）的情绪理论也强调评价在情绪过程中的作用，不过弗里达关于评价的观点与拉扎鲁斯的观点不完全相同，他不仅强调评价的类型，也对评价的加工特点进行了阐述。所以，在此也对弗里达的评价理论作一介绍，帮助读者更好地理解情绪的评价理论。

弗里达的情绪理论主要基于三条基本原则：首先，他认为情绪是具有生物学基础的，即情绪是先天存在的。其次，社会和认知因素可以对情绪进行修饰和调整。最后，调节是情绪不可分割的一部分。

弗里达是这样描述他所谓的“情绪过程”的：一个情绪的产生要经过7个阶段。在个体遇到外界刺激时，“分析器”首先对刺激进行编码，即识别当前的情况。“比较器”对当前事件的性质进行评价，认清事件对于自己来说是愉快的，悲伤的，痛苦的，还是不相关的。“诊断器”通过自己能否应对和如何处理当前事件来进行评价，确定事件是自己可以轻松应对的，还是自己无法承受的。“评定器”判断时间的紧迫性、严重性和难度。“行动计划器”作出一个行动的计划。“生理变化激发器”命令身体产生相应的生理变化。“行动器”指导人做出行动。

关于评价，弗里达认为所有的情绪都会涉及两类可能的评价：首次评价和再次评价。首次评价用于判断一个事件的情绪意义，是令人开心的还是愤怒的；而再次评价则主要是对情绪本身的评估。弗里达认为再次评价是非常基础的，它所关注的仅仅是信息获取和对行为的监控，因此可以说这种评价仅仅是基本的认知活动。这些基本的评价不仅可以引发简单的情绪，也和复杂的情绪有关联。但是，他又指出，这一情况仅会在少数时候发生，大多数情况下，多数情绪需要经过复杂的认知加工，和心境、先前的经验、其他人的影响相联系。

另外弗里达认为，尽管在情绪发生之前可能会涉及一些有意识的思考和推理，但情绪中的评价是自动的、无意识的。

在发展阿诺德的评价理论的庞大队伍中，以拉扎鲁斯的理论和实验建树最为醒目。如果说阿诺德是情绪的认知理论的先驱，那么拉扎鲁斯则是这一理论的集大成者。此外，拉扎鲁斯的思想体系还有效地服务于社会实际应用，向人们展示了认知—评价理论的重大学术价值，但该理论也存在着严重缺陷，主要表现为1. 拉扎鲁斯认为“情绪概念在心理学中起重要的作用。但是，在心理学的理论体系中，它不是基本的理论构成物”。这是把情绪排斥在心理学理论体系之外的论断。2. 拉扎鲁斯把情绪看做认知评价的功能或结果。情绪是由认知决定的，这是正确的，但又不可避免地忽略了情绪对认知和行动的意义和作用而走向了副现象论。

四、欧特雷和约翰逊-莱尔德的情绪沟通理论

欧特雷和约翰逊－莱尔德（K. Oatley & P. N. Johnson-Laird）在1987年和1992年共同提出情绪的沟通理论。他们认为，情绪具有重要的认知功能，可以对模块化的神经系统进行调节；情绪是认知系统不同部分之间的交流，也是社会中不同个体之间的交流。

图3－5　约翰逊-莱尔德

欧特雷与约翰逊－莱尔德的理论很大一部分是基于有关目标和计划的观点。他们认为目标是环境中机体努力想要获得的事物的符号表征，而计划则依次对这些表征进行转换，从而在环境和目标之间建立起联系。例如一个人的目标是考上大学，“考上大学”这件事就成为了他的一个“目标”。为了达成“目标”，他需要了解大学的录取分数线，然后通过努力学习，上课认真听讲，下课多做练习等一系列行为来实现这个目标，这就成为“计划”。在这个基本假设之上，欧特雷与约翰逊-莱尔德提出的情绪理论主要包括以下几方面内容。

第一，他们认为个体的心理是一种呈等级组织的信息加工模型，其中目标是系统内的加工驱力，而情绪的产生是一种自动化的过程。他们指出，在这个系统中，存在着许多目标和计划，并非所有的目标和计划都可以同时操作，那么哪一个目标和计划可以优先操作呢？为了调节同时存在的多种目标和计划孰先孰后地操作，必须存在一个优先分配的机制，情绪就为分配或改变这种优先权提供了一种可能。当个体计划与预期目标产生冲突时，个体的情绪便具有优先权，它会无意识地强加给认知系统一种刻板操作模式，激活目标以顺利加工。而这种操作则是通过评价来完成的。个人依据自己要达到的目标和计划，来对当前信息进行评

价，而评价的结果对于情绪的产生具有很大意义。

举个例子来说，你可能正高兴地看着自己喜欢的电视剧，突然剧情中的某个人物去世使你联想起自己亲人的去世，于是你开始变得非常悲伤起来。你可能会进入一种深层次的悲伤状态，而忽视电视的存在。或许你可能会麻醉自己的精神，为了控制悲伤把注意力完全集中于屏幕，或者这种情绪状态会促使你和配偶谈论这件事情。

第二，欧特雷与约翰逊-莱尔德根据艾克曼等人的研究结果提出了五个构成其理论基础的基本情绪——高兴、悲伤、恐惧、愤怒和厌恶。这些基本情绪与其他因素可以共同引起更复杂的情绪，其他情绪也可以通过这些基本情绪的相关信息获得，比如高兴与朝向目标的趋近相连，愤怒与目标或计划受阻有关等。

第三，欧特雷与约翰逊－莱尔德认为，情绪本质上是一种社会现象。情绪不仅与个体的计划和目标相协调，也和个体之间的计划有关联。也就是说，情绪不仅仅需要调节你自己的各种目标之间的矛盾，也要调和你的目标与其他人的目标之间的冲突。比如你希望晚上 11 点就能关灯睡觉，而你同寝室的同学喜欢通宵学习，这时情绪就要发挥它的作用了。

第四，欧特雷和约翰逊－莱尔德认为，我们的认知系统通过观察自身的行为，了解自己做得好的事情与反省自己做错的事情，使理性的认知变得更加成熟。当这个有着不断自省认知的“自我”发展完成时，人类情绪的整套复杂系统才能发展完全。因此，不同的文化和不同的个体间，由于价值观念和行为标准等的差异，发展成的情绪系统可能会存在巨大差异。

在百花齐放的情绪认知理论中，无论是阿诺德，或是拉扎鲁斯，没有谁敢说自己的理论是最好的，但是欧特雷与约翰逊－莱尔德的情绪理论却被称为“最好的情绪认知理论”，受到学者们的赞誉。

五、曼德勒的情绪冲突—评价理论

曼德勒（Mandler，1976，1984，1990，1992）在一系列颇具说服力的书籍和文章中，提出并逐渐完善了他的情绪理论。他认为情绪的基础是生理唤醒、认知解释以及意识。

曼德勒理论的基本观点是，自主神经系统的唤起为情绪行为、情绪体验提供了必要条件，并使情绪具有了不同的强度。此后，情绪的性质则来源于意义分析，这是由唤起、情境以及认知状态所决定的。随后，才产生了对情绪的意识和情绪行为。

曼德勒将整个情绪过程归纳为一个连续的反馈，其基本过程如下：环境刺激—认知解释—对唤起的感知—情绪的体验—认知解释。整个过程周而复始。举个生动的例子，你上班经过一个走廊时，迎面走来一个朋友，于是你对他微笑，但他却没有反应，对你视而不见。这是一个环境刺激，接着你对“这个环境刺激”进行了认知解释，并将其解释为他对你很冷淡，这时你会想是不是自己什么时候冒犯他了。然后你产生了生理上的唤起，冒汗，心跳加速。之后你开始体验焦虑，而这个焦虑的体验促使你更多地去思考他的反应。你可能会记起他此时正面临着一些家庭问题，于是你会将他对你的冷淡解释为“或许他只是沉浸在他自己的世界中，没有看到你”。接着你的唤起水平降低了，情绪强度也减弱了。

在此，曼德勒认为认知解释是一种能够促进个体对某些事件作出反应的心理结构。他认为情绪的表达可以促使人们对于某个事件进行再次解释，并且促使人们改变自动的认知反应。在上面的例子中，如果某个人对他人的冷淡没有任何情绪反应的话，他很可能不会再深究他人冷淡的原因了。

与其他的认知派学者不同，曼德勒努力揭示情绪活动的深层结构。基于格式塔心理学、信息科学和生理激活论，他提出了远比沙赫特、辛格更广的理论体系。并且，他在信息加工的框架中加入情绪和动机概念，试图建立和解释包括情绪和动机在内的信息加工系统。曼德勒观点的突出之处在于，提出并开始解释意识中的情绪体验成分。之后，以曼德勒为代表的认知结构派沿着信息加工理论建立了情绪发生的框架。

第三节　情绪的动机—分化理论

动机—分化理论的创始人卡罗尔·伊扎德（Carroll E. Izard）是美国著名情绪心理学家，他出生于1924年，特拉华大学（University of Delaware）临床心理学教授，主要研究情绪在人类发展中的作用。他曾就读于密西西比大学和耶鲁大学，在锡拉丘兹大学获得了博士学位。自1976以来，他的主要贡献是提出了情绪分化理论。受达尔文的进化论和汤姆金斯（Tomkins，1970）理论的直接影响，他于20世纪60年代开始了情绪方面的研究。达尔文曾明确指出，感情、智慧等心理官能是通过进化获得的。而汤姆金斯直接把情绪看做是动机，且认为情绪主要反映在面部表情上，面部提供的编码是了解个体情绪的重要线索。伊扎德在他们二人理论的影响下，于70年代初提出了动机—分化理论（Differential Emotions Theory，DET），编制了最大限度地判别情感编码系统（MAX），出版了三本书且发表过许多论文。他的《人类情绪》在德国的出版社和俄罗斯的莫斯科大学出版社出版。他于1989年获得弗朗西斯艾莉森奖。在之后的四十年中，动机—分化理论又得到了进一步发展，日趋丰富。

伊扎德动机—分化理论的主要内容有下述几方面。

一、情绪是适应环境而产生和分化的

伊扎德（1991）从进化的观点出发，提出大脑新皮质体积的增长和功能的分

图 3－6　伊扎德

化、面部骨骼肌肉系统的分化以及情绪的分化是平行的、同步的。情绪的分化是进化过程的产物，具有灵活多样的适应功能，在有机体的适应和生存上起着核心的作用。每种具体的情绪都有其发生的渊源和特定的适应功能。在远古时期的恶劣生存环境中，人们需要对环境中的危险提高警惕，在危险发生时，可以快速作出反应，以提高存活的可能性，在适应充满危险的生存环境的过程中，“恐惧”的情绪逐渐分化了出来；而当个体在面对危险时，需要调动一切身体力量，使整个身体处于应激的状态，同敌人进行斗争以保全自己，因此“愤怒”的情绪得以分化。同样，在个体寻求生存空间的过程中，人们需要对外界进行探索，以发现更多更有利的生存资源，在这种探索的过程中“兴趣”得以分化。如此，在适应环境过程中，人类逐渐分化出了若干种情绪。

情绪是分化的，存在着具有不同体验的独立情绪（differentiate emotion），这些独立的情绪也具有动机特征。他假定存在十种基本情绪，即兴趣、愉快、惊奇、悲伤、愤怒、厌恶、轻蔑、恐惧、害羞与胆怯，它们组成了人类的动机系统。每种基本情绪在组织上、动机上和体验上都有其独特性。不同的情绪具有不同的内部体验，这种内部体验对认知与行为会产生不同的影响。情绪过程与有机体内部动态平衡、内驱力系统、知觉与认知相互影响。

二、情绪在人格系统中的地位和作用

伊扎德（1977）认为，人格是由体内平衡系统、内驱力系统、情绪系统、知觉系统、认知系统和动作系统六个子系统组成。情绪是人格系统的组成部分，它和内驱力、认知等存在相互联系，也是人格系统的核心动力。情绪的主观成分——体验是起动机作用的心理机制，是驱动有机体采取行动的动机力量。

他认为，每一种基本情绪都可以使有机体对重要的事件作出反应，或者通过对生理的影响（比如，肌肉紧张，呼吸加快等）为这种反应提供准备。但是各种基本情绪的适应作用不同，具有不同的动机。比如“兴趣”可以使人产生探索的活动，“厌恶”可以使人产生回避的行为，“愤怒”有可能导致攻击行为等。动机—分化理论否定了把动机全部归结为内驱力的看法，认为是情绪影响了内驱力的动机作用，情绪是比内驱力更灵活更强有力的驱动因素，可以脱离内驱力而单独起动机作用。例如，动机—分化理论认为人们在口渴的时候，促使人们去喝水的动机更多的是口渴时产生的焦躁情绪，而不仅仅是生理驱力。而在极度悲伤或愤怒的情况下，饥饿内驱力的动机作用则可能会削弱。

同时，他认为人格系统的发展是这些子系统自身发展与系统之间的联结不断形成和发展的过程。伊扎德（Izard，1989）强调，在这些子系统中，认知过程只是信息加工系列中较为高级的那些部分，主要是以获得性表征为基础的心理过程。而后天获得的认知表征更多地用于进行心理上的比较和识别。认知是知识性的，是对知识的学习、记忆、符号操作、思维、言语过程。情绪表达着某种感受、某种应对的倾向，情绪给认知和动作提供活动线索。情绪与认知的最大区别在于情绪具有动力性，而“纯”认知则不具有动力性。情绪组织并驱动认知与行为，认知赋予情绪以特殊、具体的含义，并帮助界定情感—认知结构，如目标、价值、行为策略等（Izard，1993）。并认为人格系统中的四个动力结构分别为：内驱力、情绪、情感—知觉—认知的相互作用、情感—知觉—认知的联结结构等（Izard，1993）。

由此可见，情绪是人格系统的动力核心。将情绪与人格联系在一起，并将情绪定位于人格动力组织的核心是伊扎德理论的重要特点，也是他的生物社会取向的具体体现。

三、情绪的面部表情反馈说

伊扎德（Izard，1989）认为，情绪包含着神经生理、神经肌肉的表情行为、情感体验三个独立的子系统，它们相互作用和联结，并与情绪系统之外的认知、动作等人格子系统建立联系，实现情绪与其他系统的相互作用。

同时，他认为某种特定的面部表情的表达可以激活某种特定的情绪，而压抑这种表情则会削弱相应的情绪。当你做出微笑表情的时候，可能就会体验到愉快的情绪；当压抑微笑表情的时候，则可能愉快的情绪同时也被削弱了。因此，改变面部表情可以改变情绪。根据此观点，当一个人情绪比较低落时，可以让他做出一些振奋精神的表情动作，如抬头挺胸，面带微笑，他可能很快就能体验到愉悦了。当我们感到愤怒的时候，可以避免做出愤怒的表情，而相反做出放松的表情、尝试微笑，可能愤怒体验就消失了。

20 世纪 90 年代，曼勒特斯塔等人继续发展了动机—分化理论，探讨了婴儿情绪的问题，主要集中在婴儿情绪产生的原因是否与成人相似，这些情绪表达在最初是一种随机的行为还是一种适应功能。曼勒特斯塔等人得出的结论是个体的情绪表达不是随机的，而是天生具有适应的功能，虽然婴儿的认知与成年人不同，但是他们基本情绪产生的原因和成年人是相似的。

动机—分化情绪理论自创建之后，经历近 40 年不断的发展和拓宽，成为了具有强大应用力、规模宏大的理论体系，在情绪领域里具有重要的影响。该理论的内容比较全面，有着广泛的发展前景。但是，伊扎德把十种基本情绪都看成是先天的，具有明显的遗传决定论倾向。此外，该理论推测性的结论较多，缺乏实验依据。

第四节　其他情绪理论

一、情绪的生理学理论

在我们紧张或者激动的时候，会感到肌肉僵硬、浑身发抖；在我们愉悦的时候，会感到身体放松；在我们兴奋的时候，觉得身体充满了力量。正如我们在日常生活中所体会到的，情绪与人的生理有着密不可分的关系。

对情绪的生理学解释最早可以追溯到早期的哲学家，从 1884 年詹姆斯—兰格提出生理心理学理论以来，越来越多的心理学家注意到了生理学与情绪之间的关系，从各个角度对情绪的生理学理论展开了研究，发展出了丰富的理论。对情绪的神经生理学的研究是其中的一个重要的方向。下面为大家介绍情绪的神经生理学研究的主要代表人物及其观点。

（一）帕佩兹的神经加工通路

帕佩兹（Papez）是继坎农之后第二个把神经生理学作为其理论基础的心理学家。他在研究中发现由于疾病而使扣带回受损的病人会出现恐惧、愤怒、压抑等情绪失调，因此他相信皮层与情绪体验密切相关，且认为情绪的生理基础是大脑半球与下丘脑之间的联系。他还认为情绪包含着行为（表情）和感受（体验）两个成分，表情依赖于下丘脑，情绪体验依赖于皮层。1937 年他发现了帕佩兹环，见图 3－7。帕佩兹环是起源于海马的神经通路，经乳头体、丘脑前核和扣带回的中继，返回海马构成的封闭环路，他认为帕佩兹环是情绪表达的神经基础。帕佩兹的理论完全以神经生理学的理论为基础。发展到今天，神经生理学机制已经有了很大程度的发展和完善，他的研究思路为我们对情绪的神经生理学基础的研究提供了依据，值得我们借鉴。

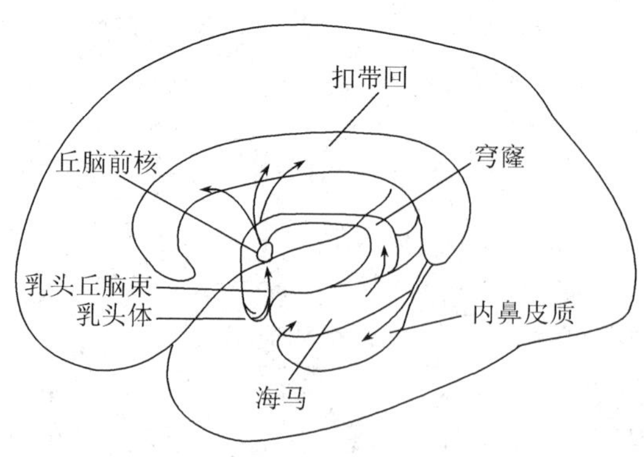

图 3－7　帕佩兹环路示意图

（二）达菲的情绪激活理论

与帕佩兹同时期的达菲（Duffy）却另辟蹊径，提出了情绪的激活理论。其理论核心是在生理唤醒和神经激活时会发生情绪。其理论主要包含下面的内容：第一，情绪涉及不同的能量水平。比如兴奋代表高能量水平，而抑郁则代表低能量水平。第二，能量水平极高或极低时，情绪会出现紊乱。我们在生活中常常会遇到这样的情况：儿童在特别急切的时候产生口吃，或我们在过度地期盼达成某个目标的时候，做事却常常会发生遗漏或失误，这就是由于能量过高，情绪紊乱所产生的结果。第三，当我们遇到困难或解决困难时，能量水平会升高，会激活代表高能量的情绪，如兴奋、激动、紧张等。比如学生要迎接期末考试时，会感到兴奋或者紧张；而当我们遇到困难并且退缩时，能量水平就降低了，此时会激活低能量的情绪，如抑郁、悲伤等。达菲的理论缺乏实证研究，加上她得出的最终结论是研究情绪毫无意义，因此她的理论并未获得后来情绪心理学家的认可，而仅仅作为一个令人好奇的另类理论。

（三）普拉切克的情绪进化理论

继帕佩兹和达菲的观点之后，普拉切克（R. Plutchik）以其独特的视角提出了第三种观点——情绪的进化理论。普拉切克的理论前后历经了大约40年的发展（1962，1980，1991，2001），受达尔文的进化论影响，其主要观点包括以下几个方面：第一，情绪是一种功能。从普拉切克的心理进化的观点来看，情绪有两种功能：一个是交流信息；一个是面对紧急情况时，增加生存的机会。情绪的进化论同伊扎德的动机分化理论相类似，也认为“恐惧”等情绪是为了适应生存而进化得来的。第二，情绪是多维的，它包括强度、相似性和两极性三个维量。具体解释为：1. 不同情绪具有不同的强度（如从忧郁到悲痛）；2. 各种情绪都可能与其他情绪相类似，但是类似的程度各有不同（如快乐与期待比厌恶与惊奇更相似）；3. 情绪具有相对立的两极（如厌恶与接受就是相反的两级）。由此，他构建了情绪的三维模型图（图3－9）：在一个倒置的椎体上，垂直方向表示强度，每一块截面代表一种原始情绪。整个椎体的横截面，中心区域表示冲突，往往就是这些冲突引起了我们的情绪。普拉切克提出了八种基本的情绪：愤怒—害怕、接受—厌恶、期待—惊讶、欢乐—悲哀。普拉切克的理论把达尔文的进化论应用到了情绪的研究，解释了情绪在进化中的功能。同时，独创性地研究了情绪的维度，创立了情绪的三维模型，为后人对情绪功能和特点的研究提供了有力的支持。

图3－8 普拉切克

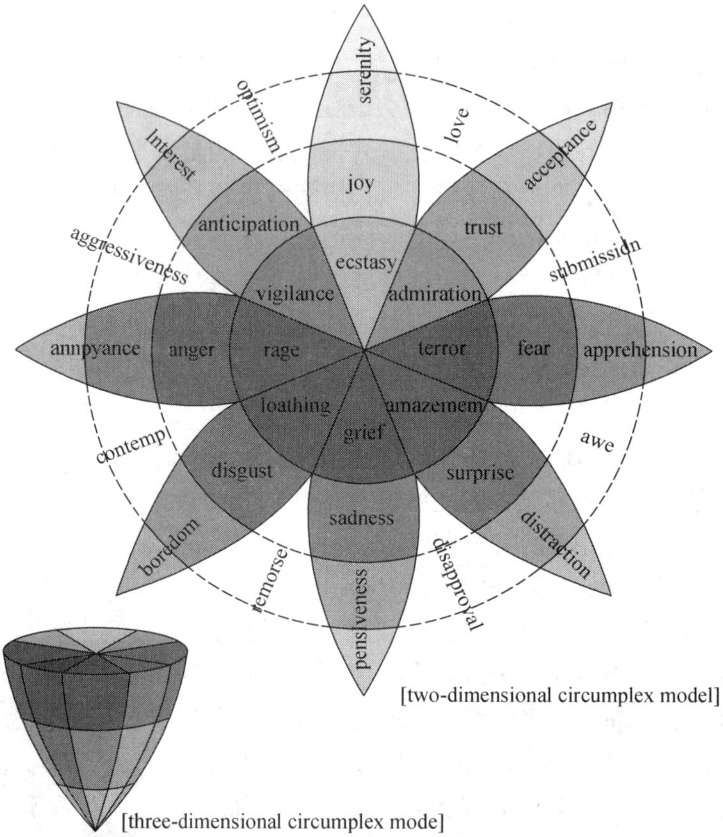

serenity
optimism
love
interest
joy
acceptance
anticipation
trust
aggressiveness
ecstasy
submission
vigilance
admiration
annpyance
anger
rage
terror
fear
apprehension
loathing
amazemem
grief
contempt
awe
disgust
surprise
sadness
boredom
distraction
remorse
disapproval
pensiveness

[two-dimensional circumplex model]

[three-dimensional circumplex mode]

图 3－9　普拉切克情绪三维模型图

（四）约瑟夫·勒杜的恐惧条件神经加工通路

图 3－10　约瑟夫·勒杜

约瑟夫·勒杜（Joseph LeDoux）的理论始于 20 世纪八九十年代，随着认知神经科学的发展，他将目光更加集中到了基于神经基础的情绪研究。他致力于恐惧情绪的研究，并通过一系列的实验结果为情绪的神经基础研究作出了巨大的贡献。第一，他发现了恐惧条件反射的两条神经通路，并发现了杏仁核在情绪中枢的关键作用。在研究动物的恐惧情绪的实验中，勒杜发现虽然老鼠的听觉皮质受损，条件反射却没有受到影响，老鼠仍能很快学会害怕某种声音信号。但若损伤老鼠听觉通路的中脑和丘脑位置，则没有条件反射发生。后来勒杜研究推测：有两条神经通路传送恐惧条件反射。一个是丘脑—杏仁核的感觉输入通路；另一个是丘脑—皮层回路。杏仁核可直接获取感觉并在皮质思维中枢作出决策之前抢先作出反应。在面临危险的情况下，我们在进行周密思考之前常常本能地已经作出了逃跑的反应，实际上是杏仁核在发挥其作用。第二，发现了海马是重要的记忆储存仓。海马通过与类似的记忆进行比较，登记、辨认信息并传至杏仁核。杏仁核再给这些信息附加情绪的意义，即是应该高兴还是恐惧。如我们在森林中遇到老虎时，会迅速地将此情境与以前曾经历过的类似情境进行比较（此时海马的记忆功能在起作用），然后将这些信息传给杏仁核，从而产生恐惧的情绪。勒杜从神经基础方面对情绪进行了研究，采用新的研究手段和技术方法，发现了恐惧情绪的神经加工回路。他的发现使人们对恐惧情绪的神经生理机制有了更深一步的了解。

（五）卡乔波的社会神经科学

情绪的生理学理论经过前人一系列的发展研究层出不穷，纷繁复杂。卡乔波（Cacioppo）在20世纪90年代在对各种理论进行总结和分类的基础上创建了自己的情绪理论。卡乔波总结出了情绪体验的产生过程，即一个刺激可以引起一个评价，评价的结果决定了个体是趋近还是回避，同时也会导致个体产生生理上的变化。这种变化与来自躯体内脏的感觉输入一起并行传入脑内，进行进一步的加工，最终就产生了情绪体验。他还提出未来的研究应发现一些新的变量，以判定特定的、模糊的或没有差别的躯体内脏反应是否来自于同一种情绪刺激。卡乔波的理论提供了一种结合情绪的中枢和外周生理变化，从生理学和理论的角度来研究情绪的方法。

图3-11 卡乔波

二、情绪的环境理论

20世纪60年代末期到70年代初期，是西方经济高速发展的时期，随着都市化的发展和人们生活环境的变迁，环境对心理的影响作用逐渐凸显，环境心理学开始出现了。心理学家梅拉比安和拉塞尔（Mehrabian & Russell，1974）提出了情绪的环境理论。后来，拉塞尔（Russell，1991）又从文化的角度对情绪进行了深入的分析。

图3-12 梅拉比安

首先，梅拉比安和拉塞尔假设愉快、唤起和支配是三种基本的人类情绪反应。他们指出，在传统上，人们更重视愉快—不愉快这一维度而忽略了唤起。他们认为现代城市环境中需要处理的信息量增加得过快，因此在现代社会的环境中，个体产生了大量的唤起，这对个体而言是应激性的、非适应性的。信息过多使得个体难以应对，长时间的信息超载导致了疲劳和枯竭，这与自然世界相对应的平静情绪形成了鲜明的对比。按照梅拉比安和拉塞尔的理论，可以解释下面的这种情况：由于居住环境的拥挤与恶劣导致了高唤起，从而损害了人际关系，以至于可能会产生攻击和暴力。

后来，拉塞尔在其研究中提出了文化角度的情绪心理学研究。他提出，情绪的基本类别具有共通性。但是语言可能随文化的不同而有所差异。一个情绪的类别既具有共通性，又具有文化特殊性。

梅拉比安和拉塞尔的理论为我们解释了现代社会中可能出现的种种心理问题和人际问题，并启发我们通过改善人们的居住环境来调节人们的身心，进而减少攻击和暴力情况的发生。

三、情绪适应理论

调查数据显示，近年来，虽然人们的生活水平得到了提高，但人们的幸福感却并没有得到相应的提高，反而有所下降。例如，荷兰伊拉斯谟大学（1990，1995，2001）曾对中国国民的幸福感进行了三次调查，其中，1990 年国民幸福指数 6.64（1—10 标度），1995 年上升到 7.08，但 2001 年却下降到 6.60。一系列的调查结果引发了人们对于幸福感的研究热潮，就此，情绪适应理论应运而生。

心理学家迪纳和拉森（Diener & Larsen，1993）整合了许多相关理论，率先探讨了人们对幸福感的体验，提出了情绪的认知评价理论。他们认为情绪的发生取决于个体对发生在自己身上的事件的评价。这一评价受到个体的气质和早期学习、需要和目标等方面的影响。此外，他们认为在日常生活中，强烈的情绪是很少见的，人们多数时间处于中轻微的愉快状态，且与幸福感相关的情绪具有文化差异。迪纳等人还认为主观幸福感的四个成分为：积极情绪、消极情绪、生活满意度以及生活特殊方面的满意度（如，个人的健康，个人的伴侣，个人的工作等），它们之间相互关联。

迪纳和拉森有关幸福感的研究，提出了幸福感的内涵以及幸福感和情绪的关系，丰富了人们对情绪的理解。

四、情绪发展理论

人的一生中情绪如何发展，比如，情绪的发展是持续的还是跳跃式的，婴儿是否具有真正意义上的情绪等，一直是情绪心理学家关注的问题。鲍尔比（Bowlby）的依恋理论和刘易斯（Lewis）的情绪理解理论是情绪发展理论中两个有代表性的理论，在此介绍其主要的理论观点。

（一）鲍尔比的依恋理论

图 3 – 13　鲍尔比

鲍尔比（Bowlby，1969，1973，1980）的理论主要关注情绪对人际关系和人格发展的影响。首先，他指出在婴儿发展早期，儿童倾向于依恋自己的照料者，在情绪上儿童通过这种依恋获得安全感。依恋通常可以分成四种类型：回避的依恋、安全的依恋、矛盾的依恋和回避与矛盾相混合的依恋。其次，鲍尔比在其关于情绪发展的观点中，将情绪表达和情绪感受紧密地联系起来，强调个体对他人情绪状态的理解。依恋理论从严格的意义上来讲不是一个情绪发展理论，而是一个儿童的社会发展理论。但是该理论的基础是处在发展早期的儿童与照料者之间的情绪上的互动，因而依恋理论有助于我们对情绪发展的理解。从依恋的角度来讨论情绪的发展可以说是另辟蹊径，给后来的心理学研究人员很大的启发。

（二）刘易斯的情绪理解理论

刘易斯（Lewis）对理解个体情绪的发展作出了巨大的贡献。他首先对情绪的概念性问题进行了分类和整理。其次，刘易斯认为情绪体验依赖于评价和解释等认知过程，而这些认知过程又依赖于个体社会化的程度。换句话说，个体社会化的程度决定了个体如何去体验情绪状态。同时，个体社会化的程度又与个人、家庭和文化背景等紧密相关。刘易斯于 1993 年提出了情绪发展模型。该模型指出大多数的情绪出现在儿童 3 岁之前，在个体后来的发展中得到了进一步的发展，更加复杂化、精细化。刘易斯的情绪理解理论，为我们理解情绪的产生和发展提供了依据。他从个体发展的角度来研究情绪，为情绪研究开辟了一片新的独特的研究领域。

五、情绪社会学理论

图 3 – 14　保罗・艾克曼

情绪有时被定义为一种社会现象。大多数时候情绪反应的刺激物来源于他人或社会。因此，社会心理学家们一直关注情绪表达和情绪识别等方面的问题。其中，艾克曼（Paul Ekman）对这一领域作出了无人能及的巨大贡献。

第一，艾克曼指出人们的面部肌肉变化能引起相应的情绪，保持一种面部表情会引起真正的情绪，这就是面部表情反馈理论的核心内容。为了检验这一假设，艾克曼及同事做了一系列的实验。在其中一项实验中，艾克曼让第一组大学生回想一生中最恐怖的经历，同时记录他们的心率、体温和皮肤电。第二组大学生在艾克曼的指导下做出人们在恐惧时的面部表情。实验结果表明：第二组大学生的生理反应与第一组大学生相同。也就是说，当第二组大学生完成面部动作时，与这些面部表情相对应的情绪也随之发生。多数被试表示当他们做出那些面部表情时，确实体验到了相应的情绪。在另一项试验中，研究者让被试评价一些卡通画的有趣程度，第一组被试必须用嘴唇含住一枝铅笔，使嘴角无法上扬做出微笑的动作，第二组被试则必须用牙齿咬住一枝铅笔，面部不得不呈现微笑。结果发现，第二组被试比第一组被试更觉得卡通画好笑。这一结果同样也证明了面部表情反馈学说的预测作用，被试的情绪体验受到面部表情的影响。

第二，艾克曼指出不同文化的面部表情具有共通性，某些基本情绪（快乐、悲伤、愤怒、厌恶、惊讶和恐惧）的表达在不同文化中都很相似。此外，艾克曼还较早地对脸部肌肉群的运动及其对表情的控制作用作了深入研究，开发了面部动作编码系统（Facial Action Coding System，FACS）来描述面部表情。

艾克曼的研究涉及内容十分广泛，在40年研究生涯中，他研究的对象非常广泛，包括新几内亚部落民族、精神分裂病人、间谍、连续杀人犯和职业杀手的面部表情特征。他的理论也具有极广泛的应用价值，美国联邦调查局、中央情报局、警方、反恐怖小组等政府机构常常请他当情绪表情的顾问。

六、情绪临床理论

情绪与各种心理障碍有着密切的联系。比如，神经衰弱的人通常表现为焦虑，病态人格往往有明显的情绪缺失等。所以很多情绪理论在临床上具有广泛的影响力。在这里简单为大家介绍一下埃利斯、艾森克和奥曼三人的理论观点。

（一）埃利斯的情绪ABC理论

图3-15　阿尔伯特·埃利斯

埃利斯（Albert Ellis）最初学习精神分析，在研究中，他又开始尝试其他治疗派别。1955年初，在广泛的临床实践的基础上，他把人本的、哲学的及行为的治疗组合成理性情绪疗法，后又重新命名为认知行为疗法。其基本内容为：人的情绪和行为障碍不是由于某一激发事件（A）直接引起的，而是由于经受这一事件的个体对它不正确的认知和评价所引起的信念（B）而引起的，最后导致在特定情境下的情绪行为后果（C），简称ABC理论。例如，同样面对一次考试的失败（激发事件A），某个同学可能会认为“我要是复习再充分一些就好了”，接下来他就会总结教训，继续努力学习。而另一个同学可能会想“看来我的确是水平有限，我笨死了，什么事也干不成”（不合理信念B），于是他可能就一味自责、自怨，并可能陷入抑郁而一蹶不振（行为后果C）。这正是所谓的“天下本无事，庸人自扰之”。再比如中国古代的成语“杞人忧天”就是错误信念造成情绪紧张焦虑的典型情况。理性情绪疗法是认知与情绪关系在临床实践中应用的最好例证，充分体现了认知对情绪的决定性影响，被广泛应用于各种神经症和行为障碍的治疗。

（二）艾森克的焦虑认知理论

麦克尔·艾森克（M. W. Eysenck）的主要观点是考虑到了认知在焦虑中扮演的关键角色。首先，艾森克提出了高焦虑素质和低焦虑素质的人在长时记忆的信息存储上存在着一定的差别。其次，艾森克也指出高焦虑素质和低焦虑素质的个体在信息加工以及认知系统的结构上也存在着某些差别。例如有关苦恼的记忆类型和数量。再次，他指出高焦虑素质的人比低焦虑素质的人更容易体验到焦虑的原因有两个：一个是由于他们的长时记忆里有频率更高的、组织更紧密的有关苦恼的记忆；另一个是由于他们的负性情绪状态有助于激活对负性情绪体验事件的回忆，因而他们更容易产生高焦虑状态。艾森克的焦虑理论开创性地提出认知系统与生理系统和行为系统在焦虑中具有同样的重要性。在今后的研究中，研究者也更加注意到了认知系统对于情绪的重要作用。

图3－16 麦克尔·艾森克

（三）奥曼的焦虑信息加工理论

奥曼（Ohman）于1993年提出了“焦虑的信息加工理论”（如图3－17所示）。他提出了“焦虑”情绪产生时个体的信息加工过程。其主要内容为：1. 特征探测器（feature detector）把外界输入的刺激传递到意义评价器（significance evaluator），并继续传递到意识知觉系统。2. 特征探测器有选择地把部分信息直接传输到唤醒系统中，使个体产生警戒。唤醒系统主要是以自主神经系统的反应为基础，唤醒系统既能调整意义评价器的反应，又能将信息输入到意识知觉系统。3. 意义评价器自动评价信息，与预期系统一起寻找输入的特殊信息；预期系统的基础是已经被组织成记忆的情绪，继续把信息传递到意识知觉系统；4. 意识知觉系统综合来自意义评价器、预期系统和唤醒系统的输入信息，对已觉察的危险作出反应，如果危险无法避免，就会产生焦虑。奥曼的理论或模型是一种基于生理学基础和认知解释的情绪理论，该理论在很大程度上和沙赫特的原因—评价（Lyons，1992）的理论框架一致。奥曼的焦虑模型可以纳入到现代认知心理学的理论框架之内。这一理论尽管不能够提供强有力的证据来证明所构建的理论或模型，但对焦虑的产生进行了一些合理的解释。总的来说，奥曼的理论构建得比较完整，内容也十分丰富。

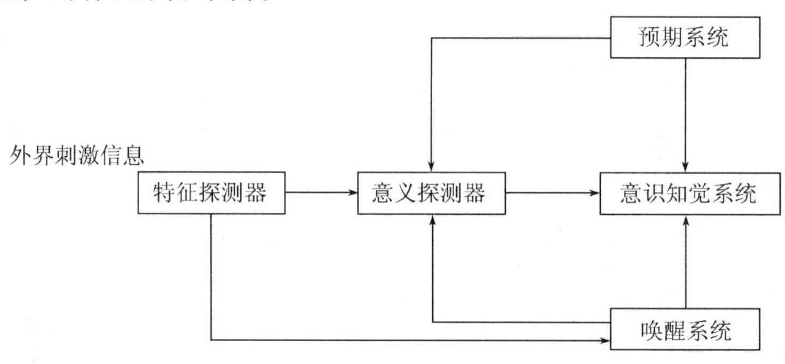

图 3－17　焦虑信息加工理论示意图

马克思有句名言："一种美好的心情要比十服良药更能解除生理上的疲惫和病理上的痛苦。"一个好的心情不单单是一种心境，它更是工作、学习、生活的保障。没有什么比失去热情更使人觉得垂垂老矣；没有什么比烦恼更让人无所适从；没有什么比愉悦更让人身心舒畅。情绪在我们的一生中是如此的重要，众多的心理学家也对情绪进行了细致入微的研究。无论是情绪的认知理论，情绪的动机—分化理论，还是从生理学、环境、发展、临床、社会学等角度对情绪进行的研究，都为我们了解情绪，熟悉情绪，以及更好地调节、控制甚至使用我们的情绪提供了坚实的理论基础。学习情绪心理学发展的历史以及各个理论观点，不仅可以为我们将来的研究提供思路，也可以为我们在日常生活中，培养良好的情绪，培养自信乐观的性格提供理论指导。

【建议参考资料】

1. 李芳霞. 情绪的动机—分化理论及在情绪调节中的应用［J］. 社会心理科学，2010（7）：92－94，118.

2. 达尔文. 人类和动物的表情［M］. 北京：科学出版社，1958.

3. IZARD C E. Human emotions［M］. New York：Plenum Press，1977.

4. IZARD C E. The face of emotion［M］. New York：Appleton－country－co.，1972.

5. 斯托曼. 情绪心理学：从日常生活到理论［M］. 王力，译. 北京：中国轻工业出版社，2006.

6. 孟昭兰. 情绪心理学［M］. 北京：北京大学出版社，2005.

7. LEWIS M，HAVILAND－JONES J M，BARRETT L F. Handbook of emotions［M］. Third edition. New York：Guilford Press，2008.

8. 陈少华. 情绪心理学［M］. 广州：暨南大学出版社，2008.

9. 斯托曼. 情绪心理学［M］. 张燕云，译. 沈阳：辽宁人民出版社，1986.

10. 彭聃龄. 普通心理学［M］. 北京：北京师范大学出版社，2003.

11. 格里格，津巴多. 心理学与生活［M］. 王垒，王甦，译. 北京：人民邮电出版社，2003.

12. 乔建中. 情绪研究：理论与方法［M］. 南京：南京师范大学出版社，2003.

13. 王鹏. 国外关于情绪的信息加工研究理论演进［J］. 科教文汇，2008（2）：198，206.

【问题与思考】

1. 情绪生理学理论的主要观点是什么？

2. 简述情绪的认知理论的基本观点。

3. 简述动机—分化理论的主要内容。

4. 你还知道什么其他的情绪理论？请简述这一理论的主要代表人物和主要内容。

5. 珍妮是个可爱的女孩，她有个男朋友叫约翰，她很喜欢他，但他却早已厌倦了她。有一天约翰和名为小美的女孩相遇了，他们互相倾慕，之后约翰和珍妮分手，并很快与小美在一起。虽然经历了分手，但约翰和小美感受到的全是幸福，而珍妮则每天生活在伤心与哭泣之中。有一天珍妮终于忍不住了，她决定和约翰好好谈谈并约了约翰在某酒吧相见。没有想到的是，除了约翰，小美也一起跟来了，三个人尴尬地聊着并且每人都喝了很多酒。到了深夜，小美昏昏沉沉地说："我不能再喝了，我已经醉了。"但是珍妮突然站了起来，大喊："我没有醉！你们俩真的对不起我！我恨你们！"于是开始大吵大闹，并在冲动之下扇了约翰几个耳光。小美很生气地想要推开珍妮，但约翰制止了她。后来珍妮慢慢平静了，约翰向珍妮道了歉，他们俩的关系在这个疯狂的夜晚中彻底结束了。

试阐述这个故事中包含的情绪现象并解释其原因。

第四章 情绪与脑

【本章提要】

“情绪脑”的主要结构涉及杏仁核和以杏仁核为核心的广泛连接的神经结构，包括前额叶皮层、扣带回皮层（特别是前扣带回皮层）、外侧下丘脑、背部神经核团以及腹侧黑质等部位。情绪的中枢神经组织是相当复杂的，刺激输入是从感觉系统到杏仁核，输出是从杏仁核上行到脑的高级部位和下行到运动系统，在这样的神经网络中进行着情绪信息的加工。情绪活动广泛涉及外周神经活动，情绪反应发生时交感神经系统开始活动，肾上腺素和去甲肾上腺素分泌增多，心血管系统反应会发生一系列变化，如心率加快、血压升高、机体处于唤醒状态。在情绪反应结束后，副交感神经系统恢复活动，使生理激活活动恢复到情绪发生前的平静状态。基本情绪主要包括：快乐、悲伤、厌恶、恐惧和愤怒，不同的基本情绪形成与产生的神经生理基础也不同。

【学习重点】

1. 掌握杏仁核、前额叶皮层、前扣带回皮层等脑区在情绪活动中的作用。
2. 了解不同情绪神经网络模型的基本观点。
3. 了解情绪脑的单侧化特点。
4. 掌握自主神经系统在情绪活动中的作用。
5. 了解基本情绪的中枢和外周神经机制。

【重要术语】

中枢机制　杏仁核　前额叶皮层　前扣带回皮层　外周机制　交感神经系统　副交感神经系统

第一节 情绪的中枢机制

情绪的脑机制是一个令人着迷的研究领域，情绪心理生理学家对此开展了大量富有成效的研究，取得了许多进步。情绪和大脑之间的关系非常复杂，不仅不同的情绪可能有不同的大脑回路，大脑的不同区域在产生情绪的过程中起着不同的作用，而且大脑的不同部分还可能存在相互作用，来整合或加工情绪信息，产生情绪行为和情绪体验。

一、情绪脑的主要组织部位

情绪脑的主要结构涉及杏仁核和以杏仁核为核心的广泛连接的神经结构，包括前额叶皮层、扣带回皮层（特别是前扣带回皮层）、外侧下丘脑、背部神经核团以及腹侧黑质等部位。

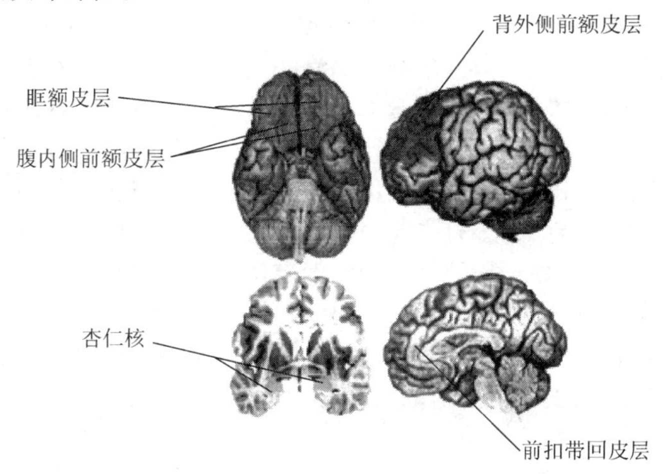

图 4－1 情绪脑的主要部位（Davidson, Scherer & Goldsmith, 2003）

（一）杏仁核

杏仁核（amygdala）位于海马前方和海马旁回沟深部、侧脑室下角的前方。它与内侧颞叶（medial temporal lobe, MTL）、前额叶皮层（prefrontal cortex, PFC）、前扣带回、丘脑和下丘脑等许多脑区有着广泛的神经联系（Aggleton, 2000）。

动物的植入电极、脑损伤研究，以及正常人脑的功能成像等研究表明，杏仁核在负性情绪反应方面起着重要的作用，尤其是与恐惧、焦虑、厌恶等负性情绪密切相关。杏仁核损伤的动物明显地失去了对威胁刺激的恐惧反应（Kluver & Bucy, 1937），而且割裂杏仁核与颞叶的联系后，有机体仍能发生类似的情绪反应。研究发现，对愤怒和恐惧面孔的视知觉引起杏仁核血流量的改变（Baird, 1999）。达马西奥（Damasio, 1998）和他的同事发现，一位病人由于杏仁核中存在大量的钙，造成整个大脑紊乱，病人不能识别恐惧的面部表情，也无法产生恐惧表情。勒杜（LeDoux, 1996）对老鼠进行的研究也发现，如果杏仁核受到破坏，老鼠就会失去对有害刺激产生恐惧反应的能力。

另外，研究发现杏仁核是恐惧条件反射形成的关键脑区，它对于恐惧情绪的学习和相关记忆的存储具有重要作用（Ono et al, 1999）。大量的行为实验、脑成像以及分子水平的研究都支持了这一结论（Angrilli et al, 1996; Davidson & Irwin, 1999; Buchel et al, 1998)。研究发现杏仁核在条件反射建立的早期阶段被激活（Buchel et al, 1998），杏仁核在持续疼痛中也表现出了可塑性变化（Neugebauer, 2004）。研究还发现外侧杏仁核（lateral amygdala，LA）中的神经元在条件反射形成后，对于条件刺激的反应显著增强，通过药理的手段阻止外侧杏仁核中的神经活动，会阻碍恐惧条件反射的形成。在行为方面，对右侧杏仁核损伤患者的研究发现，相对于中性刺激，患者对于负性刺激的惊跳反应并没有增强，而对照组对于负性刺激则表现出了明显的惊跳增强效应（Angrilli et al, 1996），这表明，杏仁核对存储习得的负性情绪知识是必要的。还有研究发现，一名杏仁核损伤的患者无法形成对负性情绪刺激的条件反射，虽然他能够感知到条件刺激的出现，因此，研究者认为这表明在进行新的刺激—惩罚联结的内隐学习中杏仁核可能起到了关键的作用（Davidson & Irwin, 1999）。杏仁核损伤的最典型表现是失去形成条件性恐惧的能力，如打击与声音同时出现引起的只是动物的僵化或惊吓反应。杏仁核在对环境中的威胁信号的空间定位、性质和强度的信息获取方面也具有重要的作用（Davis & Whalen, 2001）。

一系列人类脑成像研究显示，当加工情绪性刺激时杏仁核处于激活状态（Dalgeish, 2004）。以正电子发射断层扫描（PET）方法进行的研究发现右侧杏仁核中葡萄糖代谢的水平可以预见数周后情绪事件回忆的成功与否（Cahill et al, 1996）。大多数功能磁共振成像（fMRI）的研究也证明当情绪记忆发生时，激活了杏仁核与内侧颞叶（Phelps, 2004）。因此，杏仁核在情绪条件反射的建立和情绪性事件的记忆中，发挥着关键作用（Dalgeish, 2004）。

研究也发现情绪障碍患者，尤其是重症抑郁患者与正常人相比杏仁核在结构和功能上存在差异：在结构方面，抑郁患者的杏仁核体积明显增大，这在躁狂与抑郁并发症患者（bipolar disorder）、颞叶皮层癫痫症患者（temporal lobe epilepsy）身上都能体现出来；在功能方面，不论在觉醒还是睡眠状态下，抑郁患者静息局部脑血流量（rCBF）和葡萄糖代谢有不正常的升高，杏仁核激活水平与抑郁严重程度呈正相关。对抑郁患者进行病理学治疗，缓和他们的抑郁水平之后，杏仁核激活下降到正常值。脑功能成像研究表明（Ketter, 2001），躁狂与抑郁并发症和焦虑症患者杏仁核激活有不正常的增强。

综上所述，杏仁核在情绪加工中的作用主要表现在三个方面：一是在情绪信息加工中杏仁核显著激活，这种激活更多地与负性情绪或刺激的动机意义相关；二是杏仁核的激活与选择性注意有密切的关系，使注意更多地指向不确定的、具有情绪意义的刺激；三是杏仁核激活与关于情绪信息的外显知识的获得和记忆巩固密切联系，这一点特别是在恐惧性条件反射学习中得到了突出的体现，无论在识记还是提取阶段，杏仁核的激活总是预示着对情绪信息更好的记忆效果。

（二）前额叶皮层

额叶与情绪之间关系的研究可追溯到 1848 年美国佛蒙特州的铁路工人盖奇

（Gage）所遭遇的意外事故（Heilman & Satz，1983）。一根铁钎穿过盖奇的颅骨和左侧颧骨，他的记忆力并未受损，智力也未受累，术后身体恢复得很好，但其情绪和社会性行为发生了很大变化，个性变得傲慢无礼、出言不逊、执拗顽固、任性犹豫。近一个半世纪后经采取X射线和计算机三维模拟技术，发现盖奇的双侧额叶中下部分和额叶的腹内侧区受损，尤以左侧为甚。这是额叶与情绪、社会性行为直接相关的典型病例（Damasio，Grabowski，Frank et al，1994）。

前额叶皮层在情绪性工作记忆包括执行功能中发挥着重要作用，它的某些部位的损伤会影响对未来情绪性事件的预测能力，致使不能适时地调整行为方式，如对情绪性线索呈现前的预测和呈现后的维持产生影响，但并不妨碍对奖赏和惩罚的即刻反应。采用功能磁共振成像（fMRI）的研究表明，在无动机时，腹内侧前额皮层（MPFC）可能参与正性和负性基本情绪的表达，而对由正性或负性情绪状态引导的目标，背外侧前额皮层（DLPFC）更可能直接参与此目标的表达（Davidson & Irwin，1999）。研究发现，眶额皮层与腹内侧前额皮层的不同部分对报偿与惩罚分别作出反应。眶额皮层的左中区对报偿作出反应，而右侧区对惩罚作出反应。戴维森（Davidson，2003）等人的研究表明，前额皮层在趋近、退避相关的情绪或心境方面具有功能不对称性，左侧前额皮层与目标趋近或进食目标相关的情绪或心境有关，右侧前额皮层与不恰当行为抑制引起的情绪有关。另外，前额叶皮层是理解和解释刺激意义的高级机构，情绪回路赋予情绪刺激的意义是通过大脑前额叶皮层的加工实现的。

在对前额叶皮层损伤病人的一项研究中，让患者玩一种有输赢奖励的扑克牌游戏，为了赢对方，他必须作出最好的决策。结果发现，患者最终能够作出最好的策略赢了对方，并能明确地作出解释。但是他们表现出某些欠缺：1. 正常人在游戏中会相对早地作出后续步骤的策略选择，甚至能够作出“非意识倾向”的策略选择。而前额叶皮层损伤患者则在能够描述这些策略之前，不能作出这些“非意识倾向”策略选择。2. 即使患者能够明白地描述这些策略，他们在游戏中有时仍然不能按照这些策略进行，从而作出不明智的决策并招致失败，即使从某种意义上说，他们“知道”并能说出这些策略。3. 前额叶皮层损伤患者在做这种游戏时，产生的自主性皮肤电位反应很低。特别是在他们使用这些策略失败时，不能产生皮肤电位反应，而不像正常人在失败时产生自发的皮电反应并以此作为下一步选择的指导线索（Bechara，1997）。

前额叶皮层损伤还可造成人格的改变和行为的异常，如在运动、言语、脑神经及植物神经功能和精神活动等方面会出现障碍。原发性神经系统的大面积损伤、肿瘤和出血对额叶的影响均会引起行为改变，包括情感表达上的异常，如自控能力差、坐立不安、欣快、抑郁或情感淡漠（K. Hugdahl，1998）。当脑瘤病变使PFC受损时，患者表现为行为异常，但其智力、注意力及记忆力等均未受损，而情绪体验的能力有所下降，且情绪引导作用的减退致使其思维决策失控并具冲动性和危险性（Rahman，Sahakian，Cardinal et al，2001）。

由此可见，与杏仁核联系的前额叶皮层的功能，在高等动物和人类中，已经超越了仅仅为维持生存而起作用的原始情绪的功能。人类认知的意义加工赋予情绪以更高级的社会适应的意义是由前额叶皮层以及其他脑的高级部位的功能实现的，是在情绪的低级结构产生的原始情绪的基础上发生的。

（三）扣带回皮层

扣带回皮层是位于大脑两半球中央两侧从前到后的长形区域。许多研究都表明前扣带皮层（ACC）在注意和情绪之间起着桥梁作用，前扣带皮层是整合内脏信息、注意信息、情感信息和监视信息冲突的脑部位，而这些信息对于自我调节和适应又非常重要。由于前扣带皮层在解剖结构上与其他脑区存在着广泛联系，有利于其对重要的行为刺激作出评估和反应。研究发现，ACC 的不同部位在功能上是不同的，至少可以划分为两个次级区域，即情感次级区（affect subdivision）和认知次级区（cognitive subdivision），见图 4－2（Bush，Luu & Posner，2000；Yücel，Wood，2003）。前扣带皮层的喙、腹部等部位是情感次级区，与边缘系统如杏仁核、眶额皮层、前脑岛（anterior insula）、自主性脑干运动核这些涉及内脏反应，对紧张行为、情绪事件、表情、社会行为作出自主反应的区域存在广泛的神经联系。各种情绪状态和相关条件下的实验，报告了前扣带皮层的情感次级区激活。在诸如疼痛、经典条件反射、暂时心境、原始的情感、Stroop 任务和面

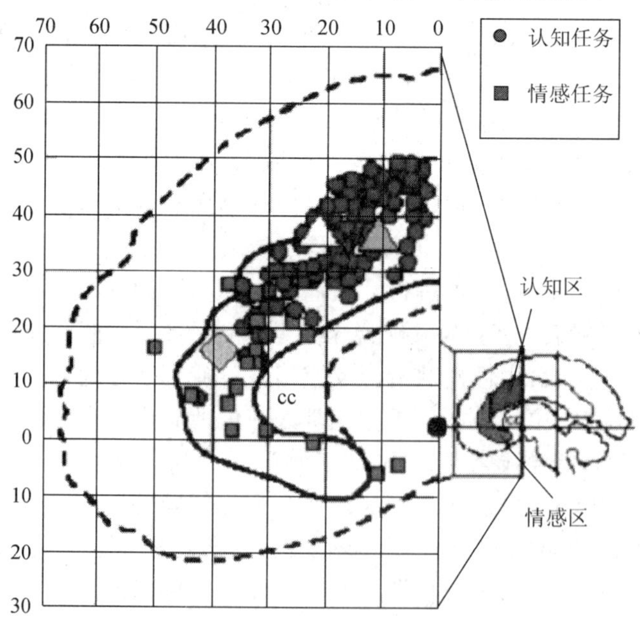

图 4－2 前扣带皮层的认知与情感次级区

部表情的知觉等不同的实验条件下，前扣带皮层的喙、腹部都有明显的激活。同样在行为不能获取希望结果的实现或在实验室诱发的情感状态下，要求努力进行情绪调节的情境中，前扣带的情感次级区也出现激活。

事件相关电位（ERPs）研究发现（Gehring et al，2002），ACC 的激活似乎代表了大脑在一瞬间对事件结果的情绪反应。在赌博任务实验中，记录了告知参加者输赢结果后脑电的加工，发现对于 ACC 产生的时间相关性内侧额叶负波（MFN），输钱比赢钱导致更大的电位变化。米勒（Miller，2002）曾在《科学》（*Science*）上撰文认为，这一发现有两个重要启示：1. ACC 监控信号所起的作用可能是更为基本的，即对事情结果进行好与坏的主观评价，甚至出现在人们意识到所做事情的结果之前；2. ACC 的监控信号可以中介情绪评价来影响执行加工中的反应选择。

艾森伯格等（Eisenberger et al，2003）采用 fMRI 技术的研究也提示 ACC 监控信号对负性情绪评价的意义。他们发现人类被试的 ACC 在游戏过程中被拒绝或排斥时比参与过程有更多的激活，与自我报告的悲伤程度成正相关。右半球腹内侧前额叶皮层（RVPFC）在被试被拒绝或排斥过程中也有激活，与自我评价的悲伤程度成负相关。这表明：ACC 的激活可能与自我评价的情感状态相关；ACC 的活性改变可能中介调节着 RVPFC 的悲痛相关反应，RVPFC 也可以通过中断 ACC 的活动来减少社会性拒绝或排斥引起的悲痛。

另外，研究发现焦虑症患者和恐怖症患者在反应趋势与环境出现冲突时，前扣带皮层的情感次级区是一个最一致的激活区。焦虑症患者和恐怖症患者当监视到当前状态与期望的动机、情感结果发生冲突时，会产生更强的前扣带皮层的情感次级区激活，因此，通过减弱前扣带皮层的情感次级区激活水平的方法，可以治疗焦虑症患者和恐怖症患者，而与焦虑症患者和恐怖症患者相反，抑郁症患者对当前状态与期望的动机、情感结果发生冲突的情境不敏感。研究发现（Mayberg，1997），对于抑郁症患者进行六周的治疗后，与无治疗或无抑郁症的被试比较，在前扣带皮层喙部（BA24a/b）出现高的葡萄糖代谢水平。用脑电（EEG）定位技术发现，抑郁症患者治疗反应效果的大小，可以通过前扣带皮层的基线激活水平来预测（Pizzagalli，2001）。因此，抑郁症患者前扣带皮层喙部激活的提高反映出对情感冲突的敏感性增加（Pizzagalli，2001；Davidson，2003），而对冲突敏感性的增加就会要求进一步对冲突进行加工以解决冲突，这有助于治疗。

（四）其他部位

除了杏仁核、前额叶皮层和扣带回（特别是 ACC）之外，与情绪的加工相关的中枢神经结构还有：背部神经核团（nucleus accumbens）、外侧下丘脑（bateral hypothalamus）和腹侧黑质（ventral pallidum）。

1. 背部神经核团

背部神经核团位于前脑皮层下的前部，包含着多巴胺和类鸦片传递系统，因而具有诱导正性感情的作用，经常被神经科学家看做奖励和愉快系统的一般流通渠道，被称为正性奖励的感情通道（Koob，1997）。采用药品或毒品的研究也支持中脑边缘系统起着产生正性情绪的刺激作用。贝里奇（Berridge，1998）为此进行动物实验，结果表明抑制多巴胺递质，并不能抑制动物对美味食物的享受测量指标，这使研究者意外地发现多巴胺并不是对食物奖励的享乐影响所必需的。使用抗多巴胺药物或损伤多巴胺神经元，仍然产生对美食的感情性反应。令人费解但十分清楚的是，多巴胺在某些方面是必需的，而贝里奇的假设是："多巴胺对要求、需要是必需的，但对喜欢、喜爱是不必需的。"

2. 外侧下丘脑

下丘脑是半个世纪以来最早被认定与情绪有关的脑结构。切除或损伤外侧下丘脑，对动物失去饥饿、性和情绪动机起关键作用，而切除腹侧中央下丘脑，则增加食欲、社交和攻击行为。近年来采用电生理测量外侧下丘脑，发现动物对进食，甚至对食物形状引起一些神经元放电，实验猴饥饿时比饱食后放电更多（Rolls，1999），这样的饥饿—饱食敏感性明确地证明下丘脑是产生动机的最原初的物质基础。但是，电刺激下丘脑是否产生愉快感，则始终有疑问，例如，电刺激腹侧下丘脑，使动物失去了对甜食的正性感情反应，而以前的实验则是动物积极寻找和进食。这个在愉快与动机之间的矛盾现象提示，下丘脑可能具有引起奖励和动机的更复杂的心理成分的功能，而不仅是感觉愉快。比如，刺激可能由中脑神经核团多巴胺系统所调节，激活了进食的"要求"，而不是奖励的愉快享受，尽管这两个过程得到同一后果，但它们仍然有不同的性质和作用方式（Berridge，2003）。

3. 腹侧黑质

腹侧黑质位于下丘脑前下侧。近年来对它的研究兴趣有所增加是由于发现它作为前脑的组织，是杏仁核的延伸，与杏仁核、神经核聚集体（accumbens）及其他组织相联系。腹侧黑质与下丘脑相同，食物的形状与气味激活其神经元放电，它的独特作用是引起正性感情反应，其神经元被毁坏，则失去享乐而引起厌恶反应。切除背部下丘脑而保持它的完整，就不引起厌恶。至于对人类的作用，由于它在解剖上体积很小，因此难以进行脑成像观察。而已有的研究表明，它对人类正性心境起作用，例如，在黑质核团埋藏电极，有时用来治疗帕金森氏症，能延续几天减少躁狂性感情的发作（Miyawaki，2000）。诱导男性的竞争和性唤醒的 PET 测量发现其血流量增加。总之，腹侧黑质在情绪加工方面，尤其对正性感情状态，起特殊的作用，并可能与许多种情绪有关（Berridge，2003）。

以上涉及的神经解剖学部位，与情绪有不同程度的相关。有的部位如杏仁核，在情绪加工中的来龙去脉似乎清楚一些；有的部位，如背部神经核团、外侧下丘脑、腹侧黑质等区域的神经联系，却不十分清楚。而且有些研究成果是从电生理学得到的，有的定位是从神经化学研究得到的，因此，要了解情绪的神经学奥秘还要进行艰苦的工作。

二、情绪的神经网络模型

情绪反应与情绪行为不是简单地由脑内的某一组织结构或功能区域负责，而是由脑内不同的组织结构系统协同作用的结果。神经病学家帕佩兹（Papez，1937）很早就提出了有关情绪神经回路的模型，即帕佩兹环路（Papez circuit），包括下丘脑、乳头体、前丘脑以及扣带回皮层及其互相连接的结构。后来麦克林（Maclean，1949）在"帕佩兹环路"的基础上提出了"边缘系统"的概念，边缘系统包括皮层与皮层下结构、扣带回、海马、丘脑和下丘脑等部位，认为边缘系统是负责情绪反应与情绪行为的基本神经回路。但自20世纪80年代以来，情绪的脑结构定位已从下丘脑延伸到边缘系统和整个中枢神经系统各个部位，从前额叶皮层到脊髓均包括在内（Ledoux，1992），因此，对于情绪反应与情绪行为的神经回路的认识发生了变化。

（一）杏仁核中心的神经回路

许多情绪心理学家认为杏仁核是情绪中枢机制的核心部分，杏仁核是通过一种复杂的加工过程接受刺激的，在这个加工过程中，杏仁核不仅是一个情绪信息加工的中心，而且与其他情绪脑组织构成网络系统。杏仁核好像是情绪的"计算机系统"，有着复杂的传递通路，整合着内导、外导的情绪信息。

许多研究已经揭示，情绪刺激或情绪相关信息通过感觉丘脑传递到新皮层联合区，同时，情绪刺激或情绪相关信息也从丘脑部位直接到达杏仁核。情绪性信息传递到杏仁核，进而传递到前额叶、颞叶和顶叶等高级复合模式的联合皮层，这些联合区域的信息，也投射到杏仁核和内嗅皮层，而内嗅皮层，也是通过杏仁核向海马组织传递信息的内导系统。海马是对各种高级认知过程，特别对记忆和空间思维起重要作用的部位，但海马与杏仁核没有直接的联系。海马回下脚是海马主要的外导结构，通过海马回下脚，信息又投射到内嗅皮层，从而才能影响杏仁核，这是情绪与记忆可能发生联系的机制。因此，杏仁核与许多前脑部位构成了一个环路（见图4－3）。

（二）双通路模型

勒杜（Ledoux，1992）近年来的研究认为，情绪刺激从感官经感觉丘脑皮层携带信息，首先到达杏仁核，并立即触发先天性原始的情绪反应，同时，刺激从感官经感觉丘脑皮层，到达前额叶等高级区域，对信息进行加工，并向下传递到杏仁核，产生确定的情绪以及对刺激事件意义的意识。情绪意义信息从杏仁核返回到前额叶内嗅皮层，信息在从感觉皮层传递到额叶内嗅皮层时，经过加工的信息同时传递到海马，在海马启动与当前信息有关的早先储存的信息，携带着早先

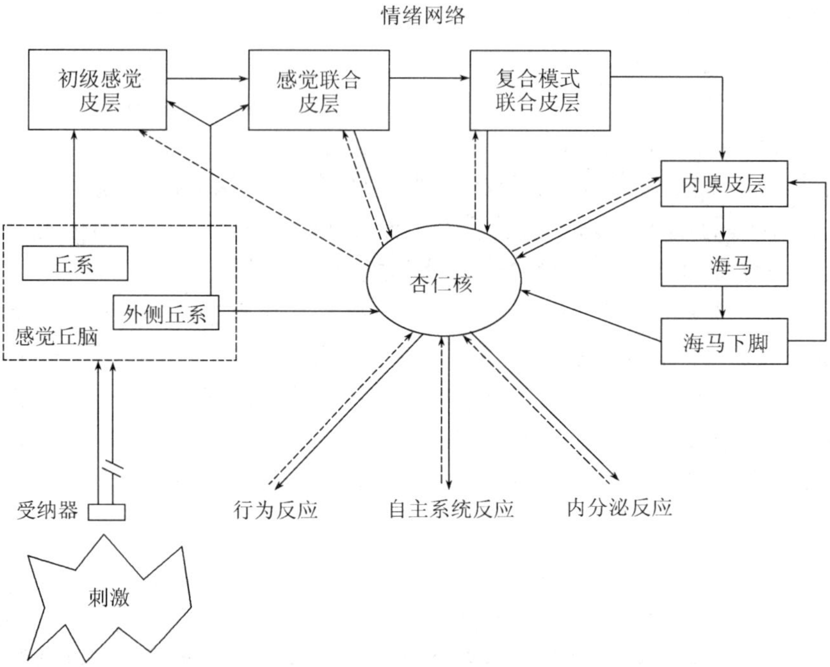

情绪网络
初级感觉皮层
感觉联合皮层
复合模式联合皮层
内嗅皮层
海马
海马下脚
杏仁核
丘系
外侧丘系
感觉丘脑
受纳器
刺激
行为反应
自主系统反应
内分泌反应

图 4-3　杏仁核中心的神经回路（孟昭兰，2005）

储存的信息，又返回到内嗅皮层，进行进一步的加工，这时的认知才是既与过去记忆经验相联系的，也是带有情绪体验的。这就是双通路模型（见图 4-4）。

感觉皮层
绕行路
快速路
感觉丘脑
杏仁核
情绪刺激
情绪反应

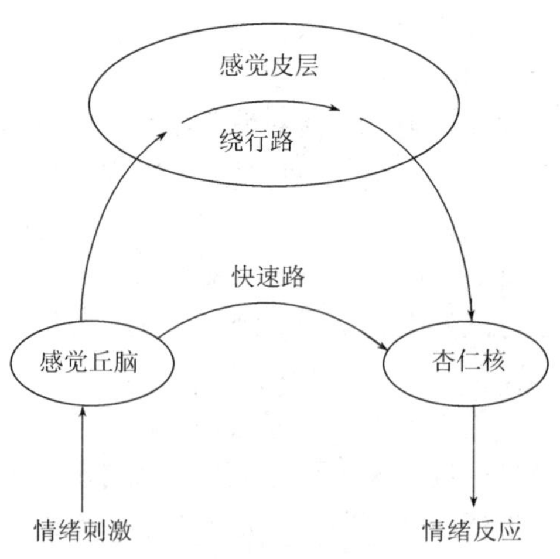

图 4-4　双通路模型（孟昭兰，2005）

双通路模型认为丘脑—杏仁核投射是一条“小路”，或称“捷径”，而丘脑—皮层—杏仁核投射是一条“大路”，或称“绕行通路”。双通路的作用在于：1.

"捷径"保证对来自环境的威胁性刺激更快地被激活，在低等水平种属的动物探测环境中起重要作用。2. "捷径"对信息的评价是初步的，例如，大声刺激在细胞水平上就足以惊醒杏仁核而预示危险。但在"绕行通路"中的皮层部位对刺激的位置、频率、强度进行精细分析之前，"捷径"不能确定这个威胁信息的性质从而启动防御反应。因此，只有双通路信息的结合，才能理解刺激的情绪意义。

（三）情绪的中枢—外周—中枢回路模型

达马西奥（Damasio，1994，1998）认为情绪刺激引起的主观感受是人们情绪反应的主要成分，但情绪与情绪感受是不同的。情绪感受主要由情绪与感知结合而成，这两种心理成分分别由不同的神经回路负责。因此，情绪是情绪感受的独立成分，是由特定对象或情景触发的躯体反应和中枢活动变化的集合。这种变化可以分为内脏活动、腺体反应和骨骼肌运动，前两者一般无法被直接觉知，主要由下丘脑与脑干的一些核团调节和控制；后者可以进入意识范畴，主要由纹状体和中脑导水管周围灰质负责。据此，达马西奥等人（Damasio，1994，1998；Bechara，2004；Bechara & Damasio，2005；Rudrauf et al，2009）提出了情绪中枢—外周—中枢回路模型。该模型认为情绪感受主要基于内脏、腺体和骨骼肌等的身体反应在脑干、岛叶和躯体感觉皮层等脑区的映射和表征，最终在腹内侧前额皮层、扣带回皮层、杏仁核和下丘脑等脑区的参与下形成情绪感受。根据是否包括躯体状态，可以将这种加工情绪的神经回路分为身体回路（body loop，图4－5a）和似身体回路（as if body loop，图4－5b）。在身体回路中，腹内侧前额皮层和杏仁核能够将刺激物的情绪信息通过脑干的传出结构传至躯体，引起内脏、腺体和骨骼肌等躯体状态的变化。接着，这些躯体信号可以映射到岛叶、躯体感觉皮层

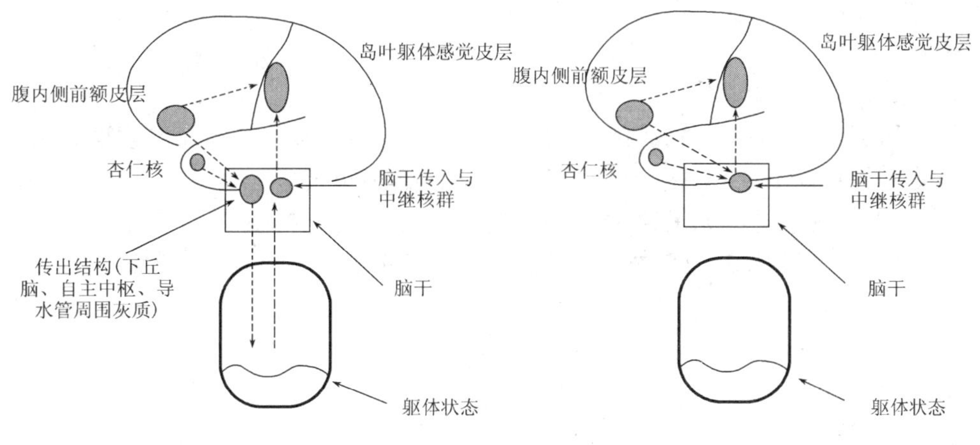

图4－5 情绪的神经回路（刘飞，蔡厚德，2010）

等脑区，由此产生了情绪感受。在似身体回路中，依据个体过去的经验或情景想象等心理表征，触发中枢脑区的躯体状态表征的激活，即在躯体状态实际上并未发生变化的情况下产生了相应的情绪感受。与身体回路相比，这种神经机制并不涉及实际的躯体状态，岛叶和躯体感觉皮层接收的信息直接来自腹内侧前额皮层和杏仁核等脑区。

（四）情绪的脑脊髓交感神经系统整合模型

塞耶等人（Thayer，2000，2009）认为人类复杂情绪反应的神经基础主要依赖于中枢自主网络（central autonomic network，CAN），CAN 主要包括眶额皮层、腹内侧前额皮层、扣带回皮层、岛叶、杏仁核中央核、下丘脑、导水管周围灰质、臂旁核、孤束核、疑核、延髓腹外侧区、延髓腹内侧区和延髓被盖区等脑区，它们相互间连接成一个动态活动的系统，通过整合情绪刺激的中枢活动和自主反应，以保证机体能够适应快速变化的环境。据此塞耶等人提出了脑脊髓交感神经系统整合模型（neurovisceral integration model，图 4 – 6）。与“中枢—外周—中枢”回路重视外周躯体状态在决定情绪感受中的作用不同，脑脊髓交感神经系统整合模型强调情绪活动中皮层与皮层下中枢所组成的多层次神经网络对外周自主神经功能的调控机制。该模型认为个体在安静状态下前额皮层对皮层下脑区和自主反应施加抑制性影响。当个体面临威胁性情绪刺激时，前额叶的活动水平降低，使得皮层下交感兴奋回路所受的抑制逐渐解除，引起交感活动增强和副交感（迷走神经）活动减弱，从而出现有利于个体战斗—逃跑（fight – flight）行为的腺体和内脏反应。一般情况下，机体的能源供应在自主神经系统的调节下会保持正常的动态平衡。然而，当能源需求持续超出了个体可以承受的范围时，就会产生交感过度增强而副交感过度减弱的自主失衡现象，引发个体的焦虑和抑郁等复合情绪。

三、情绪脑的单侧化

众所周知，人类的大脑两半球在功能上并不相同，而且也有证据表明，大脑两半球在情绪加工及有关行为的调节功能上也是不同的。

（一）情绪信息识别的右脑优势

无论对正常被试还是脑损伤被试进行的研究都表明，右脑在处理情绪性信息方面占有优势。早期的双耳分听实验发现，左耳在识别话语中情绪成分方面具有优势（Safer & Leventhal，1977；Dewitt，1978）。电生理学和神经成像的研究结果也显示出在语言情感知觉过程中，右脑半球承担着重要的作用（Bostanov，2004）。

相关研究表明，左视野（右半球）在面部表情的识别过程中具有优越性。被试对呈现在左视野的面部表情图片可以得到更快的辨别，对面部表情辨别的左

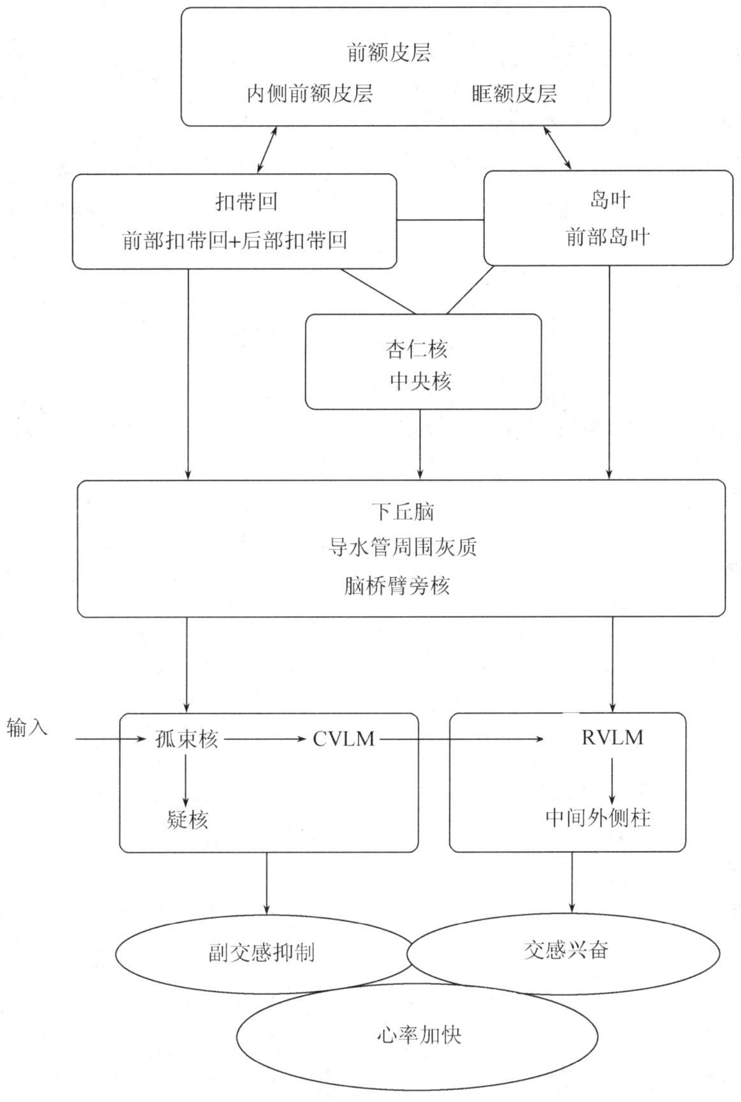

图 4－6 脑脊髓交感神经系统整合模型（刘飞，蔡厚德，2010）

视野优势会随着面部情绪性的增加而加强（Landis，Assal & Perret，1979）。相关研究还发现，面部表情的情绪信息越充分，左视野辨别优势效应越突出。

电生理学记录和神经成像的研究结果也支持右脑负责面部情绪信息加工的观点。特别是通过诱发事件相关电位（ERP）研究发现，对面部情绪信息加工的过程中右脑相对左脑产生了更大的电位变化。功能磁共振成像技术（fMRI）也为右脑情绪信息加工优势提供了证据。面部情绪的选择性注意与那些未特别注意面孔情绪的被试相比，右脑颞上回皮层的激活得到了提高（Narumoto et al，2001）。

对脑损伤被试的研究同样支持这种观点，右脑半球损伤被试在识别和鉴定口头言语的情绪性音调和情绪性的脸部表情方面比左脑半球损伤的被试表现得更差（Heilman et al，1975；Tucker et al，1977）。

（二）左右半球情绪信息加工的不对称性

一般说来，右半球负责消极情感，而左半球则与积极情感有关，特别是前额叶皮层具有这种偏侧化效应（Davidson，1995）。早期，许多注射阿米妥的案例发现，当给被试左半球注射阿米妥后，被试会表现出一种“灾祸性反应”（catastrophic reaction），而向右半球的注射则产生愉快的行为（Goldstein，1939）。这种“灾祸性反应”一般包括哭、悲观的陈述、内疚、虚无的感觉、受辱、绝望、抱怨和对未来的担忧，愉快的反应包括无忧无虑、微笑、开玩笑、大笑、小声喊叫、松弛、乐观和幸福感。这一发现为积极情绪和消极情绪的偏侧化加工提供了有力的证据。

相关研究发现在积极情绪下左脑激活性提高，消极情绪下右脑激活性提高。戴维森（Davidson et al，1979）发现被试表现出积极的情绪反应时，额叶的 EEG 表现出左半球的激活，而出现消极的情绪反应时其左半脑额叶的 EEG 活动则是相反的。在让婴儿观看一个演员表演时，当演员表现愉快的面部表情时，左额叶明显激活；表现悲伤的面部表情时右额叶比左额叶激活更加明显。另外，对脑损伤被试的研究发现，左脑损伤的被试，在面孔表情辨认中没有障碍，但是，那些右半脑顶叶以及距状下皮层前叶等区域损伤的病人则出现了面孔表情辨认障碍（Adolphs et al，1996）。来自神经成像的研究（Wager et al，2003）也支持以上结果，认为左脑负责积极情绪的加工，右脑负责消极情绪的加工。

另外，行为研究方面也为这一观点提供了证据，当积极情绪刺激呈现于右视野时，对情绪刺激的加工得到增强；而当消极情绪刺激呈现于左视野时，对情绪刺激的加工得到增强（Burton & Levy，1989；Davidson et al，1987）。在一项研究中，给被试一侧视野中呈现一个表演者高兴或悲伤的表情，另一侧视野呈现同一个人的中性表情，让被试判断哪一边是带有情绪性的脸面，结果发现，对右视野中的高兴脸面的反应时间比左视野呈现的悲伤脸面的反应时间更短（Reuter et al，1983）。相关的研究发现了类似的结果：右半球在区别情绪性的程度上是占优势的，而左半球则有情绪刺激的积极方面的知觉倾向（Natale et al，1983）。

以上关于情绪加工的大脑单侧化优势的证据是通过大量对不同类型的被试采用各种不同的方法而获得的，有力地证明了情绪的大脑功能单侧化的存在。但目前元分析（Murty，2010）的结果并没有表现出在情绪加工中的偏侧化现象。因此由于方法上的不确定性，在解释情绪的偏侧化现象时必须慎重 。

第二节 情绪的外周机制

情绪反应伴随着相应的生理唤醒，涉及神经、内分泌、循环、呼吸、消化、泌尿、代谢、骨骼肌以及免疫系统的活动，进而影响到全身所有的重要组织器官。情绪是脑的机能，脑活动源于内外环境的刺激，经脑加工处理后，通过身体活动的控制而表现出来，其传出控制是多系统复杂活动，概括起来有：自主神经系统控制内脏活动；躯体神经系统控制骨骼肌的紧张及活动，从而出现面部表情、姿势表情和言语表情等活动；神经激素—内分泌系统，通过神经—体液通路传送信息，影响到全身相应组织器官的活动。

一、外周神经系统的结构与功能

神经系统分为中枢神经系统和外周神经系统。外周神经系统是由中枢神经系统以外的神经元组成的。外周神经系统承担着身体外周与中枢神经系统之间的双向信息传递任务：一方面，外周神经系统通过传入神经从身体周围向中枢神经系统传递信息，如眼、耳等感受器提供的关于外部世界的信息，定位于骨骼肌和关节内的感受器提供的关于位置、地点、方向和身体运动的信息，定位于平滑肌的内脏器官中的感受器提供的关于身体内部情况的反馈，如饥饿、渴、恶心感觉或内脏感觉；另外一方面，外周神经系统通过传出神经把中枢神经系统的信息传向外周，使大脑能对肌肉、器官和腺体产生“影响”。

外周神经系统又可分为两大部分——躯体神经系统和自主神经系统。躯体神经系统由来往于感觉器官和运动器官的神经元与神经纤维组成，控制骨骼肌的活动；自主神经系统由调节平滑肌、心肌和腺体的神经元与神经纤维组成，控制心血管系统、呼吸系统、消化系统和内分泌系统的活动。自主神经系统中的所谓“自主”，意指“自我管理”，即它的绝大部分机能处于意识控制之外。自主性机能的不随意性使身体内部的日常工作能在无需作出有意识决定的情况下被操作，例如，心律、动脉的舒缩，消化液的分泌，瞳孔大小的调节等，能由自主神经系统自主地控制。

自主神经系统有两个主要部分：交感神经系统和副交感神经系统（见图4－7）。交感神经系统从脊髓的中部离开中枢神经系统，副交感神经系统在脊髓的最低节段和脑干与中枢神经系统相连，前缀“副”意指“在……之外”，即副交感部分位于交感部分之外。在交感神经系统中，神经元从脊髓中部（或胸腰部）发出到各种器官，诸如心脏、唾液腺、肺脏、肝脏及其他；在副交感神经系统中，神经元从脑干或脊髓的最低处发出到各器官——心、肺、胃、膀胱等。交感和副交感神经系统之间的另一区别在于神经节的性质和它们的神经递质。发自脊髓的神经首先通往一个神经节，换元后再到靶器官。在交感神经系统中，神经节位于脊髓和气管之间，因此节后神经元的纤维比较长；在副交感神经系统中，神经节主要位于靶器官内部，因此节后神经元的纤维非常短。两个系统中，神经节中的节前纤维释放的神经递质都是乙酰胆碱。在交感神经系统中，节后神经释放的神经递质是去甲肾上腺素；在副交感神经系统中，节后神经释放的神经递质是乙酰胆碱。因此，副交感神经系统被称为胆碱能神经，而交感神经系统被称为肾上腺素能神经。

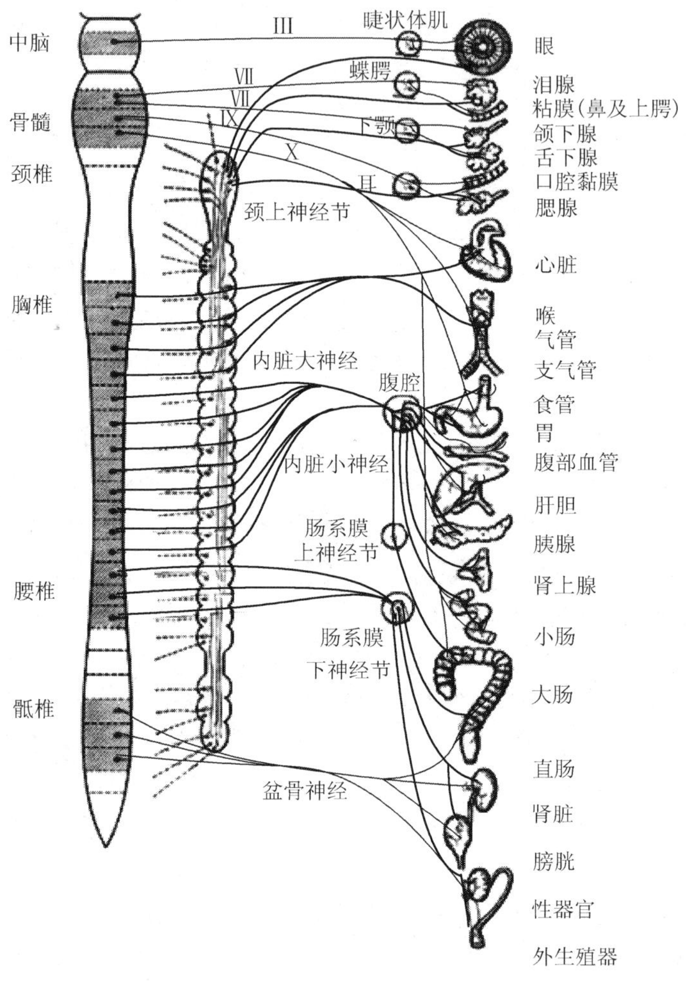

粗线部分为交感神经，细线部分为副交感神经

图 4－7　交感与副交感神经对内脏器官调节示意图

交感神经系统的神经纤维，在穿过脊髓两侧的交感神经节时，在此交换神经元。当一个脊髓神经元投入活动，就有许多神经节的神经元被兴奋。发自每个神经节的神经元分别延伸到各内脏器官，因此，发自交感神经系统的一个神经元被兴奋，可以同时激活几个器官。例如，有机体在紧急情境刺激下，交感分支就被激活，引起心率加速、血压升高、四肢动脉舒畅、胃肠蠕动减弱等器官的变化。它们作为互相联系的整体活动，为有机体的应急活动提供能量。

副交感分支的神经纤维不经过交感神经节，只与单个的神经元相联系，副交感分支的兴奋沿着单个神经元到达内脏器官。与交感分支不同，副交感分支每一细胞的兴奋，只引起特定的器官发生反应，其反应范围不像交感分支那样广泛。

一般而言，交感神经系统引起兴奋活动，副交感神经系统引起抑制活动，二者的功能是拮抗的（如表 4 - 1）。

表 4 - 1　交感神经系统与副交感神经系统的机能活动比较

交感神经系统	副交感神经系统
瞳孔扩张	瞳孔收缩
颌下腺抑制	颌下腺兴奋
心率加快	心率减慢
气管扩张	气管收缩
冠状动脉舒张	冠状动脉收缩
皮肤血管舒张	皮肤血管收缩
肌肉紧张度增加	肌肉紧张度下降
胃收缩抑制	胃收缩增强
肠蠕动抑制	肠蠕动增强
肝糖分泌增加	肝糖分泌下降
肾上腺素分泌增加	肾上腺素分泌下降

二、情绪与自主神经系统

与情绪密切相关的外周神经系统首先是自主神经系统。情绪与自主神经系统活动的关系，自詹姆斯（1884）开始就受到了关注。詹姆斯认为当有机体受到来自情境的情绪刺激时，生理唤醒水平提高，所发生的情绪激动程度或紧张程度也随之提高。

大量研究探讨了心血管反应、皮肤电反应、呼吸变化、心率变异性（HRV）、呼吸性窦性节律不齐（RSA）等自主神经活动与情绪唤醒水平的关系。从总体上说，消极情绪比积极情绪往往伴随更强的自主神经反应（Kreibig，2010）。研究发现，愤怒时心率增加，血压上升，呼吸变快，呼吸性窦性节律不齐（RSA）指标降低，表现出交感神经激活加强，迷走神经控制作用减弱。焦虑状态下，心率加快，呼吸变快变浅，心率变异性降低，即交感神经激活加强，迷走神经激活降低。恐惧时心率加快，呼吸变快，皮肤电反应上升，表现广泛的交感激活。与愤怒不同，恐惧时外周阻力下降，导致血液中的二氧化碳水平降低等。悲伤时，往往会心率下降，呼吸率变缓。许多研究也涉及对于厌恶、高兴、满意等情绪的自主唤醒水平的研究，但大多数研究结果并不一致。

运用国际情绪图片系统（IAPS），研究者研究了被试观看情绪图片时的皮肤电、心率和肌电变化。研究表明，皮肤电反应的大小与对图片情绪唤醒水平的变化一致（Hamm，Schunp & Weike，2003）。无论是愉快情绪图片还是不愉快情绪图片（正效价、负效价），相对于中性图片而言，皮肤电反应都显著增强（见图4－8），而皮肤电反应系统受到自主神经系统的交感神经控制，因此皮肤电变化被认为是情绪唤醒的一个重要指标。相对于皮肤电反应系统，心率既受到交感神经的控制，又受到副交感神经的控制。观看情绪图片引起的心率变化有三个阶段，第一阶段表现出心率迅速下降，接着有所升高，后又下降，同时不愉快图片比愉快图片引起了更大的变化（见图4－9）。另外，用肌电图（EMG）记录的皱眉肌活动表明，对于愉快与不愉快图片，皱眉肌活动变化方向是相反的，愉快情绪图片引起的皱眉肌收缩逐渐增加后保持稳定的活动状态，不愉快情绪图片引起皱眉肌逐渐放松后保持稳定的活动状态，并低于基线的放松状态（见图4－10）。

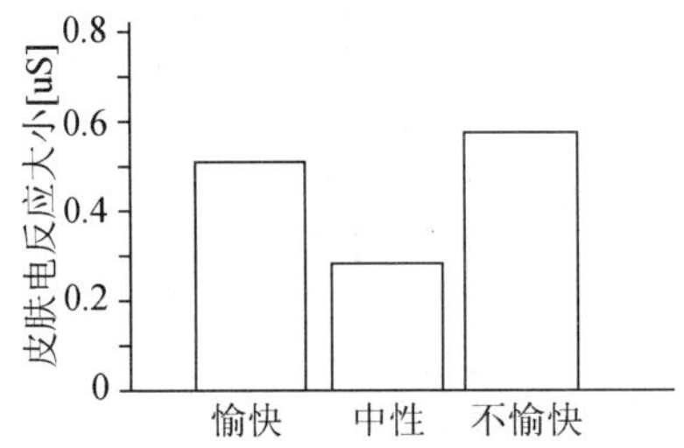

图4－8　情绪图片引起的皮肤电变化

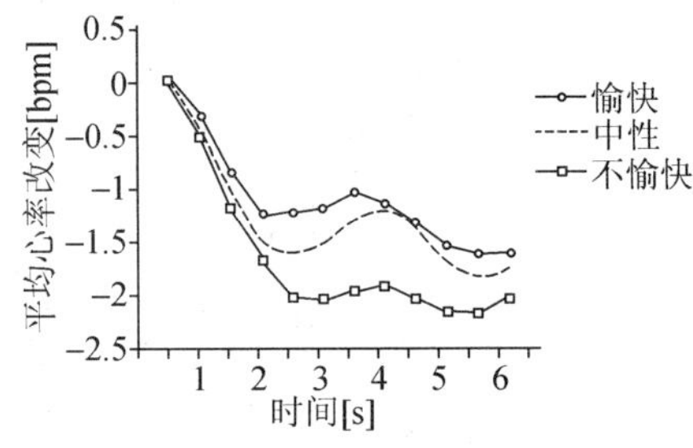

图4－9　情绪图片引起的心率变化

（图4－8至图4－14资料来源：Davidson，Scherer & Goldsmith，2003）

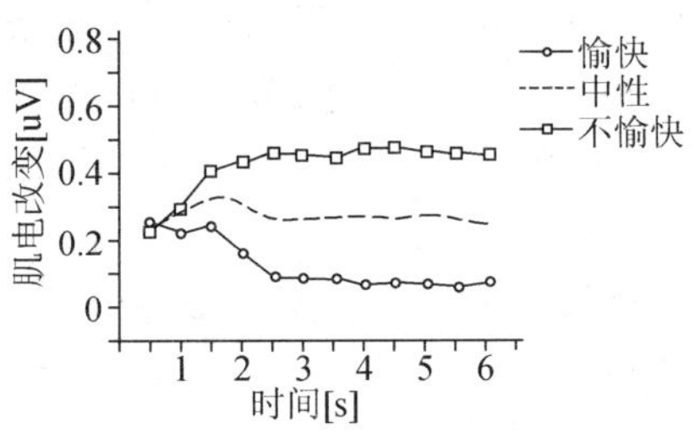

图4－10　情绪图片引起的皱眉肌活动变化

所有用情绪图片进行的研究都表明，在观看情绪图片过程中获得的主观评价和生理反应指标一致地相关于情绪效价和情绪唤醒。对于通过这种方法获得的数据进行的因素分析表明，这些数据可获得两个稳定的因素，即情绪效价和唤醒。皱眉肌活动、心率变化大小与情绪效价判断有关，皮肤电变化与情绪唤醒有关。

上述研究只区分了情绪效价、唤醒度与生理反应的关系，区分了不同效价情绪刺激引起的皮肤电、心率、皱眉肌活动，而具体情绪反应与心血管活动、皮肤电、肠胃活动、瞳孔活动等生理变化模式的关系是怎样的呢？许多研究在被试观看图片并记录其生理变化之后，用迫选法让被试区分不同的具体情绪，让被试对每一张情绪图片是诱发了愉快、惊奇、恐惧、厌恶、悲伤、愤怒情绪感受中的哪一种作出判断，或者作出是中性图片的判断，然后根据被试的判断对图片诱发的情绪进行分类，进而分析每一种具体情绪引发的生理变化。研究表明，具体情绪感受与不同的生理反应模式相联系。例如，皮肤电反应在不愉快的情绪上有不同的变化（见图4－11），尤其是诱发恐惧、厌恶时产生的皮肤电变化要比诱发悲伤、愤怒时产生的皮肤电变化大。诱发恐惧与诱发厌恶、悲伤、愤怒的心率变化也不同（见图4－12，图4－13），诱发恐惧时，心率在下降的过程中有一个中等上升的波峰，而诱发厌恶、悲伤、愤怒时则没有产生这样的波峰。皱眉肌活动也会因为不同的具体情绪状态发生变化（见图4－14），相对于心率反应模式来说，厌恶体验与急剧的皱眉肌活动相联系，悲伤、愤怒引起了中等程度的皱眉肌活动，而恐惧引起的皱眉肌活动比较低。厌恶体验与急剧的皱眉肌活动相联系，这一结果支持了一般研究认为的厌恶有比较明显的面部表情（Vrana，1993）。

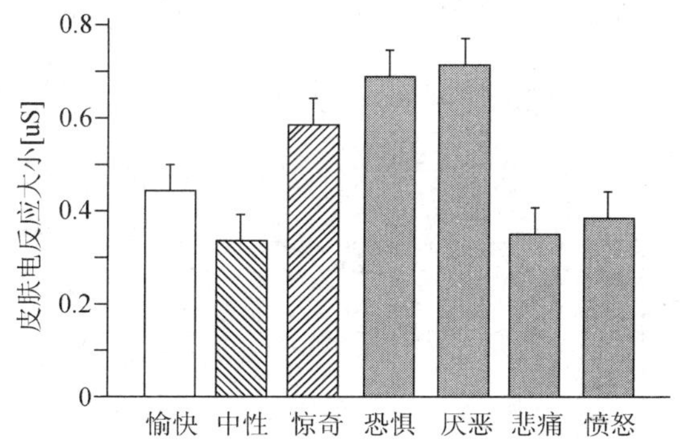

图4－11　不同情绪的皮肤电变化

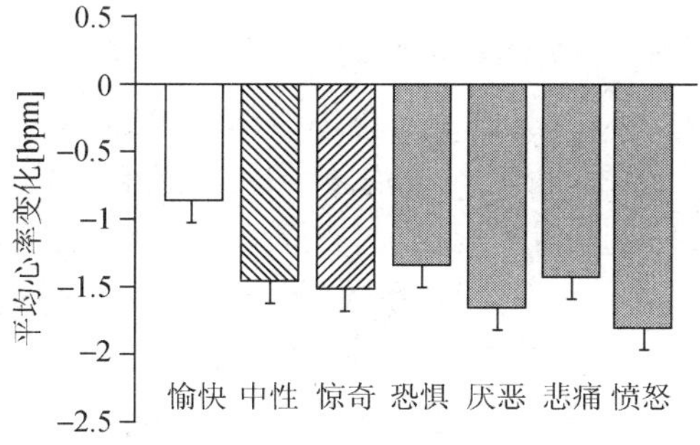

图4－12　不同情绪的心率变化

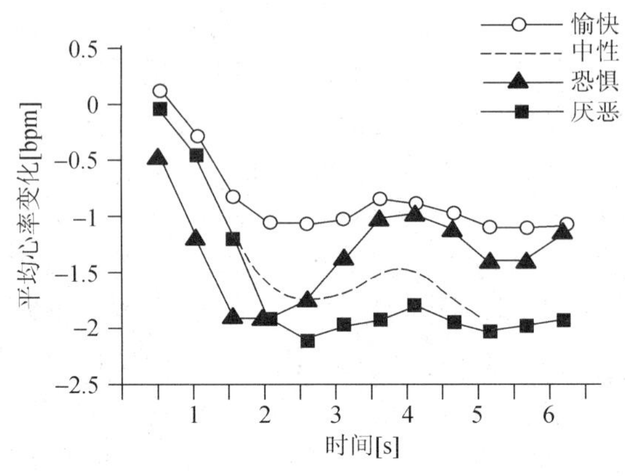

图 4－13　不同情绪的心率变化

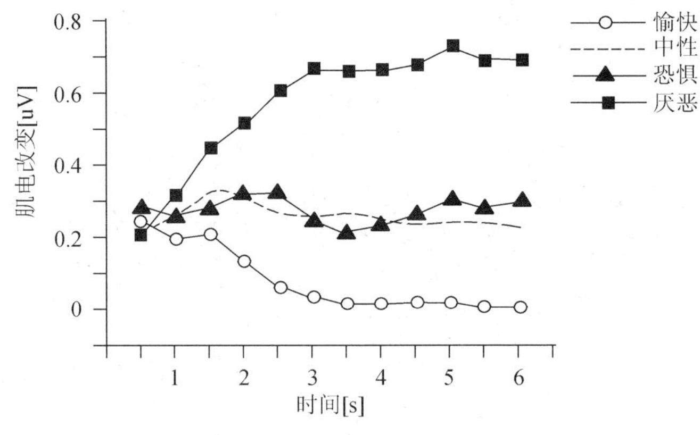

图 4－14　不同情绪的皱眉肌变化

因此，生理反应不仅与情绪的效价和唤醒水平相联系，而且不同类型的情绪具有不同的生理反应模式。所有愉快、不愉快的情绪图片都引起了中等强度的皮肤电反应，但只有那些亲昵的图片、恐惧的图片才引起了比较大的皮肤电反应。

近年来，大量的研究也探讨了迷走神经活动与情绪反应及其调节的关系（秦荣彩，王振宏，2011）。研究表明，基线迷走神经张力与迷走神经抑制和情绪调节能力相关，迷走神经活动较弱的被试警觉性较高，他们在面对非威胁性刺激时其防御行为系统的激活也较高，临床焦虑障碍的个体表现出较低的基线迷走神经张力以及较低的迷走神经抑制等。

三、情绪与躯体神经系统

情绪过程与其他心理过程不一样，表现在情绪活动过程中伴随着一定的外部行为表现，即表达情绪的面部表情、姿态表情和声调表情。这些都是由躯体神经系统所支配的随意运动。躯体神经系统是以由感觉神经和运动神经所形成的神经回路为基础的生理反馈系统，它支配和调节人体的骨骼肌肉系统的活动，这种调节具有随意性和指向性，是一种有意识、有目的的活动。

人的面部表情是在生物长期进化过程中逐渐形成的，伴随着人的面部肌肉系统高度的精细化，神经系统也得到高度发展，相应大脑皮层的结构和功能也高度分化，从而使人的面部能呈现各种各样的面部肌肉活动模式。对于情绪和面部表情的研究始于达尔文（1890），比如他发现极度悲伤的人眼睑下垂，嘴唇、脸颊、下颌由于其自重而有所下沉，面部所有特征均有所拉长，人们听到坏消息时脸也会变得阴沉。艾克曼（Ekman，1973）认为至少某些独立的基本情绪与明显各异的面部表情相联系，而且先天失明的人、非西方文化的人以及婴儿都具有与西方的正常成年人相似的情绪化的面部表情，因此他指出不同情绪特异性的面部表情并不仅仅是社会学习的结果（Ekman，1973；Ekman & Friesen，1978）。然而，尽管面部表情可能会暴露潜在情绪的本质，但许多情绪的反应并不一定伴随着外显的面部活动（Cacioppo & Petty，1981）。除此之外，个体还可以调用表现策略掩饰或隐藏他们感受到的情绪，迷惑观察者对其表情意义的判断（Ekman，1973；Cacioppo et al，1992）。因此对外显的面部表情的解码并不能够很好地测量情绪，一个重要的弥补就是利用与面部肌肉的收缩相联系的电活动模式，即面部肌电图（EMG）。

研究表明不同的情绪类型可以激发额部、脸颊和口周围区域肌肉不同的EMG（Schwartz et al，1979）。后来相关研究也表明，情绪刺激可以自动地激发面部的 EMG 反应（Neumann et al，2005），研究者让被试无论什么时候看到屏幕上的词都微笑或者皱眉，面部 EMG 记录结果表明，当呈现积极词的时候被试的微笑速度更快，呈现消极词的时候其皱眉的速度更快。也有研究表明，对情绪刺激的面部反应是自发的，即使当诱发刺激是无意识呈现的时候同样可以引发面部表情的反应（Dimberg et al，2000）。另外，许多研究考察了 EMG 活动当中的效价效应，研究发现，与消极情绪状态相比，积极情绪状态与脸颊区域更高的 EMG 水平和额部区域更低的 EMG 水平相关（Schwartz et al，1979）。另一相似的研究（Brown & Schwartz，1980）发现恐惧、愤怒和悲伤的情绪在额部的活动水平高于愉快的情绪，高兴的情绪激发了脸颊区域更高的活动水平。

除了以上情绪的自主神经系统和躯体神经系统的发现以外，近年来波格斯（Porges，1995，1998，2001，2003，2007）提出了一种新的理论——多迷走神经理论（polyvagal theory），认为在进化的过程中，髓鞘迷走神经逐渐产生，其对内脏状态的调节与其他脑神经对头部、面部肌肉的神经调节之间逐渐产生了神经上的连结，这种连结构成了情绪和社会行为的神经生理基础。

迷走神经是第十对脑神经，既包含感觉神经纤维也包含运动神经纤维。波格斯（Porges，1998，2001，2003，2007）提出的多迷走神经理论中，“多迷走神经”实际上指的是两种迷走神经系统，一种是进化过程中较早产生的、原始的无髓鞘迷走神经系统，另一种是进化过程中较晚出现的髓鞘迷走神经系统。前者与装死、僵滞行为（freezing behaviors）等被动防御相关；后者与平静的情绪有关，并能够调节内脏状态以支持社会参与行为。伴随着迷走神经系统对心脏的神经控制的发展变化，对面部、咽、喉部肌肉的神经控制（可以产生复杂面部姿势和发音）也得以增强，这种种系发展变化进一步增强了对行为，尤其是社会交往中参与环境挑战或解除参与所需要的行为的神经控制（Porges，1998）。

在进化过程中，调控髓鞘迷走神经的脑神经核与调控面部和头部肌肉的脑神经核逐渐整合在了一起。由此，髓鞘迷走神经对心脏的调控，以及其他脑神经对面孔、头部以及颈部横纹肌的调控之间产生了解剖上的以及神经生理上的联系。这种结合产生了机体状态与积极社会行为的双向耦合连结（Porges，2009）。脑干运动系统对心血管的调节以及对面部、头部和颈部的调节之间的关联，形成了“社会参与系统”（Porges & Furman，2011）。

髓鞘迷走神经的进化在“心脏—面孔”连结的形成中起到了关键作用，并将社会行为与自主神经调控联系了起来。髓鞘迷走神经使社会行为呈现出更加适应的特性。如果没有髓鞘迷走神经，机体会表现出更多较原始的防御行为，进而损害社会行为。比如，机体会表现出更多的由交感神经系统调控的战斗—逃跑行为和发怒—攻击行为，或者由无髓鞘迷走神经控制的抑制行为（Porges & Furman，2011）。

四、情绪与内分泌系统

情绪与内分泌系统的关系，涉及到许多身体器官的活动，包括肝、脾和其他内分泌腺的活动。不同的情绪状态会引起内外腺体的变化，从而影响激素分泌量的变化，这种变化也可以作为判定某种情绪状态的客观指标。在情绪体验过程中，神经系统对内分泌系统的支配作用通过两条途径来实现：一条是内分泌腺作为内脏器官的一部分，受自主神经系统的调节；另一条是内脏分泌腺的独立的系统活动，受中枢神经系统的直接支配。例如，人在悲痛或过分高兴时往往会流泪，焦急和恐惧时会冒汗等。人产生某种负性的情绪，如焦虑、恐惧时，会抑制消化腺的活动和肠胃的蠕动，因而感到口渴、食欲减退或消化不良。相反，愉快情绪的产生，可以增强消化腺的活动，促进唾液、胃液及胆汁的分泌。

一般而言，情绪与内分泌系统的关系主要是通过激素（比如：肾上腺激素等）来调节的，通常采用测量血液中肾上腺素的水平，观察服用激素之后或者内分泌功能失调之后的情绪变化来进行研究。人在激动、愤怒时，在大脑皮层调控下产生交感兴奋效应，同时肾上腺髓质在交感神经系统的支配下，大量释放儿茶酚胺类激素，称“交感—肾上腺髓质系统”。该系统活动的结果，一方面增加了循环呼吸活动，增加骨骼肌血液供给，同时抑制消化运动和分泌；另一方面，“下丘脑—垂体—肾上腺皮质系统”在高位中枢影响下也增加了活动性。下丘脑神经元分泌促肾上腺皮质激素释放激素（CRH），经垂体门脉达腺垂体，促进其分泌促肾上腺皮质激素（ACTH）。该激素经血液运达肾上腺皮质，促进其分泌皮质激素。皮质激素促进糖、蛋白及脂肪的动员，同时加强了机体对有害刺激的抵抗能力（即应激反应）；再一方面，交感兴奋可以直接促进甲状腺分泌并抑制胰岛的分泌，因而血糖升高，全身代谢活动加强，而甲状腺素增多反过来又可以进一步增强脑的兴奋。

肾上腺位于肾脏上缘，分为皮质和髓质两部分。皮质为腺体的外层，腺质为腺体的核心。肾上腺髓质分泌肾上腺素和去甲肾上腺素，肾上腺皮质分泌肾上腺皮质激素。由于去甲肾上腺素是交感分支神经细胞的传递物质，它的作用为支持交感系统兴奋，受交感系统的控制。当有机体受情境情绪刺激而处于应激状态时，有机体内脏器官均处于应激状态，肾上腺髓质的激素分泌助长各器官的这种效应；肾上腺素的分泌到达各个器官的历程较慢，但它有较长的持续效果。去甲肾上腺素的分泌对交感系统神经兴奋有直接的影响，这显示在自主性兴奋中对情绪的持续和支持，激素起的作用是主要的。这一机制在抑郁症的治疗中得到利用和证实，研究证明引起抑郁症的原因之一可能是由于去甲肾上腺素在交感神经细胞轴突末端被破坏，给病人服用一种称做单胺氧化酶（破坏去甲肾上腺素在轴突向突触传递的化合物）的抑制剂，以防止对去甲肾上腺素的破坏，从而在神经兴奋传导中使激素起到正常的传递作用，使抑郁症得到治疗。

下丘脑的内分泌激素能控制脑垂体的活动，从而影响内分泌系统，这就产生了一个下丘脑—脑垂体—肾上腺控制系统，它影响着情绪的延续时间和强度。相关研究已经证明，脑垂体和下丘脑这两个器官不但是神经系统的一部分，其本身也是腺体，是内分泌腺，它们所分泌的激素及其所发生的作用同情绪的关系尤为密切。研究表明，在不同的情绪状态下会引起不同的内分泌腺的变化，从而影响激素的分泌。例如，学生考试和运动员临赛前的紧张情绪，常常增强肾上腺的活动，促进肾上腺的分泌，从而引起血糖提高，加强交感神经的活动，并引起一系列的机体变化。实验证明，焦虑不安者血液中肾上腺素增多，愤怒者血液中去甲肾上腺素增加。动物实验证明，给动物注射或口服肾上腺素，会引起动物呼吸急促，血压、血糖升高，血管舒张，容易发怒；如果肾上腺素分泌不足，会使动物肌肉无力、精神不振等。

第三节　基本情绪的脑机制

艾克曼（Ekman，1992）认为存在着数种跨文化的基本情绪类型，主要包括：快乐、悲伤、厌恶、恐惧和愤怒，而且每种情绪类型各有其独特的主观体验、生理唤醒和外显行为模式，其不同形式的组合形成了丰富的情绪。不同的基本情绪显示了特定的神经活动模式，包括独特的外周和中枢神经生理模式。

一、快乐

快乐系统是紧密地与分离痛苦系统联系着的，它导致良好的感觉。快乐系统激活的脑区可能涉及导水管周围灰质（PAG）腹侧嘴区，在这里，脑的刺激产生正性感情反应。愉快面孔再认的 ERP 研究发现，快乐面孔引起的额叶 EEG 信号表现为左侧优势，与之对照的中性面孔是右侧优势，也就是说在快乐情绪加工过程中主要是左侧额叶皮层发挥作用。

当使用素描的情绪面孔（愤怒与愉快）时，杏仁核、海马及前额叶均发现有明显的激活（Wringt et al, 2002），相对中性面孔而言，观看愉快面孔时，腹内侧左前额叶、左扣带前回和右梭状回均有激活；在执行知觉愉快表情的任务时，左扣带前回，双侧扣带后回、内侧前额叶和右缘上回被发现信号增强（Phillips et al, 1999）。研究表明，放松冥想期间会产生一种充满喜悦的状态（blissful state），这种状态常常伴随着前额和中央区脑电的同步增强，尤其以左前额区最为明显（Aftanas, 1995）。对健康妇女的研究发现，快乐情绪是在左尾状核头部被激活的，不愉快主要是由双侧枕—颞叶皮层、小脑、左海马旁回、海马和杏仁核掌管的（Lane et al, 1997）。研究也发现识别快乐表情时，主要通路为“额叶—左侧杏仁核—左侧扣带回”，而且男性识别喜悦及悲伤两大维度的情绪时，海马及海马旁回参与其中，形成了“额叶—杏仁核—扣带回—海马/海马旁回”的通路（周全等，2011）。

音乐向来被认为是强烈的情绪唤起材料，研究不谐和音引起愉快或不愉快情绪时脑的活动发现，几个边缘结构和新皮层区域值得注意。进一步研究沉迷于音乐的状态时发现，大脑相关脑区受到激活，包括腹侧纹状体、中脑、杏仁核、眶额皮层和腹内侧前额皮层。

艾克曼以面孔情绪图片为刺激材料，发现加工愉快和悲伤面孔时大脑激活区有所不同，性别差异取决于所知觉到的情绪的愉悦程度，不论男性还是女性，恐惧面孔均引起左侧杏仁核较大的激活，而愉快面孔仅引起男性较大的右侧杏仁核激活。

总之，已有的相关研究表明，愉快情绪加工的主要脑区包括杏仁核、前额叶皮层、扣带回皮层等。但是由于情绪的复杂性，不同的研究方法或不同的材料得到的结果也不完全一致。

另外，研究表明快乐的自主生理反应模式为：心率增加或保持不变，心率变异性增加，血压增加，心搏量下降，心输出量不变，在相关研究当中也经常发现血管舒张的情况。由于皮肤电水平的增大，皮肤电活动也随之增强，但也有极少数的例外，比如用视觉材料诱发快乐情绪时发现，心率下降或是不变，而一般典型的反应则是心率升高。

二、悲伤

悲伤情绪常常与某些人或者东西的失去相联系，是失去特定的人或物引起的一种内心体验。通过面部表情刺激或自传体回忆的方法，可以研究大脑皮层在响应悲伤时的激活情况。在考察杏仁核和眶额皮层时发现，随着面孔悲伤强度的增强，左侧杏仁核和右颞叶激活强度增加。相关研究发现，在识别悲伤表情时左侧海马/海马旁回明显激活，同时也出现了杏仁核和扣带回的激活，表明识别悲伤表情时，主要通路为“额叶—右侧杏仁核—双侧扣带回”（周全等，2011）。

另外，悲伤情绪引起额叶 α 波最大能量的显著降低，悲伤影片较多地激活了额叶皮层；β 波在额叶和颞叶受情绪影响显著，悲伤情绪引起额叶 β 波最大能量的显著增高，在额叶引起 θ 波最大能量的显著降低（贾静，2008）。在觉醒和催眠状态下诱发愉快和悲伤情绪，并且对大脑前额叶、中央区和顶叶的 EEG 进行分析时，发现在觉醒的悲伤情绪状态下，被试的右前额叶皮层比左前额叶皮层出现更多的低频 β 波（13.5—15.45Hz）活动，这种现象同样也出现在顶叶皮层（Helen et al，1996）。

对于悲伤情绪，自主神经系统的活动被认为是交感神经和副交感神经非对称激活。有一些研究考察了不同的调节方式，比如从是否有哭声的状态来看，有哭啼的悲伤情绪的生理反应表现为增强了心血管交感神经的控制，同时也改变了呼吸活动；无哭啼相伴的悲伤情绪的生理反应受到副交感神经抑制活动的调节，与其他的消极情绪完全不同，这种悲伤情绪降低了皮肤电的活动。

在影片诱发悲伤情绪的研究中，哭啼的被试一致表现出心率的增加，皮肤电水平增强，指脉的幅度下降，手指的温度下降等。相比较而言，没有哭啼的被试则表现出心率下降，皮肤电活动下降，呼吸活动增强，呼吸深度的下降等。另外，没有哭啼的悲伤情绪的生理反应在大量研究当中得到了证实，表现为心脏活动的下降，皮肤电活动的下降，心率的下降，但是也有一些研究发现呼吸活动随之降低。

三、厌恶

作为基本情绪之一，厌恶有其相对独特的面部表情和生理反应，表现为嘴唇上提，鼻子皱缩，眉头紧锁（Rozin，Lowery & Ebert，1994），呕吐、心率降低、皮电升高（Stark，Walter，Schienle et al，2005），并伴有呼吸变缓的现象（Ritz，Thons，Fahrenkrug et al，2005）。目前，研究者一般认为脑岛（insula）和基底节

（basal ganglia）是厌恶情绪加工的主要脑区。

早期，关于脑岛参与厌恶加工的证据来自于对人们识别厌恶表情的神经基础的研究，他们发现厌恶表情激活了脑岛前部（Phillips，1997）。后来，相关研究采用颅内植入电极的方法研究了人们加工厌恶、恐惧、高兴、惊讶以及中性表情时大脑的反应，发现脑岛前部在刺激呈现300ms后会出现一个持续200ms左右的成分，厌恶表情在该成分上的波幅显著大于其他几种表情，而其他几种表情的波幅没有显著差异（Krolak – Salmon et al，2003），表明脑岛与厌恶表情加工有密切关系。在一项神经成像的研究中，要求被试在fMRI扫描时对刺激的效价、唤醒度、恐惧以及厌恶的强度进行评定，并且在统计分析的时候采用参数模型控制个体差异，结果发现被试主观评定的厌恶情绪强度与脑岛激活程度呈显著正相关（Stark et al，2007）。

对pre-HD（是指HD基因携带者，具有HD疾病的致病基因，但还没有表现出临床症状的个体，HD即亨廷顿舞蹈症）表情识别的研究发现被试加工悲伤、恐惧、愤怒表情的能力受损，尤其是厌恶表情的加工受损严重，这表明基底节在厌恶表情加工中也可能发挥特殊作用（Gray，Young，Barker，Curtis et al，1997）。一项采用SBEF（sensitivities to basic emotions in faces）法、情绪六边形任务，以及面部表情迫选法研究帕金森病人对高兴、恐惧、悲伤、厌恶、愤怒表情加工的研究发现，SBEF法成功地检测出帕金森病人对厌恶表情加工的选择性受损，他们对厌恶表情的敏感度显著低于控制组（Suzuki，2006）。

综上所述，脑岛、基底节与厌恶的加工有着密切关系，它们是厌恶加工的主要脑区。但是对于基底节在厌恶加工中的作用目前还有一些争议。另外，还有研究发现前扣带回（Vogt，2005）、杏仁核（Stark et al，2007）、丘脑（Aleman & Swart，2008）、内侧前额叶等（Phillips et al，1997）也参与厌恶加工。

研究发现，腐烂、污染等引起的厌恶情绪，其自主反应表现为交感神经系统和副交感神经系统的联合活动，在呼吸过程中加强排气，减少吸气；对于肢体残缺、流血等引起的厌恶情绪，其自主反应表现为增强了皮肤电的活动，增强呼吸，但是迷走神经活动并不发生变化（Sherwood，2008）。污染相关的厌恶情绪增强了心率的变化，这一点与其他消极情绪并不同，其他的消极情绪都伴随着心率变化的减弱和心脏输量的增加（Obrist，1981）。另一方面，与残缺等相联系的厌恶情绪使心率下降，或者抑制阶段性的心率反应，这表明厌恶情绪降低了心脏的交感神经活动，增强了皮肤电的交感神经活动，但是迷走神经依然不会发生变化。然而通过与其他情绪的对比研究发现，这两种厌恶情绪的心率变化没有区别。另外，研究发现对于厌恶情绪不会引起血压的变化。

四、恐惧

恐惧是在受到巨大的心理震动或生命威胁时所产生的情绪体验，是一种有害的情绪，但是恐惧情绪同样具有适应价值，比如在威胁和危险情境中退缩或逃避的行为反应。恐惧具有很强的压抑作用，在强烈的恐惧情况下，形成狭窄的“知觉管道”，使思维缓慢、活动刻板、肌肉紧张、行动僵化。恐惧的躯体表现主要为额眉平直，口微张，双唇紧张，口部向后平拉。在严重时，面部各部肌肉都较为紧张，口角后拉，双唇紧贴牙齿。

大量研究认为恐惧刺激反应的核心脑机制是杏仁核（Ledoux，1996）。PET的研究表明，在恐惧情绪反应中，双侧杏仁核受到激活，除此之外还有一些脑区也受到激活，比如导水管周围灰质（periaqueductal gray）、脑岛、前扣带回皮层（Carlsson et al，2004）。支持这一观点的研究还有很多，例如研究者运用fMRI技术研究了蜘蛛恐惧症的被试，发现杏仁核均受到显著的激活，在其他物体恐惧症被试当中也得到了同样的结果（Straube et al，2006；Lang，2005）。研究者在证明杏仁核在恐惧情绪反应过程中受到无意识激活的研究中发现，在多种掩蔽条件下，杏仁核在恐惧情绪反应中都受到明显的激活（Carlsson et al，2004）。双眼拮抗范式的研究（Pasley，Mayers & Schultz，2004；Williams，Morris，McGlone et al，2004）也表明杏仁核在抑制恐惧面孔时得到了明显的激活，即使在相关的感觉皮层受到损伤的情况下，感觉器官仍然可以通过“直接通路”将神经冲动传送到杏仁核，激起杏仁核的活动，对恐惧情绪进行加工。相关研究还考察了杏仁核受到掩蔽刺激激活的情况下，杏仁核与其他脑区的神经联系，表明在杏仁核受到激活的同时，其他一些皮层下组织也被激活，主要包括左侧上丘、左侧枕叶，还有蓝斑（locus coeruleus）和前扣带区等（Morris et al，1998）。

恐惧情绪具有特异的自主神经反应，早期人们只认为恐惧的个体表现出心率加快的自主反应（Hamm et al，1997；Hare & Blevings，1975）。后来研究发现，当被试受到恐惧刺激的激发时，他们表现出很高的皮肤电反应（Globisch et al，1999）。让被试想象特定的恐惧情景和社会性的恐惧情景时，前者比后者激发了更高的心率活动（Cook et al，1988；McNeil et al，1993）。在一项研究中让被试对自己经历的创伤做个性化的心理想象，结果发现与其他被试相比，受到创伤的个体表现出了更高的心率和皮肤电，心脏的收缩压和舒张压也随之增大，而且距离创伤的时间越短，自主神经系统的反应水平也越高（Keane et al，1998）。对PTSD（创伤后压力心理障碍症）患者的研究发现，他们的基础心率和皮肤电水平也高于正常被试（MacLeod，2000）。

恐惧情绪交感神经系统的活动有一个显著的变化，包括心脏的加速跳动，心肌收缩力的增强，血管的收缩以及皮肤电活动的增强。与愤怒在生理反应方面的区别主要反映在，恐惧反应过程中，周围抵抗力特别的强，而且这种反应伴随着心脏迷走张力的增强，呼吸活动的增强，特别是快速的排气，缩短了吐气的时间，这一切导致降低了血液中二氧化碳的水平。

五、愤怒

愤怒是目标实现受到阻碍时产生的一种负性情绪。早期的研究发现，愤怒表情可引起眶额叶皮层和前扣带回皮层激活的增强，但并未观察到杏仁核受到激活的信号。关于愤怒发展与婴儿脑的关系的研究发现，易怒的母亲和婴儿右侧额叶皮层 EEG 活动类似，这提示了怀孕期间母亲的愤怒情绪对婴儿负性情绪发展的影响，同时说明在这一影响过程中右侧额叶的作用，但发现状态性愤怒与左侧前额叶活动相联系。在一项对大学生的研究中发现，诱发愤怒的任务在双侧额叶引起相似的活动，这说明愤怒诱发任务也引起右侧额叶 EEG 反应，并与血压变化有关。

采用自传体记忆诱发情绪时，观察到焦虑和愤怒条件都引起左侧额叶下区和左侧颞极区局部脑血流的增加，而右侧颞顶后区和右侧额上回局部脑血流则减少，愤怒独特地在右侧颞极和丘脑引起局部脑血流增加。采用相似的叙述故事引发愤怒时，左侧眶额皮层、右侧扣带前回情绪区、双侧颞极前区均被激活，表明对愤怒的主观体验与边缘前区的活动相联系。

关于杏仁核与愤怒情绪加工的关系，研究结果并不一致。研究者一般将愤怒或恐惧表情与左、右杏仁核局部脑血流增加相联系，但是在相同的表情加工中，杏仁核局部脑血流也会出现减少的情况，而这种减少同时伴有右侧额叶皮层局部脑血流的增加，因此，额叶被认为是管理愤怒情绪反应的皮层区。通过采用工作记忆范式聆听言语情绪表情的研究发现，有一神经网络参与到愤怒情绪的知觉过程中，这一神经网络包括额下回、额中回、额上回、顶叶下区、顶沟、视觉联合区、语言区和梭状回。在一项著名的研究中还发现愤怒特异性地激活下丘脑和脑干系统，表明主观体验的情绪部分与动态神经变化有关，而这种神经变化又与有机体内在状态的连续变化有关。

愤怒情绪激发的生理反应可以认为是交感神经活动和呼吸活动相互之间增强的模式化反应，呼吸过程中更迅速的排气活动是最突出的表现。愤怒的自主反应主要伴随着 α 和 β 肾上腺素的变化，心率提高，心脏的收缩压和舒张压也提高，心搏量和心输出量增加，皮肤电活动增强。心率变化的下降表明心脏副交感神经活动受到抑制，交感神经活动促进了汗腺的分泌活动，这种影响受到胆碱能的调节。对于呼吸的变化，表现为呼吸深度的降低和呼吸幅度的增加。另有研究发现，趋近性的愤怒不会导致心率的变化；而退缩性的愤怒则降低心率，这一发现也说明有机体在愤怒的时候，动机的趋势会影响心率的反应（Stemmler et al，1989）。另有研究发现，愤怒情绪自主反应的一般模式表现为：心率的增加，呼吸频率的增加，皮肤电反应增强，以及皮肤温度和皮肤电阻的降低等。

综上所述，虽然研究者发现每种表情的加工都有相对应的脑功能区参与，同时也伴随着特异的自主神经激活模式，但是由于情绪的复杂性和多层次性，这种观点也受到很大挑战。许多研究提到，在基本情绪的加工中除了一些特异性脑区激活之外，还部分地激活了额叶、枕叶及颞叶等脑区，这种多皮层区激活用特异性脑区的观点难以解释。因此，有研究者认为情绪的加工可能是一个多区域协同合作，而不是相互独立的结果。对于基本情绪的自主神经机制同样存在这一问题，比如有研究发现，在某一个指标上的变化并不能作为区分一种基本情绪反应的标志，在情绪反应过程中，某几种情绪在某些指标上的变化是相同的，只有将多种反应指标结合起来才能确定是某种基本情绪的反应。

【建议参考资料】

1. 孟昭兰. 情绪心理学［M］. 北京：北京大学出版社，2005.

2. 孟昭兰. 人类情绪［M］. 上海：上海人民出版社，1989.

3. 陈少华. 情绪心理学［M］. 广州：暨南大学出版社，2008.

4. 斯托曼. 情绪心理学［M］. 张燕云，译. 沈阳：辽宁人民出版社，1986.

5. 刘飞，蔡厚德. 情绪生理机制研究的外周与中枢神经系统整合模型［J］，心理科学进展，2010，18（4）：616－622.

6. 秦荣彩，王振宏，吕薇. 情绪与社会行为的迷走神经活动基础［J］. 心理科学进展，2011，19（5）：853－860.

7. LEDOUX J. The emotion brain［M］. New York：Simon & Schuster，1996.

8. PANKSEPP J. Affective neurosciences：the foundations of human and animal emotions［M］. New York：Oxford University Press，1998.

9. OATLEY K，KELTNER D，JENKINS M J. Understanding emotions［M］. Oxford：Blackwell，2006.

10. LEWIS M，JEANNETTE M，HAVILAND－JONES. Handbook of emotions［M］. New York：Guilford Press，2008.

11. DAVIDSON R J，SCHERER K，GOLDSMITH H H. Handbook of affective science［M］. New York：Oxford University Press，2003.

【问题与思考】

1. 情绪脑的主要结构有哪些？在情绪活动中各自的作用是什么？
2. 在情绪活动中自主神经系统具有怎样的作用？
3. 快乐、悲伤、厌恶、恐惧和愤怒等基本情绪的脑机制是什么？
4. 情绪是如何在中枢神经网络中进行加工的？在这一过程中杏仁核起什么作用？
5. 结合情绪脑的单侧化，分析基本情绪当中积极情绪和消极情绪的加工机制。

第五章 情绪表达

【本章提要】

情绪表达最为显著的一个方面或者主要的方式就是通过表情予以表现，从而实现情绪信息传递与交流的目的。表情是情绪的外部表现，包括面部表情、姿态表情和声调表情。表情具有普遍性，也有文化的差异性。面部表情是指情绪发生时引起的面部肌肉变化模式。关于面部表情传递了怎样的信息，有两种观点：面部表情的情绪表达观点和面部表情的行为生态学观点。情绪表达观点认为表情反映的是表达者的内部情绪状态。行为生态学观点认为面部表情是在特定社会情境中为交流表达者的社会动机逐渐进化而来的社会信号。另外，面部反馈假说认为表情在情绪体验中起着引发的作用，面孔不仅表达情绪，而且还诱发或改变情绪体验，情绪体验部分是由面部表情所决定的。姿态表情是指除面部之外身体其他部位的表情动作，包括身体表情和手势表情两种。声调表情是指在情绪活动中，人们说话时声调的高低、起伏、节奏、音域、转折、速度，以及腔调和口误等方面的变化，成为辅助言语交际的工具。微表情与普通表情有所不同，它是一种非常快速的表情，持续时间仅为 1/25 秒至 1/5 秒，微表情出现在人们试图彻底掩盖自己的情绪，消除一切可能的信号的时候。微表情往往告诉了人们真实的情绪信息，在临床、安全等领域具有广泛的应用价值。

【学习重点】

1. 了解表情的概念及其类型。
2. 了解表情的普遍性与文化差异性。
3. 了解面部表情及其编码系统。
4. 熟悉面部表情普遍性与文化差异性的实证研究。
5. 掌握面部表情的两种理论观点，即面部表情的情绪表达观点和面部表情的行为生态学观点。
6. 掌握面部表情的反馈假说。
7. 了解姿态表情与声调表情的基本形式。
8. 了解微表情的特点、性质及微表情的识别与表达。

【重要术语】

情绪表达　表情　面部表情　姿态表情　声调表情　面部表情编码系统

面部表情的情绪表达观点　面部表情的行为生态学观点　面部表情反馈假说　微表情　微表情识别与表达

第一节　情绪表达与识别

情绪表达是指情绪信息的传递与沟通方式，人类的情绪信息可以通过语言直接传递与交流，也可以通过外部行为方式予以传递与交流。实际上，情绪表达的最为特殊与显著的一个方面或者主要的方式就是通过外部行为即表情予以表现，从而实现情绪信息传递与交流的目的。因此，本章主要讨论表情及其识别。

一、表情及其类型

表情（emotional expression）是指个体情绪、情感反应的外部表现。人的情绪与情感反应往往会通过外部行为动作有意或无意地流露出来，喜怒哀乐显于言表。在社会生活中，人们往往根据他人的表情来判断其内心的情绪感受。面部肌肉运动模式、身体姿态、手势、眼神、视线、语速、语调等方面的变化，都能够反映个体内心的情绪情感状态。表情是人类表达自身情感信息的重要非言语性行为，可视为人类心理活动的晴雨计。达尔文于 1872 年出版了著名的《人与动物的表情》（*The Expression of Emotions in Man and Animals*），人类对面部表情的系统研究从此拉开了序幕。

表情可以分为面部表情、姿态表情与声调表情。面部表情（facial expression）是情绪发生时引起的面部肌肉变化模式，如高兴时额眉舒展、面颊上提、嘴角上翘。面部表情模式能够精细地表达不同性质的情绪情感，是情绪识别与交流的主要线索。姿态表情（gesture expression）是情绪发生时面部以外的身体行为动作变化模式、手势、姿态等，如愤怒时握紧拳头，恐惧时身体战栗。声调表情（tone expression）是情绪发生时的言语声调、节奏和速度变化模式，如高兴时语调高昂、语速快，悲伤时语调缓慢、声音低沉，愤怒时语调增强等。

二、表情的普遍性与差异性

表情具有普遍的模式，全世界的人在一些基本的表情模式上是一致的。如高兴、愤怒、恐惧、悲伤、惊奇、厌恶、轻蔑、兴趣，甚至害羞、自豪等。达尔文、伊扎德等情绪进化论者认为，人类的表情是从其他动物那里进化而来，人与动物具有一些共通的基本表情模式，如恐惧、愤怒、厌恶。由于情绪是迫于适应而进化的结果，表情就是具有一些生存价值的原始模式，这些模式具有遗传的规定性。因此人类基本表情具有跨文化的普遍性，不论在哪个国家、哪个地区，属于哪个民族，表情都具有一致性。

表情具有普遍性与一致性，但表情也有文化的差异性。因为不同文化对于情绪表达形成了不同的适应性规范，随着个体的社会化，人们习得了这些规范，掌握了怎样的情绪表达是适合的，怎样的情绪表达是不适合的。这样由于不同文化对于情绪表达的适合与不适合形成了不同的规范，迫于这种文化的压力，个体的表情自然具有了文化的独特性。例如伸出舌头在一些文化中表示惊讶，在有些文化中表示轻蔑。西欧人和美国人以轻吻表示亲切，日本人以微笑表示抱歉。艾克曼等人（Ekman，1972）的一个实验中让美国与日本的大学生被试观看一部影片的悲伤情节，让他们单独看或者与一位来访者（被告知是科学家）一块儿看，隐蔽地拍摄下被试的表情。结果分析表明，单独看时两组大学生的表情没有差别，但与他人一起看时，日本大学生较少地表露出不良情绪，往往以礼貌的微笑掩盖真实情绪。

三、表情识别

表情识别是指对于表情所表达的情绪信息意义的理解。情绪表达是从情绪信息的发送者的角度出发来思考问题，而情绪识别是从情绪信息接受者的角度分析问题。情绪表达与识别是个体在社会生活中进行情绪交流的过程，是个体社会生活不可缺少的信息连接。个体在交往中，总是在根据对方的表情对其内心的真实情绪反应与体验作出理解和推断，知道表情所反映的情绪感受，进而作出社会性应答。

（一）面部表情识别

婴儿似乎生来就具有识别他人表情的能力。实验研究发现，4—6 个月的婴儿对于重复呈现的成人表情如惊讶、害怕和愤怒的兴趣下降，出现了习惯化反应。而当呈现新的表情时，他们又重新表现出兴趣。婴儿还会对快乐的表情作出更多的积极反应（靠近与微笑），对生气的表情作出更多的消极反应（躲避或皱眉），意味着他们不仅能够识别表情，而且很早就能够理解这些表情的意义。

（二）姿态表情识别

人们不仅能够识别面部表情，也能够识别姿态表情。在姿态表情识别中，双手的动作模式起着重要作用。在生活中，我们根据他人的身体动作能够了解其情绪状态。例如哑剧表演就是通过姿态表情来传递情绪信息的。

（三）声调表情识别

情绪可以通过语言直接进行表达，不仅如此，语言中的语音高低、强弱、抑扬顿挫等变化也表达了充分的情绪信息。人们可以通过这种语音与声调的变化识别出情绪。惊恐时尖叫，悲哀时语言节奏缓慢，气愤时语言节奏变快，爱慕时语调柔软，呻吟表示痛苦，笑声表示欢乐等。

第二节　面部表情

一、什么是面部表情

面部表情（facial expression）是指情绪发生时引起的面部肌肉变化模式，不同的情绪具有不同的面部肌肉运动模式（见图5－1，表5－1）。

高兴

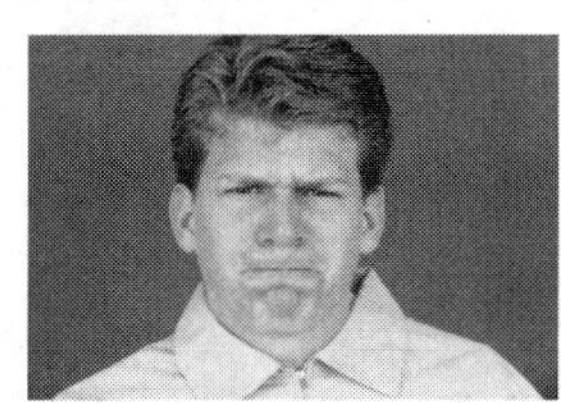
愤怒

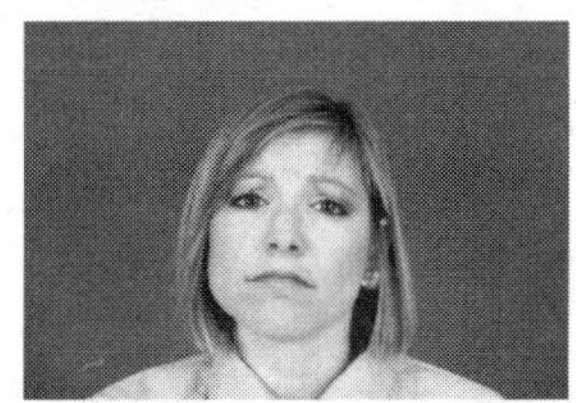
悲伤

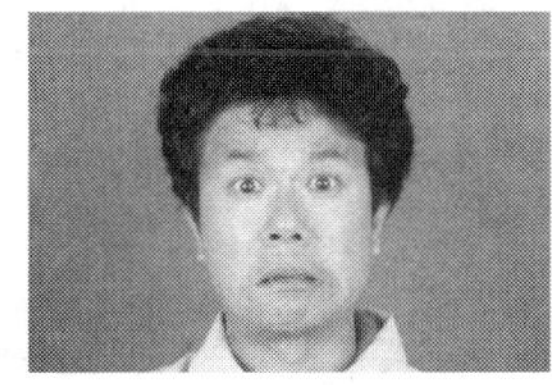
悲惧

惊奇

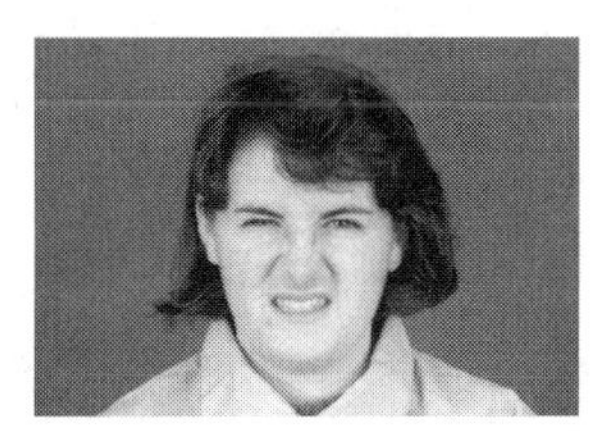
厌恶

图5－1　面部表情示意图（格里格，王磊，2003）

表5－1　面部表情运动特征

表情	额头、眉毛	眼睛	脸的下半部
高兴	眉毛：稍微下变	下眼睑下边可能有皱纹，可能鼓起，但并不紧张； 鱼尾纹从外眼角向外扩张	唇角向后拉并抬高； 嘴可能被张大，牙齿可能露出； 一道皱纹从鼻子一直延伸到嘴角外部； 脸颊被抬起
愤怒	眉毛皱在一起，压低； 在眉宇间出现竖直皱纹	下眼皮拉紧，抬起或不抬起； 上眼皮拉紧，眉毛压低； 眼睛瞪大，可能鼓起	唇有两种基本的位置，紧闭，唇角拉直，或向下，张开，仿佛要喊； 鼻孔可能张大
悲伤	眉毛内角皱在一起，抬高，带动眉毛下的皮肤	眼内角的上眼皮抬高	嘴角下拉； 嘴角可能颤抖
恐惧	眉毛抬起并皱在一起； 额头的皱纹只集中在中部，而不横跨整个额头	上眼睑抬起，下眼皮拉紧	嘴张开，嘴唇或轻微紧张，向后拉，或拉长，同时向后拉

（续表）

表情	额头、眉毛	眼睛	脸的下半部
惊奇	眉毛抬起，变高变弯； 眉毛下的皮肤被拉伸； 皱纹可能横跨额头	眼睛睁大，上眼皮抬高，下眼皮下落； 眼白可能在瞳孔的上边和或下边露出来	下颌下落，嘴张开，唇和齿分开，但嘴部不紧张，也不拉伸
厌恶	眉毛压低，并压低上眼睑	在下眼皮下部出现横纹，脸颊推动其向上，但并不紧张	上唇抬起； 下唇与上唇紧闭，推动上唇向上，嘴角下拉，唇轻微凸起； 鼻子皱起； 脸颊抬起

（何良华等，2005）

面部运动是通过大量面部肌肉和肌肉组的收缩而产生的，这会使得在面孔上产生大量的褶皱和皱纹。大多数的面部肌肉，如前额肌肉、皱眉肌和使得嘴唇移动的肌肉都受第七对脑神经——面神经的支配，也有一些面部肌肉如眼睑肌受第三对脑神经——动眼神经的控制，咀嚼肌的运动受第五对脑神经——三叉神经的控制。在这些脑神经支配下的面部肌肉运动模式是面部表情依据。

面神经受两个运动系统控制。一是皮层下运动系统或锥体外回路，调节对刺激作出反应的非随意的面部行为。皮下系统激活的面部行为包括稳定的、固定的肌肉收缩模式，这些模式都是天生的且具有普遍性。表达者常常意识不到，很难通过意志力产生或阻止。二是皮层运动系统或锥体回路，调节习得的随意的面部行为，这些行为受控于行为期待的结果。皮层控制的面部行为是习得的反应，这些反应可能会有文化的差异，并且这些反应能够根据要求产生或阻止，而且通过在社会中习得的表现规则对面部行为进行控制，对实际的面部运动的程度和形式有很大的影响。

皮层和皮层下运动系统的神经损伤对面部行为的不同影响表明，两个神经回路彼此独立。运动皮层的损伤会导致随意面部表情的损害。而自发的、不随意的面部表情没有受损。相反的，在皮层下运动系统受损的病人中会观察到，他们缺乏自发的面部行为，但却可以根据要求收缩面部肌肉。但总的来讲，这两个运动系统相互影响，对最终的面部表情都有不同程度的贡献。

二、面部表情的测量

瑞典心理学家豪瑞斯詹（Hjörtsjö，1969）最早提出了面部表情编码系统，在该系统中，他详细地描述了与不同的表情相联系的面部肌肉。后来艾克曼和伊扎德的研究才真正开启对于面部表情的客观测量。艾克曼开发了面部情感计分技术

（FAST）和面部活动编码系统（FACS）。伊扎德开发了最大限度辨别面部肌肉运动编码系统（MAX）和表情整体辨别判断系统（AFFEX）。

艾克曼等人（Ekman，1971）最初设计的面部情感计分技术（FAST）是一个关于与具体情绪相联系的面部运动设计，FAST 包括六种基本情绪面部运动的照片样式。这六种基本情绪的表情可以从面孔上的三个部分（即额—眉区、眼—睑区、鼻颊—口唇区）予以区分，观察者可以将表情与面部情感计分技术图册上的样式进行比较，得到对应的分数，最后的总分表明表情所表达的情绪是哪一种类型。

面部活动编码系统（FACS）依赖于产生表情的很细小的面部肌肉活动，包括情绪的紧张度和时间过程的编码，面部活动编码系统包含了 44 个面部活动单元（aus），这些活动单元单独或是结合起来对所有可视和可辨别的面部肌肉运动进行解释。自我报告的研究证据表明了这种编码系统的有效性。

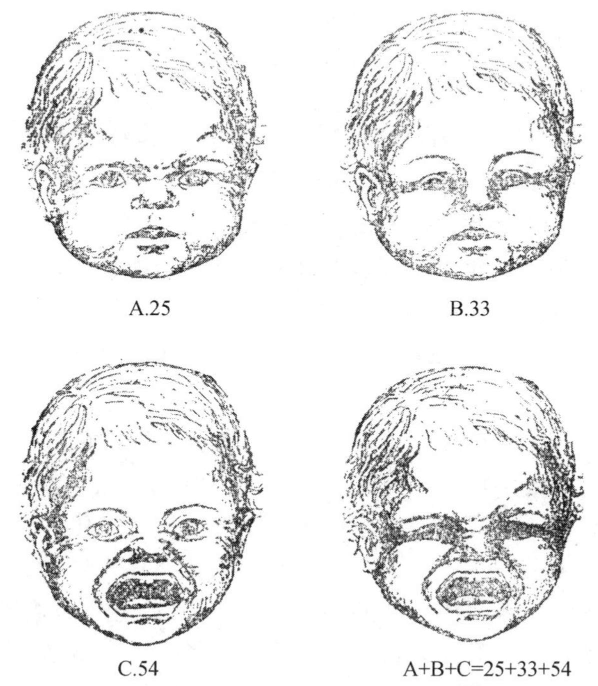

图 5－2 眉—额、眼—鼻、口—下巴三部位组合的表情（C. Izard，1979）

相似编码系统是伊扎德制定的最大限度辨别面部肌肉运动编码系统和表情整体辨别判断系统（Izard，1979）。MAX 把面孔分为额眉—鼻根区、眼—鼻—颊区、口唇—下巴区三个部位，列出 29 个面部运动单元，编上号码，每一号码代表面孔某一区域的一种活动。面部表情就是由这三个区域的肌肉运动的各种组合而成。如图 5－2 所示，25 号为额眉区下压、聚拢；33 号为眼鼻区的眼变窄、微眯；54号为口唇区的口张大呈矩形。这三个区域的肌肉活动组合起来就表示了愤怒。AFFEX是通过整体判断来对情绪表达进行识别（Izard & Dougherty，1983），这些系统将表情进行了分类，如悲伤、生气、愉悦，但是没有对情绪表达强度或动态属性进行编码。

除了面部表情编码系统之外，肌电图（EMG）也是客观测量面部表情的一种方法。肌电图是用连接在面部的很小的电极来测量面部肌肉的收缩与放大情况，因此，记录到的肌电图可以对可视和不可视的、自发和随意的面部表情的情绪诱发刺激作出反应，还可以区分出情感反应的愉快度和强度（Cacioppo et al，1993）。

三、面部表情的普遍性与文化差异性

（一）面部表情的普遍性

达尔文在其著作《人类和动物的情绪表达》一书中，用进化论的观点对情绪进行了解释，认为面部表情是从动物的表情中逐渐演变而来的，由于适应价值通过自然的选择而被保留下来。依据进化论的观点，面部表情是对某种特定情绪状态的先天性表达，因此具有普遍性，即在人类群体中，不论年龄、性别、文化、种族，面部表情都是一样的。达尔文通过观察将人类表情与动物表情进行比较，尝试着为人类和动物情绪的种系连续性假说提供证据。

面部表情具有普遍性的证据主要来自于一系列面部表情跨文化识别研究。在20世纪60年代末和70年代初，艾克曼（Ekman，1972；Ekman，Sorenson & Friesen，1969）与伊扎德（Izard，1971）等人研究了不同西方文化和非西方文化中（亚洲、非洲、欧洲、南北美洲）被试的面部表情识别，要求被试从包括六种基本情绪词汇的词单中选择一个情绪词与六种基本的面部表情图片（愤怒、高兴、悲伤、恐惧、厌恶、惊讶）中的一种匹配，结果表明六种基本表情识别具有很高的跨文化一致性。研究也发现以那些孤立的无文字文化的成员为被试，要求他们从三张面部表情的图片中选出一张与不同的情绪诱发情境相匹配（Ekman & Friesen，1972），被试选择符合情境的表情图片的比例也高于随机水平。面部表情先天性的证据也来自于对先天盲童的观察。先天盲童在典型的情绪启发情境中呈现了与正常儿童相似的表情，如当参加社会游戏时微笑，受到惩罚时撅嘴，当被留在陌生的环境中会哭泣。

艾克曼和弗里森（Ekman & Friesen，1971）以新几内亚偏远部族人为被试，研究了他们的面部表情识别，这些部族的人没有接触过西方文化（没有看过电影，也没有为其他文化的人干过活）。研究中先告诉被试一个短小的故事，然后呈现三张西方人不同情绪的面部表情照片，让他们选择。结果表明，除惊奇和恐惧易混淆外，他们都能相当准确地鉴别面部表情（表情鉴别的准确度为：愉快

92%，悲哀79%，愤怒85%，惊奇68%，恐惧43%）。在第二项研究中，艾克曼和弗里森先要求被试设想如果遇到故事里的情境会产生什么情绪，并做出相应的面部表情。然后，将这些表情加以录像，带回去让美国大学生辨别。结果，除了惊奇和恐惧外，美国大学生也能相当准确地鉴别这些被试的面部表情（Ekman，1980）。

面部表情跨文化识别的一致性是支持面部表情普遍性的有力证据，然而在技术和方法上却受到了批评。研究指出在表情识别中获得的高一致性，可能是研究方法造成的。首先，在大多数表情识别研究中，给被试呈现整套的面部表情刺激，这些刺激可能会强调相似性，会提高一致性判断。此外，对于一个面部刺激的回答可能会受到其他面部刺激回答的影响。其次，与自发产生的表情相比，那些普遍、原型的表情，同样也可能导致高一致性判断。再次，在大多数面部表情识别研究中所使用的迫选法由于强迫被试从词单中选择一个情绪词汇，而词单中各选项彼此不同，词单中也只包括“正确的”情绪，而不包括近似替换项目以及“都不正确”的选项。而研究让被试对面部表情自由标签（Boucher & Carlson，1980；Izard，1971）时，与迫选法相比，一般识别准确率降低。但自由标签也是有问题的，因为高一致分数依赖于作为同义词回答的分类，与约束的分类相比，更宽泛的分类会产生出更高的识别分数（Russell，1994）。

后来的一些研究中用改进的迫选法和多选的方法测量时，同样支持了面部表情的普遍性。如研究使用修正过的迫选法（Flank & Stennett，2001），给澳大利亚的被试提供了包含六种基本情绪（高兴、悲伤、愤怒、反感、恐惧、惊讶）的扩展选项和“都不是”选项，同时进行了第二项研究，使用相似的情绪词单，但正确的情绪词汇从词单中移走。当正确的情绪词包括在选项中时，大多数被试会选择正确的情绪词，被试也很少会选择“都不是”这个选项。但当正确选项被移走，大多数选择“都不是”这个选项。第三项研究包括六个基本情绪词汇和四个其他的相关情绪词（即警觉、厌倦、鄙视、兴奋），被试识别分数几乎与前述研究一样。另外的一项研究同样支持了面部表情的普遍性（Haidt & Keltner，1999），将面部表情识别从一般的六个基本情绪扩展到害羞、窘迫、快乐、同情、轻蔑以及其他三个与自我意识有关的表情（咬舌头、打哈欠、用手遮脸），虽然识别成绩会因情绪和文化类型的不同而不同，但是识别的分数高于随机水平。

（二）面部表情的文化差异性

面部表情具有普遍性的观点受到一些心理学家和人类学家的反对，他们认为面部表情是由文化决定的而非天生的（Mead，1975）。“脸上所呈现的都是由文化书写上去的”是面部表情文化相对论观点的最好概括。文化相对论的支持者们认为，不同的文化成员生活在不同的文化环境中，具有不同的情绪体验特征，表情会有不同的表现规则。因此，在不同的文化中，相同的表情可能有不同的含义。例如：有研究者研究了中国的文化中被试对情绪表达的描述（Klineberg，1938），结果认为，愉悦和幸福并不总是伴随着微笑，微笑并不总是幸福的信号，也可以是为了保持愉快的外表以掩盖不允许被呈现出来的情感。研究也指出微笑并不总是表示愉快，也可以是惊讶、有趣或是窘迫。

尽管跨文化研究得出面部表情识别分数显著高于随机水平，但识别的正确率却因文化的不同而不同（Elfenbein & Ambady，2002）。例如，对于以西方人为原型拍摄的面部表情图片，在西方文化中的被试正确识别率最高，是78%—95%，非西方文化中的被试稍微低一些，是63%—90%，孤立文化中的被试识别的准确率最低但也高于随机水平，是30%—95%。当被试判断的面部表情是相同文化中的成员，或者当少数民族被试判断多数群体成员时，识别会更加准确，称为“内群体优势”（in group adavantage）。

同样研究也发现了对轻蔑、咬舌头等面部表情识别具有文化特异性，轻蔑的表情被美国被试解释为反感，而被印度被试解释为轻蔑（Haidt & Keltner，1999）。对于印度被试来说，咬舌头的表情与害羞和内疚相联系，但美国的被试将其视为娱乐的符号。另外，研究发现，对于美国的被试，幸福的表情意味着与个人成功和物质获得的情境相联系。对于印度的被试，幸福的表情被报告是由于与朋友或家庭成员建立良好社会关系引起的，而愤怒的表情是由于不愉快的社会接触造成的。

表情的文化差异来源于社会文化中习得的规范，称为情绪的“表达规则”（emotional display rule）。这些规则依赖于社会情境和文化要求，指明了情绪什么时候和怎样被表达。面部可以表现一个不伴随相应体验的表情，可以遮掩别的不合适的情绪表达，减弱或提高感觉到的情绪强度或者完全掩盖或抑制感觉到的情绪。

面部表情的普遍性和和文化相对性观点曾经引起过很激烈的争论，但现在心理学家将这两种观点结合起来（Elfenbein & Ambady，2002），认为生物和社会或文化对表情的决定因素都应该被重视。一些情绪的表情有很强的先天成分，与此同时，文化和文化的解释及表达规则对表情也有很大的影响。

四、面部表情信息

对于面部表情表达怎样的信息，有两种观点：面部表情的情绪表达观点和面部表情的行为生态学观点。

（一）面部表情的情绪表达观点

大多数心理学家，包括艾克曼（Ekman，1972）、伊扎德（Izard，1971）和汤姆金斯（Tomkins，1962，1963）等都认为表情反映的是表达者的内部情绪状态。这个观点也称为“情绪表达观点”、“读出观点”或“输出假设”。这个观点认为面部表情与情绪体验一致，因为每一种基本情绪都有一个先天的情感程序，这些程序会对面部肌肉产生神经输出，形成不同情绪的表情模式。

支持情绪表达观点的证据主要来自运用观察者判断、肌电图以及客观编码系统测量的面部表情与被试自我报告的情绪感受密切联系。在观看幻灯片研究范式中（Buck，1978），让作为“发送者”的被试观看可以唤起情绪的幻灯片，同时隐蔽拍摄他们的面部表情。被试观看的幻灯片有愉快、不愉快、性感和正常几种情绪类型，之后要求作为“发送者”的被试对每张幻灯片的愉悦度进行评价。其他一些作为“接收者”的被试观看“发送者”的面部表情录像，要求识别“发送者”观看的幻灯片的情绪类型，并且对“发送者”情绪反应的愉悦度进行评价。与情绪表达观点一致，研究发现“接受者”可以准确识别“发送者”看到的幻灯片情绪类型高于随机水平。此外，“接收者”对“发送者”情绪反应的愉悦度等级评定与“发送者”自我报告的观看幻灯片时情绪反应的愉悦度成正相关。这说明观察者可以从表达者的面孔上“读出”情绪反应的愉悦度。

艾克曼等人（Ekman，Friesen & Ancoli，1980）让被试观看愉快影片片段（如幼儿大猩猩玩耍的特写）或不愉快影片片段（如车间意外），在每个片段结束后，要求被试自我报告诱发的情绪反应强度，并对他们的面部表情模式用FACS进行编码。结果表明，观看诱发积极情绪影片片段的被试呈现出积极情绪的面部运动单元，而观看消极情绪影片片段的被试呈现出消极情绪的面部表情运动单元。与情绪表达观点相一致，关键的面部活动单元的数量与自我报告的积极、消极情感的强度正相关。

（二）面部表情行为生态学观点

行为生态学观点，也称为“社会交流”观点，认为面部表情是在特定社会情境中为交流表达者的社会动机逐渐进化而来的社会信号。表情标志着表达者试图做什么和想要别人做什么。例如，微笑是合群的信号，悲伤面部表情是寻求帮助和安慰的信号。个体面部表情是表达了什么对他是有利的，服务于他的社会动机和意图，而独立于真实的情绪感受，因此当个体需要帮助或支持时，他会呈现出悲伤的面孔，而真正感觉悲伤时并不一定呈现出悲伤的面孔。支持行为生态学观点的研究强调面部表情的交流功能，他们试图证明面部表情经常是在互动中出现，并因情境的社会性意义不同而不同。

一项研究观察了保龄球投球手、冰球运动迷以及行人的自发面部表情（Kraut & Johnston，1979）。研究发现当投球手面对同伴时比面对保龄球有更多的微笑，冰球运动迷当他们的球队赢得一球或对方受到罚球时，在与朋友互动情况下比不与同伴互动时有更多微笑。最后，与其他人交谈的行人比不与他人交谈的行人笑得更多，不论天气如何。

另外一项研究使用FACS对1992年奥运会颁奖典礼上的22名金牌得主的面部

表情进行了分析。金牌得主在与官员和观众们交流时与等待授予金牌或接受了金牌后转向国旗倾听本国国歌时相比笑得更频繁。这表明微笑与个体幸福感联系不是很大，而更多地依赖于情境的社会性方面（Fernandez-Dols & Ruiz-Belda，1995）。

研究发现情境社会性的程度与面部表情相联系（Chovil，1991），研究中让被试听一个亲密电话，有四个社会性不同的条件。社会性最少的条件中，被试一个人从收音机中收听这个亲密电话；第二个条件下被试听坐在一个屏幕之后的人为其描述这个亲密电话；在社会性更多一些的条件中，被试从电话中接听亲密电话；在社会性最多的条件中，被试面对面地听一个人给他描述亲密电话的内容。研究中被试做出了很多怪相并且打哈欠，有趣的是，随着情境社会性的增加，打哈欠、做怪相的面部行为也在系统地增加。这与行为生态学观点一致，其他人的出现促进了情绪表达。

社会背景对表情的独特影响会受到表达者与观众的熟悉度、情绪情境的效价以及情绪诱发源强度的影响。陌生人的出现会抑制情绪表达，而朋友的出现会促进情绪的表达。如成对的被试，或者是朋友或者是陌生人观看情绪诱发幻灯片，同时拍摄他们的面部表情。发现在与朋友观看影片时表现出的面部表情比在与陌生人观看影片时表现出的面部表情更容易识别。社会背景影响情绪表达也依赖于情绪诱发情境的效价，他人的出现在积极的情境中会促进积极情绪的表达。但在消极情境中，他人的出现会抑制消极情绪的表达。最后，社会背景对表情的影响会因情境诱发源的强度不同而有所不同。这表明，表情是由社会因素和情绪因素共同决定的。研究发现，与一般有趣的电影相比较，对于高有趣的电影，会有增加的情绪性微笑并且会报告更强烈的积极情绪，这支持情绪表达观点。与此同时，又与社会交流观点相一致，表情受社会情境的影响。尤其是与独自一人时相比，被试在朋友出现时会笑得更多，而在陌生人面前会表现出更多的社会性微笑。这些发现表明，社会情境和影片的情绪强度决定了表情。

研究发现，成对的朋友观看两个强度不同的有趣短片，或在一个房间，或在不同房间，或一个观看短片，而另一个做其他任务，在一个房间或不同房间。控制组的被试单独来并且单独观看短片。当用 FACS 测量时发现，情绪强度和社会情境都影响表情。一方面，这与情绪表达观点一致，更有趣的短片会产生更强烈的积极情感和更多的娱乐微笑；另一方面情境的社会性提高了社会动机并且增加了社会微笑的表达，但并没有影响积极情绪感受的强度。此外，表达者的社会性动机，包括社会意识和社会动机调节情境对表情的影响。

面部表情不仅是表达者情感信息的交流，而且也是表达者社会动机和行为意图信息的交流。因此，表情既有情绪原因也有社会原因，并且为情绪表达和社会交流功能服务。

五、面部表情的反馈假说

关于面部表情与内部情绪体验的关系，汤姆金斯（Tomkins，1962）、伊扎德（Izard，1971）、扎荣茨（Zajonc，1989）等提出了面部反馈假说，认为表情在情绪体验中起着引发的作用，面孔不仅表达情绪，而且还诱发或改变情绪体验，情绪体验部分是由他或她的面部表情所决定的。面部运动对情绪表达者提供了诸如本体的、皮肤的以及内脏的反馈，这些反馈调节情绪体验的发生即“调节假说”；或者促发相应的情绪，即“促发假说”（Andelmann & Zajonc，1989）。依据面部反馈假说的调节观点，面部表情影响由刺激情境诱发的情绪状态的强度：与情绪一致的表情的抑制或不一致表情的表现会削弱相应的情绪感受。例如，如果你是悲伤的，你越是皱眉和撅嘴就越是悲伤；相反呈现出快乐的面孔会使你不那么悲伤。促发假说认为表情在没有任何情绪诱发刺激的情况下可以引发相应的情绪。即让人们面孔呈现出一个特定的表情，这个表情会使你产生相应的情绪体验。许多研究的结果支持面部反馈假说。

（一）面部表情调节情绪的发生

研究提出（Lanzetta，Cartwright - Smith & Kleck，1976），操作面部表情对预期的或接受到的不同强度电击作出反应，随着面部表情的改变，被试的自主唤醒和自我报告疼痛感会发生改变。在基线水平，被试接受一系列强度不同的电击，之后要求对接受到的电击的厌恶程度进行评定。在反应水平，要求被试模仿没有受到电击（抑制）或者模仿受到了一个很大的电击（放大）的表情，而不去考虑由信号所表明的电击真正强度的大小。与面部反馈假设的调节观点一致，无论在预期电击还是接受电击阶段，面部表情的抑制会降低自主唤醒和自我报告的疼痛感。同时，与基线水平相比，模仿受到强烈的电击刺激会导致自主唤醒的增加和报告的疼痛感和不舒服感的增强。

表情调节假说也受到间接方法的研究结果的支持，如在无、低或中等强度的电击条件下，通过观察者出现的方式对个体的表情进行操作。与单独条件相比，观察者的出现会削弱被试的表情，被试自我评价的疼痛降低。让被试观看愉快和不愉快的幻灯片时，在被试面前放一面镜子，使得被试产生表情抑制，发现被试的情绪表达和自我报告疼痛感的等级评定都有削弱（Lanzetta，Biernat & Kleck，1982）。

让被试在观看中等积极和消极的幻灯片时收缩特定的面部肌肉，使其眉毛向下并聚在一起，并咬紧牙齿收缩颌角（愤怒—皱眉表情），或者将嘴角上扬（幸福—微笑表情）。与幻灯片效价相一致的表情会提高自我报告的情绪感受，做“微笑”表情的被试当看到积极幻灯片时会感觉更快乐或更有趣，而做“皱眉”表情的被试当看到消极幻灯片时会感觉更生气（Laird，1974）。

在一项研究中使被试相信他们正在参加一个心理活动协调性研究，让被试对幽默卡通片的有趣程度进行评估，同时让他们用牙齿叼着一枝笔形成微笑表情，或者用嘴唇叼着笔形成微笑抑制表情，或者用非利手拿着笔（控制组）。研究发现，在牙齿叼着笔的条件下评价卡通片最有趣，在嘴唇叼着笔的条件下评价卡通片最不有趣，而控制组的介于二者之间（Strack，Martin & Stepper，1988）。使用修正过的叼笔程序，发现杜兴（Duchenne）式微笑和非杜兴式微笑对主观情绪体验和自主活动的影响不同（Soussignan，2002）。做出"真实的、情绪性微笑"（杜兴式微笑）的被试当阅读幽默卡通片时，与做出非杜兴式微笑的被试相比会报告出更多的愉快感受，并表现出不同的自主神经活动。

（二）面部表情引发情绪

研究发现表情不仅调节已发生的情绪状态，而且在没有刺激情境的情况下还可以引发相应的情绪体验。实验研究发现，要求被试听一系列中性声调声音时收缩面部肌肉产生恐惧、生气、厌恶、悲伤的面部表情，并对他们的情绪感受进行评价，发现与面部表情匹配的情绪被评价的感受最强，这表明具体的面部表情可以生成相应的情绪感受（Duclos et al，1989）。

使用元音发音任务对面部表情进行操作，要求被试读一些元音，如读元音"u"会抑制微笑，或读"e"会产生近似微笑的表情。研究发现通过用元音发音的任务产生了积极和消极的效应。"u"不被人喜欢，发音时被评价为不太愉快，与控制音"ɔ"和微笑音"e"相比，被试产生了不好的心境；微笑音"e"更受喜欢，与控制音相比会产生更好的心境。

（三）面部肌肉运动影响情绪体验的机制

为什么面部肌肉运动会影响情绪体验，如做出高兴的面部表情会引发愉快情绪或愉快体验呢？对此研究者也作出了一些解释。

1. 直接的传入反馈回路

第一种解释是来自面部肌肉、皮肤肌肉运动的本体和皮肤反馈直接通过传入回路到达大脑，影响了情绪体验（Ekman，1973）。依据这个解释，面部肌肉活动是与运动皮层、其他脑区及其他面部肌肉相联结的先天情感程序的一部分。这个程序其中一部分的激活（如面部运动激活），会自动激活情感程序的其他部分（相应的具体情绪状态和生理唤醒水平），因此面部反馈被认为是可以调节和生成不同的基本情绪。

2. 情绪传入的血管理论

扎荣茨（Zajonc，1985）在其情绪传入的血管理论中对表情反馈效应做出了解释，依据情绪传入的血管理论，面部肌肉的运动调节流向大脑的血流量，因此影响大脑的温度，大脑温度的差异会影响神经递质的释放并且会影响主观情绪体验。增加大脑温度的面部运动会激活不愉快的感觉，而降低大脑温度的运动会激活愉快的感觉。情绪传入的血管理论观点预测，面部肌肉运动会影响情绪体验的愉快度，而不是诱发不同的基本情绪。

3. 自我感知理论

莱尔德（Laird，1974）用贝姆（Bem）的自我感知理论对面部反馈效应进行了解释，认为人们运用对自己行为（自我产生的，个人的线索）和行为发生情境的观察来得出自己的态度、偏好以及感觉。在该观点中，面部反馈影响个体对自己表达行为的感知：当他们感知到自己在笑时会推断出自己是高兴的。因此，面部反馈效应强烈地依赖于个体对自我产生线索的敏感性。

4. 条件反射作用理论

面部反馈的经典条件反射的解释认为那些频繁与具体情绪状态配对的具体表情会成为这个情绪状态的条件（Buck，1980），因此微笑可能成为快乐的条件刺激。

第三节 姿态与声调表情

一、姿态表情

（一）什么是姿态表情

姿态表情（gesture expression）是指除面部之外身体其他部位的表情动作，包括身体表情和手势表情两种。头、手和脚是表达情绪的主要身体部位。例如，人在欢乐时手舞足蹈，悔恨时捶胸顿足，惧怕时手足无措，羞怯时扭扭捏捏。即便握手时的用力与否，也可把人们的情绪感受表之于外。舞蹈和哑剧是演员用姿态表情和面部表情反映情感和思想的艺术形式。姿态表情由人的身体姿势、动作变化来表达情绪，心理学家往往将这种表达方式叫做“手语”。

（二）姿态表情的信息

姿态表情不仅能够提供个体情绪状态的信息，同时能发出动作意向的信号。例如，一个恐惧的身体姿态不仅暗示了威胁的存在，也提供了信号发出者打算如何处理威胁的信息，个体可以选择逃跑、战斗或者僵滞在那里。对面孔表情来说，恐惧的面孔表情也能发出威胁的信号，但不会提供威胁资源的信息或提供处理威胁的方法，而恐惧的姿势表情给出威胁的信号，同时指定一个动作处理威胁从而使个体获得安全。也就是说，姿态表情也能够揭示情绪和适应行为的紧密联系。

姿态表情受不同社会文化的影响较大，跨文化的一致性低。研究表明，手势表情是通过学习获得的。在不同的文化中同一手势所代表的含义可能截然不同，如竖起大拇指在许多文化中表示夸奖，但在希腊却有侮辱他人的意思。手势表情具有丰富的表达内涵，隐蔽性也最小。

人们想掩盖强烈的情绪体验往往是难以完全做到的。艾克曼和弗里森（Ekman & Friesen，1980）让被试观看一部关于女性截肢的不愉快影片，接着研究者要求一部分被试在交谈时假装看了一部愉快的影片，同时录制被试交谈时的表情

图 5－3　代表不同情绪状态的姿态表情（陈少华，2008）

（面部或身体），然后要求另外的人判断录像中的人哪些是诚实的，哪些是假装的。结果显示，观察身体姿势比观察面部表情更能判断出谁是假装的，谁是诚实的。他们的研究表明，面部是言语信息最好的传送者，脚和腿是最坏的传送者，手和手臂介于两者之间。这可能是因为人们在日常生活中更多地注意和学习面部表情的控制，而对脚和腿的运动很少注意控制。艾克曼认为，非言语行为使我们为欺骗或隐瞒自己的表情所作的努力趋于失败，实际上它泄漏了我们“真正的”情感。

（三）姿态表情的识别

姿态表情传递的信息也是容易被识别的，有研究用姿态表情识别任务考察了个体对生气、恐惧、高兴和悲伤姿态的识别，结果发现这四种情绪的姿态表情都能很好地被识别，但生气和恐惧的识别率显著低于悲伤的识别率，其中恐惧的姿态表情最难识别（Van den Stock et al，2007）。用静态和动态的身体姿态和标签任务来考察个体对生气、厌恶、恐惧、高兴、悲伤五种姿态表情的识别，结果发现，对静态的姿态表情来说，生气姿态的成绩低于恐惧、高兴、悲伤，后三者几乎没有差异（Atkinson et al，2004）。有研究选取生气、悲伤、恐惧、厌恶、高兴五种情绪的动态姿态和标签任务考察了姿态表情识别的年龄差异，发现老年人对生气的姿态表情识别最差，其次是悲伤和高兴，老年人和青年人对厌恶的识别都很差（Ruffman et al，2009）。

大量研究表明（Meeren et al，2005；Van den Stock et al，2007；Kert，2010），在姿态表情的识别研究中，面孔作为身体的一部分，会影响姿态表情的识别。研究用恐惧、生气的面孔和姿态组成了恐惧面孔—恐惧姿态、恐惧面孔—生气姿态、生气面孔—恐惧姿态、生气面孔—生气姿态四种组合，要求被试对面孔表情进行识别。结果发现当面孔和姿态的情绪性一致时，能够促进面孔表情的识别，情绪不一致的面孔—姿态组合阻碍了面孔表情的识别（Meeren et al，2005）。研究使用相似的方法考察了恐惧和高兴情绪的面孔—姿态组合，同样发现姿态表情强烈地影响面孔表情的识别（Van den Stock，2007）。

社会情境也会影响对姿态表情的识别（Kert et al，2010）。将恐惧、高兴、生气的姿态表情图片分别呈现在表达不同情绪状态的社会场景中，例如，载歌载舞的聚会，打架斗殴的场面和跑步比赛。要求被试快速地对目标姿态的表情进行分类。结果发现，与情绪不一致或中性条件相比，在目标情绪与情境情绪一致的条件下，对目标姿态表情的识别率更高。也就是说，从打架斗殴的情境中识别恐惧姿态表情的识别率最高，从人们跳舞的聚会情境中对高兴的姿态表情识别率最高。可见，情绪情境的一致性能够促进姿态表情的识别。

二、声调表情

（一）什么是声调表情

声调表情（tone expression）是指在情绪活动中，人们说话时声调的高低、起伏、节奏、音域、转折、速度，以及腔调和口误等方面的变化，它是辅助言语交际的工具，是一种副语言现象。声调表情是人类表达情绪的重要手段之一，它与面部表情、姿态表情结合在一起，是辅助言语交流的工具，能够影响人们的行为。例如，听众可以通过说话人的言语特点，判断说话人的年龄、性别、情绪状态等，从而使其对说话人可能的行为作出快速的推断。

声调表情是人类语言最基本的特征之一，是指通过改变声音的参数来表达不同情绪的能力，如改变声音的音高、强度和持续时间等。每一种声调表情都有其特定的特征，比如，人们惊恐时尖叫，悲哀时语言节奏缓慢，气愤时节奏变快，爱慕时语调柔软且有节奏。还有激动时，说话声音高尖，语速快，音域高低起伏较大，带有颤音；喜悦时，语调高昂，语速较快，音域高低差别明显；紧张时，音调有突然变化，节奏前后不一，常发生言语中断或明显口误。又如叱咤表示愤怒，呻吟表示痛苦，笑声表示欢乐，至于请求、感叹、否认、烦闷、生气、讽刺、鄙视也各有一定的声调。

（二）声调表情的信息

当说话人用不同的声调说同一句或一段话时，传递出不尽相同的情绪信息，即产生了不同的声调表情。用“什么”一词可以通过不同的声调表示厌恶、生气、鄙视、好奇、惊慌失措和得意洋洋等不同感情；“别说了”这句话，强硬而又快速的声调体现恼怒的情感，多少带有命令的意思，而低沉、缓慢的声调则体现着畏惧的情感。可见语言除本身包含的意义之外，它所负载的语音、语调、节奏和韵律等也传达了丰富的情感信息，个体对言语信息的准确识别很大程度上要借助于声调信息。

通过分析人们说话时的声调来研究其所处的情绪状态，一直是情绪心理学的重要测量方法之一。为此科学家设计了许多有效的测量仪器，声音应激分析器就是一例。有研究表明，有大约70%的人在情绪不稳定时会提高声调，尤其在愤怒和恐惧之时。这种由情绪而造成的声调上的变化是极难加以掩饰的，因此常成为判别是否说谎的声音印迹。

当说谎是为了掩饰恐惧或愤怒之感时，声音通常会比较大也比较高，说话的速度也比较快；当说谎是为了掩饰忧伤的感受时，声音就会与之相反。如果谎言与情绪有关，则即使谎言并不是用来掩饰情绪的，它也会在声调上露出印迹来。例如，担心露馅的心理会使声调中带有恐惧感；“良心责备”的负罪感所产生的声调效果会与忧伤产生的极为相近。

事实上，说谎印迹的标准并不是人人都完全一样的，也不是说出现声调提高的迹象就一定意味着说谎，因为情绪表现的程度是因人而异的。测谎者只有在知晓对方平时的情绪表现程度的基础上，才可能通过这类印迹线索判断其是否在说谎。

（三）声调表情的识别

声调表情的识别是个体情绪信息沟通的重要方式之一，声调表情的识别受到多种因素的影响。首先，声调表情的识别与个体的特质有关。例如，抑郁和精神分裂的患者通常较少使用声调表情。抑郁症的儿童（9—11岁）比非抑郁儿童正确识别声调表情的能力要低一些。其次，年龄、性别、文化背景均能影响声调表情的识别。研究表明，随着年龄的增长，声调表情的识别能力呈整体下降趋势。青年人对声调表情的识别成绩优于老年人（Brosgole & Weisman，1995）。在控制了被试的听力敏感度、听力认知年龄的关键特征、言语的IQ等因素后，结果仍然是青年人对声调表情的识别能力优于老年人（Mitchell，2007）。

研究也发现声调表情识别具有跨文化的一致性。谢勒（Scherer，2001）等人报告了来自欧洲 9 个国家及美国、亚洲的不同群体识别生气、悲伤、恐惧、高兴、中性声调表情的成绩。结果表明这五种声调表情在所有群体中的识别率均高于66%，可见，在不同文化背景中，对声调表情的推理原则是相似的。研究也比较了中国和意大利文化中声调表情的识别（Anolli et al，2008）。研究者使声调和某一情绪建立一种强烈的联结，随后分析这种联结能否在某一种特定的文化中形成。由 48 名大学生（中国 29 名，意大利 19 名）大声朗读表达不同情绪的故事，包括高兴、悲伤、生气、恐惧、鄙视、骄傲、内疚、害羞 8 种情绪。随后分析来自不同文化背景的个体朗读故事时的声调表情。结果发现，在两种文化中，这 8 种情绪均可以通过改变声调来表达。

第四节　微表情

一、什么是微表情

哈格德与伊萨克斯（Haggard & Isaacs，1966）最早发现了微表情（microexpression），他们认为微表情与自我（ego）防御机制有关，表达了被压抑的情绪。艾克曼与弗里森（Ekman & Friesen，1969）因一个偶然的机会也独立地发现了微表情。他们俩受一位精神病学家的委托，对一段抑郁症患者撒谎以掩盖其自杀意图的录像进行检测。艾克曼与弗里森起初并未从这段视频中发现该患者有任何异常表现：该患者显得很乐观，笑得很多，表面上没有表现出任何企图自杀的迹象。但当对该录像进行慢速播放并逐帧进行检查时，他们发现：在回答医生提出的关于未来计划的问题时，该患者出现了一个强烈的痛苦的表情。在整段视频中，这个表情只占据了两帧的画面，持续时间仅为 1/12 秒。艾克曼与弗里森（Ekman & Friesen，1969）称之为微表情。微表情与普通表情有所不同，它是一种非常快速的表情，持续时间仅为 1/25 秒至 1/5 秒。艾克曼等人（Ekman，2003，2009；Ekman & Sullivan，2006）认为，微表情既可能包含普通表情的全部肌肉动作，也可能只包含普通表情肌肉动作的一部分；微表情出现在人们试图彻底掩盖自己的情绪，消除一切可能的信号时；微表情也可能是无意识中隐藏情绪所致，人们并没有意识到它的存在；微表情可能是一闪而过的完整表情（非常短暂，见图 5－4），也可能是很短暂的局部表情（局部位置出现表情肌肉运动）或者细微表情（表情的肌肉运动没有完全展开，见图 5－5）。

图 5－4　正常表情中的一个厌恶的微表情（吴奇，申寻兵，傅小兰，2010）

 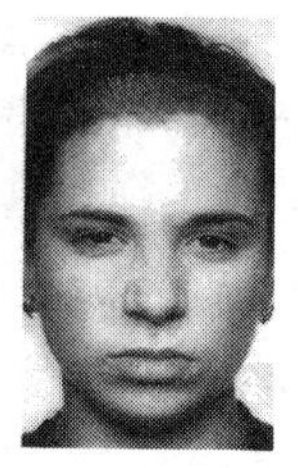  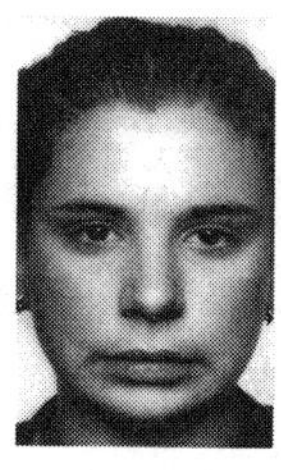  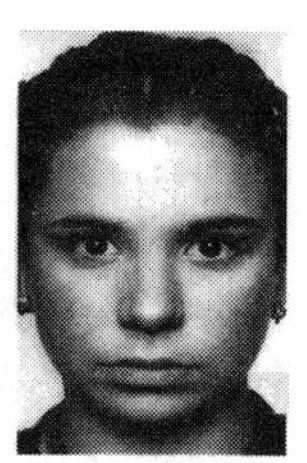

图 5－5　细微表情（艾克曼，2006）

二、微表情识别与表达

（一）微表情识别

艾克曼与弗里森（Ekman & Friesen，1974）曾研制了短暂表情识别测验（brief affect recognition test，BART）。在该测验中，施测者向被试快速呈现一些表情图片，每张图片仅呈现 1/25 秒。利用该测验研究了微表情识别能力和谎言识别准确性的关系，结果表明，被试在 BART 测验中的得分与他们在谎言识别测验中的成绩呈显著正相关（$r = 0.27$，$p < 0.02$）。为确认微表情识别能力与谎言识别准确性之间的关系，富兰克与艾克曼（Frank & Ekman，1997）在短暂表情识别测验（BART）的基础上，研制了一个新测验来进一步考察人们识别微表情的能力。新测验的测试程序与 BART 完全相同，但使用了一套新的表情图片，而这套表情图片具有较高的跨文化一致性。使用新测验的结果依然支持早期的研究发现：微表情识别能力与谎言识别的准确性呈显著正相关（$r = 0.34$，$p < 0.04$）。但是，以快速呈现表情图片的方式来测量微表情识别能力的方法缺乏生态学效度。在这种测验中，"微表情"是孤立出现的，而在现实中微表情的出现前后却伴随着其他表情。另外，快速呈现表情图像还存在图像后效问题，而这将延长被试对刺激的知觉加工时间。因此，艾克曼（Ekman，2002）研制了一个新的微表情识别能力测验，即"日本人与高加索人短暂表情识别测验"（Japanese and Caucasian brief affect recognition test，JACBART）。在该测验中，施测者首先会向被试呈现一张某人的中性表情图片，然后快速呈现该人一张带有表情的图片，呈现时间为 1/15 秒；之后再紧跟着呈现一张中性表情的图片，以消除图像后效的影响。使用该测验进行研究（Ekman & Sullivan，2006），分别考察了美国人和澳大利亚人的谎言识别能力与其微表情识别能力的关系，结果发现两组被试在该测验上的得分与其谎言识别的成绩均呈显著正相关（$r = 0.19$，$r = 0.30$，$p < 0.05$）。

另外，研究者也探究了微表情识别能力的个体差异。研究运用"日本人与高加索人短暂表情识别测验"（JACBART）考察了微表情识别能力与人格的关系，发现被试在 JACBART 上的得分与他们在大五人格量表开放性（openness）维度上的得分和艾森克人格量表外倾性（extraversion）维度上的得分呈显著正相关（如 1/15 秒版本的结果为 $r = 0.21$，$r = 0.11$，$p < 0.01$）（Matsumoto et al，2000）。

研究结果提示，不同人格特点的人，或许也有不同的微表情识别能力。

（二）微表情表达

波特等人（Porter & ten Brinke，2008）让被试观看选自国际情感图片库（international affective picture system，IAPS；Lang，Bradley & Cuthbert，1999）的图片，并要求被试做出真实或者虚假的表情，同时记录被试的面部表情。结果发现，所有的被试均出现了暴露真实情绪的面部表情线索，但大多数表情线索的持续时间都长于1秒，比目前定义的微表情的持续时间（1/25—1/5秒）更长。结果还发现，只有21.95%的被试出现了符合定义的微表情，这些微表情在被试出现的全部表情中仅占2%，而且很多微表情是在要求被试真实地表达自身情感时出现的。艾克曼（Ekman，2009）对自身研究进行了总结，报告的结果与波特等人的结果有所不同，在艾克曼的实验中（Ekman，Friesen & Sullivan，1988；Frank & Ekman，1997），有一半被试都出现了微表情。

（三）微表情识别训练

随着微表情识别领域研究的发展，艾克曼（Ekman，2002）首先编制出第一个微表情训练工具（micro expression training tool，METT）。该工具包含前测（pretest）、训练（training）、练习（practice）、复习（review）与后测（posttest）五个部分。其前测程序与JACBART相同，测量在未受训练情况下人的微表情识别能力。其训练、练习与复习三个部分构成METT的训练程序：在训练部分，艾克曼用视频方式讲授识别微表情的要点；在练习部分，被试练习使用在训练部分学习到的技巧对微表情进行识别；在复习部分，被试进一步巩固学习到的技巧。后测程序也与JACBART相同，但使用了与前测不同的数据集，以测量被试接受训练后的微表情识别能力。前测成绩和后测成绩的差异，反映了被试微表情识别能力的变化。METT提供的训练程序能在1.5小时的时间内提高人识别微表情的能力（Ekman，2002），后测的成绩能较前测平均提高30%—40%（Ekman，2009）。由于人往往难以觉察到微表情的存在，所以微表情识别的研究都可能会出现地板效应。而METT能提高人对微表情的识别能力，从而有效地避免研究中的地板效应，使各种微表情识别研究具有了一定的可行性。

三、微表情的应用

艾克曼与弗里森（Ekman & Friesen，1969）在临床心理学研究中发现了微表情，所以微表情的研究一开始就重视在临床中的应用。研究者考察了METT训练程序对精神分裂症患者情绪识别（emotional recognition）能力与微表情识别能力的影响（Russell，Elvina & Mary，2006）。他们发现，精神分裂症患者与正常人都能从METT训练程序中获益，情绪识别和微表情识别的能力较训练前均有显著提高；精神分裂症患者的情绪识别和微表情识别能力可以恢复到正常人未受训练前的水平。这一结果提示，对精神分裂症患者进行针对性的微表情识别训练，可有效地缓解其社会功能的损害。研究进一步利用眼动技术探讨了 METT 训练能提高精神分裂症患者情绪识别能力的原因（Russell，Green，Simpson et al，2008）。通过比较接受 METT 训练前后精神分裂症患者完成情绪识别任务时的眼动轨迹发现，在接受 METT 训练后，精神分裂症患者对人脸的视觉注意发生了显著的变化，这些患者开始更多地关注人脸的特征部位，而且这种注意改变的效果在接受训练后一星期都得以维持。

除了研究精神分裂症，研究者还将微表情识别拓展到述情障碍（alexithymia）的研究中。研究用 METT 比较了高述情障碍特质者和低述情障碍特质者在微表情识别能力上的差别，结果发现，高述情障碍特质者的微表情识别能力要低于低述情障碍特质者（Swart & Aleman，2009）。该结果表明，不同人群的微表情识别能力的确存在差别。在临床上，医生若能识别病人的微表情，则可以更好地了解病人的需求，针对性地确定治疗方案，缩短疗程，提高疗效。但是否所有的医生通过训练都能够学会这项技能呢？利用 METT 对医学院学生学习识别微表情的能力进行考察，结果发现，具有高临床交流技能的学生能够从 METT 训练中获益，提高自身的微表情识别能力；但临床交流技能低的学生却不能从中获益（Endres & Laidlaw，2009）。

在谎言识别研究领域，研究探究了谎言识别时哪些线索是可利用的有效线索这个问题，结果发现，被试判别情绪性谎言（emotional lies）的成绩与他们在弱表情训练工具（subtle expression training tool，SETT）上的成绩呈显著正相关，而与他们在 METT 上的成绩无显著相关（Warren，Schertler & Bull，2009）。因此，判别情绪性谎言时，弱表情可能是比微表情更有效的线索。值得注意的是，该研究只进行了 METT 前测，并未进行 METT 后测，被试在 METT 上的成绩是未经 METT 训练的前测成绩。

在国家安全领域，研究探讨了 METT 训练适用于不同职业人群的有效程度以及 METT 训练效果的迁移问题。研究发现，从事安全工作的专业人士和普通民众在微表情识别能力上没有差别，在微表情识别能力上也不存在性别差异；通过 METT 训练，无论是从事安全工作的专业人士还是普通民众，他们不仅在 METT 后测上的得分均有所提高，而且其识别真实情境下的微表情的成绩（测验任务为识别一些真实视频中的微表情）也都显著提高（Frank，Herbasz，Sinuk et al，2009）。该研究首次探索了 METT 训练的迁移作用，表明 METT 确实提高了人识别微表情的能力，有助于推进微表情识别的实际应用。有些训练有素的恐怖分子等危险人物可能轻易地通过测谎仪的检测，但是通过微表情分析，也许会发现他们虚假表面下的真实表情。

在政治心理学领域，研究考察了政治领袖演讲时的微表情对听众情绪的影响。他们将布什动员海湾战争的录像中存在的7个快乐的微表情去掉，做成了另外一段录像，将制作的新录像与原录像分别给不同的学生观看，结果发现观看原录像与新录像的学生所产生的情绪状态有所不同：观看原录像的学生感受到更少的愤怒与焦虑（Patrick，Bridget & James，2009）。也就是说，原录像中存在的快乐的微表情削弱了布什演讲的感染力。因此，即使人们常常很难觉察到微表情，但事实上已经受到了微表情的影响。

【建议参考资料】

1. 孟昭兰. 情绪心理学［M］. 北京：北京大学出版社，2005.

2. 孟昭兰. 人类情绪［M］. 上海：上海人民出版社，1989.

3. 陈少华. 情绪心理学［M］. 广州：暨南大学出版社，2008.

4. 吴奇，申寻兵，傅小兰. 微表情研究及其应用［J］. 心理科学进展，2010，18（9）：1359－1368.

5. 艾克曼. 情绪的解析［M］. 杨旭，译. 海口：南海出版公司，2008.

6. EKMAN P. Emotion in the human face［M］. 2nd ed. Cambridge，England：Cambridge University Press，1982.

7. EKMAN P. Facial expression and emotion［J］. American Psychologist，1993，48：384－392.

8. KELTNER D，EKMAN P，GONZAGA G，BEER J. Facial expression of emotion［M］//DAVIDSON R，SCHERER K，GOLDSMITH H. Handbook of affective sciences. London，England：Oxford University Press，2003：415－432.

9. BACHOROWSKI J，OWREN M J. Vocal expression of emotion［M］//LEWIS M，JEANNETTE M，HAVILAND－JONES. Handbook of emotions. New York：Guilford Press，2008：196－210.

10. MATSUMOTO D，KELTNER D，MICHELLEN，et al. Facial expression of emotion［M］//LEWIS M，JEANNETTE M，HAVILAND－JONES. Handbook of emotions. New York：Guilford Press，2008：211－234.

11. CHOVIL N. Social determinants of facial displays［J］. Journal of Nonverbal Behavior，1991，75：141－154.

【问题与思考】

1. 什么是表情？表情可分为哪几类？
2. 什么是面部表情？面部表情具有怎样的适应意义？
3. 面部表情反馈假说的基本观点是什么？
4. 面部表情编码系统主要有哪些？
5. 姿态表情及其适应意义是什么？
6. 声调表情及其适应意义是什么？
7. 怎样理解面部表情的情绪表达观点和面部表情的行为生态学观点？
8. 怎样理解表情的普遍性与文化差异性？
9. 什么是微表情？研究微表情有什么意义？

第六章　情绪发展

【本章提要】

情绪反应是儿童生存适应的重要方式，是儿童发展的动力源泉和儿童社会互动的信息纽带。关于儿童情绪发展有许多不同的理论观点，如华生的学习理论、布里奇斯的分化理论、伊扎德的情绪发展理论、斯鲁夫的发展组织观点、刘易斯的认知—情绪发展理论等。这些理论从不同侧面讨论了情绪发展的生物学基础，讨论了学习、后天适应以及先天与后天的相互作用对情绪发展的影响。从婴儿期、幼儿期、学龄初期到青春初期，儿童的情绪系统在不断发展与成熟。婴儿的各种基本情绪如快乐、兴趣、恐惧、愤怒、悲伤等逐渐出现，情绪反应系统逐渐完善，尤其是社会性微笑、兴趣的出现与发展、依恋的产生与发展对于婴儿各方面的发展产生了广泛影响。在婴儿阶段，情绪调节也逐渐由外部调节向自主性的内部调节转变。幼儿的基本情绪随着认知的发展和社会化过程变得越来越丰富和复杂，幼儿的表情识别、情绪语言理解、情绪情境理解迅速发展。在幼儿阶段，自我意识情绪如害羞、内疚、窘迫、移情、嫉妒和自豪等逐渐出现与发展。自我意识情绪的产生与发展，对儿童的人格形成具有重要意义。到学龄初期，儿童对混合情绪的理解，情绪掩饰、情绪表现规则的运用，体现了学龄儿童情绪反应的进一步复杂化和情绪调节的进一步策略化。在青春期，青少年的情绪发展与家庭支持、同伴关系、自我同一性地位有密切联系。

【学习重点】

1. 了解斯鲁夫的情绪发展组织观点。
2. 了解刘易斯的认知—情绪发展观点。
3. 熟悉婴儿基本情绪发展的特点。
4. 掌握婴儿社会性微笑的意义。
5. 熟悉婴儿陌生人焦虑与分离焦虑发展的特点。
6. 熟悉婴儿依恋的发展阶段与类型。
7. 掌握幼儿情绪识别与理解发展的特点。
8. 掌握幼儿自我意识情绪发展的特点。
9. 掌握青春期学生情绪发展的特点。

【重要术语】

情绪发展 情绪发展理论 基本情绪 社会性微笑 兴趣 陌生人焦虑 分离焦虑 依恋 情绪识别 情绪理解 情绪语言 自我意识情绪 自我同一性 情绪掩饰 情绪表达规则

第一节 情绪发展理论

情绪发展是各种基本情绪分化和基本情绪刺激的具体化、社会化的引发过程，是情绪理解产生和提高的过程，也是一个自我意识情绪、复合情绪、情绪调节出现和复杂化的过程。情绪发展既受生物成熟的制约，也受到认知、言语及社会性发展的影响。同时，情绪的发展又保证了儿童其他方面的成长和进步。关于情绪发展的本质，情绪发展心理学家提出了各种不同的理论观点。

一、华生的学习理论

早在 20 世纪 20 年代，华生（Watson，1920）就提出婴儿出生时有怕、怒、爱三种不需要学习的情绪，这三种基本情绪通过无条件刺激就可以自然地引发，如惧怕可以由两种无条件刺激引起，即大的声音和身体突然失去支撑。而其他情绪的形成和发展都是在这三种基本情绪反应的基础上建立起来的，通过不同形式的学习产生的。

华生曾做过一项实验研究，即一个 11 个月大的男孩艾伯特（Albert）对白鼠形成恐惧的实验研究。首先华生证实大的声音和身体突然失去支撑都会引起小艾伯特的恐惧反应。在实验之前，他让艾伯特习惯于与白鼠玩，对于白鼠没有任何害怕的表现，对白鼠很友好。在实验开始时，当艾伯特的手接近白鼠时，突然响起一个大的敲击声，艾伯特非常害怕，向前跌倒，把他的脸用东西挡起来。第二天，同样当艾伯特的手接近白鼠时，突然响起一个大的敲击声，艾伯特同样非常害怕，向前跌倒，并开始哭泣。一周后，给艾伯特面前放上白鼠，并不伴随大的声音，艾伯特拒绝到白鼠前和触摸白鼠。随后又有 5 次，白鼠出现和大的声音伴随，艾伯特以哭泣和爬着离开作出反应。华生认为艾伯特对于白鼠的恐惧反应是通过条件反射的作用形成的。

华生的实验还表明，通过经典条件作用能够使得已经形成的恐惧情绪得以消退。一个名叫彼得的男孩对于白鼠和白兔都有恐惧反应。在实验时，把兔子和吃糖（引起正情绪反应的刺激）相结合，当给彼得吃糖时，把兔子一步一步移向他。最后彼得与小兔子高兴地在一起玩，不再害怕小兔子。

华生的研究证明了情绪形成与改变是一个经典性条件反射形成和改变的过

程，后来斯金纳的操作性条件反射理论、班杜拉的观察学习理论也都对情绪学习进行了一定的研究，从宏观上证实情绪发展是学习的结果。

二、布里奇斯的情绪分化理论

布里奇斯（Bridges，1932）认为，情绪的发展就是在出生时未分化的一般性激动或兴奋状态的基础上，逐渐成为分化的与某种情境和动作反应相联系的不同情绪。这种分化和整合是逐步发生的，在每个年龄阶段具有显著意义的情绪是不同的。也就是说，情绪都是从一种单一的状态，即出生时的一般性激动或兴奋（excitement）状态逐渐分化（differentiation）而来。1 个月时从一般性激动或兴奋状态分化出了痛苦和快乐；6 个月时从一般性痛苦中又分化出了恐惧、厌恶和愤怒；12 个月时从快乐中分化出了高兴和喜爱等。尽管布里奇斯的情绪分化的观点在许多方面缺乏实证的证据，但这一观点对于后来儿童情绪发展研究有很大的影响。

我国心理学家林传鼎曾观察了 500 多名出生 1—10 天的婴儿，发现婴儿有两种完全可以分清的情绪反应：愉快和不愉快，二者都与婴儿的生理需要是否得到满足有关。在这两种情绪反应的基础上，到 3 个月末，婴儿相继出现 6 种情绪反应，即欲求、喜悦、厌恶、忿急、惊骇。4—6 个月婴儿出现由社会性需要引起的喜悦、忿急等。这一观点与布里奇斯的理论既有不同，也有一致的方面。

三、伊扎德的情绪发展理论

伊扎德（Izard，1991）的分化情绪理论（differential emotion theory，DET）强调情绪系统的先天预设性，他的情绪发展理论将情绪发展的生物学基础置于重要的地位。

伊扎德等人认为，不用怀疑情绪系统是预先设定的，它是进化适应历程的一部分。情绪在生活早期就已经相当的分化，并与内部心理状态联系起来。他们认为婴儿的面部表情在本质上与成人的面部表情是一致的，尽管也有一些例外，但在基本情绪方面无论积极情绪还是消极情绪，婴儿表现出与成人类似的面部表情。由于婴儿的表情受到社会化和文化学习的影响最小，他们不能掩饰基本情绪的面部表情，因此他们的表情是原型式的。

依据分化情绪理论，伊扎德等人运用自己开发出的表情编码系统，研究了婴儿与成人的面部表情，发现在某些情况下，婴儿与成人的面部表情还是有差别的。但伊扎德认为这种差别一方面是因为婴儿面部的皮下脂肪数量与成人不同，另一方面是由于社会化程度不同，成人情绪调节能力的增强，改变了成人某些面部表情的运动程式，降低了婴儿期表现出的那种完整面部表情运动程式。尽管这样，基本情绪的面部表情在形态学上是稳定的，诸如愤怒、恐惧、悲伤、厌恶等面部表情在婴儿身上的表现与成人是一致的，而且不同面部表情的社会信号价值、情感意义在婴儿与成人身上也是一致的。

四、斯鲁夫的情绪发展组织观点

斯鲁夫（Sroufe，1996）的情绪发展组织观点认为情绪的产生有以下三个阶段。

（一）前情绪反应阶段

斯鲁夫认为新生儿在出生时具有前情绪反应（pre - emotional reaction）的状态，这种反应是双极的，表现为消极反应和积极反应，即通过反射性的哭泣表达痛苦，通过内源性微笑表达愉悦状态等。这种前情绪反应不是真正的心理性情绪，因为没有认知活动的参与。

（二）预兆性情绪阶段

斯鲁夫认为在前情绪状态的基础上，随着婴儿主动参与环境活动的增加和认知活动的增长，婴儿情绪从被动的生理性基础的情绪原型，向主动的对刺激或事件评价的心理情绪转变。依据斯鲁夫的理解，前情绪状态是纯生理性唤醒反应，而预兆性情绪（precursor emotion）是情绪的纯生理原型与成熟的心理性情绪的一种中间状态或过渡状态。如熟悉刺激再认引起的愉悦、一个熟悉的活动受到阻止引起的挫折感等还不是真正的心理性情绪，只是心理性情绪的过渡状态，即预兆性情绪。

（三）成熟情绪阶段

随着婴儿认知能力的进一步成长，婴儿能够对于具体的事件作出特异性的评价，真正成熟的具有心理基础的情绪才出现。对于婴儿来说，这些成熟的基本情绪大约都是在 6 个月以后出现，如快乐、恐惧、愤怒是成熟的具有心理反应基础的基本情绪。成熟的情绪与预兆性情绪密切联系，是通过分化和具体化过程实现的，但两者在引发和形式方面不同。预兆性情绪是对于广泛刺激群的一般性反应，而成熟情绪是精确的和具体的，是对有意义事件的即时反应。

五、刘易斯的认知—情绪发展观点

刘易斯（Lewis，1992，1993）认为在讨论情绪发展之前必须澄清情绪的概念，他认为情绪的概念涉及诱发刺激、接收者、行为、状态和体验等内容，必须区别这些内容之间的不同。考虑情绪发展就必须考虑情绪的本质方面，即情绪状态的存在。他认为存在的情绪状态并不完全准确地符合我们的情绪生活，无论是在情绪表情上，还是在情绪体验上。情绪在不断地变动，所以情绪状态必须视为发生在身体和神经生理活动上的短暂状态。当清醒时人们总是处于某种情绪状态之下，虽然这可能不对应于表情，而且人们可能没有意识到它的存在。

从发展的观点来看，刘易斯认为情绪体验依赖于评价、理解等认知过程，而认知过程又依赖于社会化。情绪体验需要个体拥有某些认知能力和自我概念，即需要能够评价环境刺激的意义并知道谁在评价。刘易斯认为婴儿在自我觉知之前并不是没有情绪状态，而是他们体验不到情绪状态。他认为如何体验情绪状态依赖于社会化的历程，依赖于个体、家庭和文化上的经验。

刘易斯认为成人的大部分情绪在生命的前三年已经出现和形成（见图6－1），以后只是进一步的精巧化和复杂化。同时，刘易斯认为情绪发展与认知发展必然连结在一起，而认知的发展又必然与社会化历程连结在一起。他假定儿童天生具有两极的情绪反应——痛苦与愉悦，他表示也可能有一个介于两者之间的状态，即兴趣。从出生到3个月的婴儿不能区分自己的活动和他人的反应，没有分化的自我，因此他们只有几种基本情绪状态。4—8个月的婴儿出现了基本的自我感，有了区别自己反应与他人反应的简单知觉。这一时期愉快、惊奇、悲伤、厌恶、愤怒、恐惧开始出现。由于婴儿有了简单的自我感，目标障碍会引起愤怒，目标的实现会引起快乐的表情。随着自我意识的产生，1岁半左右的幼儿开始出现自我意识情绪，即逐渐显现出窘迫、移情和嫉妒等情绪。大约在2岁的时候，更进一步的认知能力出现了，也就是儿童依据某种标准判断自己行为的能力增强，更加复杂的自我意识情绪发展起来，出现了骄傲、害羞和内疚等情绪。

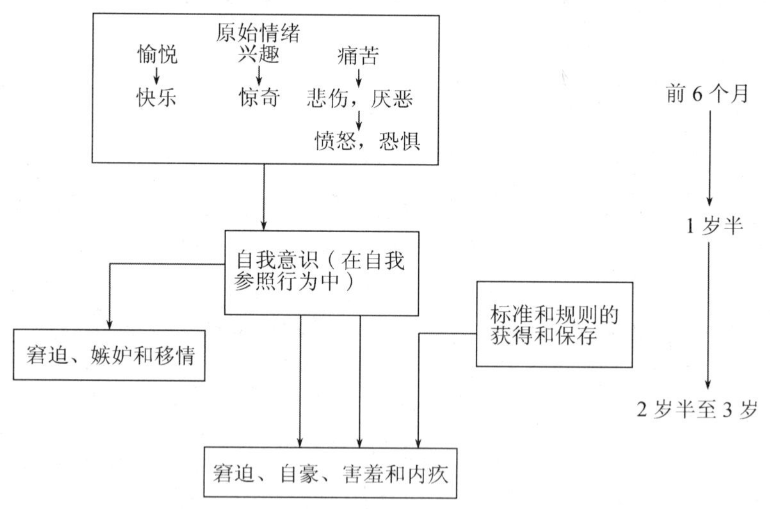

图6－1　3岁前儿童情绪发展进程（Lewis，1993）

六、坎波斯的机能主义情绪发展观点

坎波斯（Campos，1994）认为情绪的发展是一个复杂的过程，具有连续性和阶段性。基本情绪反映了情绪终身的不变性，每一种基本情绪表征了目标类型

与目标理解关系的不变性。这些目标要么是先天预设的，要么是社会建构的过程。情绪被认为是对事件和个体目标关系的评价而引起的反应，目标随着发展而变化，但目标与情绪的关系却不会改变。例如，目标被理解为已经达到时，就会引起快乐的情绪，目标实现被理解为有障碍和障碍不易克服时就会引起愤怒；如果自我存在以及后来自尊的维持被知觉为受到威胁时就会产生恐惧等。

情绪会随着发展而变化。坎波斯认为这种变化包括表情和情绪体验的关系、情绪的应对反应、情绪的复杂性、对他人表情的接受性等变化。新生儿的表情协调性是差的，混合着一些不恰当的成分，如新生儿在愤怒表情中混合着非愤怒的表情成分，这可能是神经生理不成熟原因导致的。

第二节 婴儿情绪发展

婴儿时期是个体情绪发展最为显著的时期，各种基本情绪都得到了充分的发展，情绪反应系统逐渐完善，对于婴儿的社会适应产生了重要的影响。

一、婴儿知觉面部表情的特点

随着视觉能力的发展，3 个月的婴儿开始能够识别妈妈面孔的照片，注视妈妈面孔照片的时间比注视陌生人照片的时间长，如果呈现长胡子妈妈的照片，他们会显得很痛苦。婴儿 3 个月后，逐渐能够记住和区别不同陌生人的面孔，对更有吸引力的面孔表现出偏好。

婴儿在社会互动中对于人的面孔感知经验逐渐增多，开始能够辨别面部表情。3 个月的婴儿就能够区分不同的面部表情（Nelson & De Haan，1997）。在这个年龄阶段，婴儿能够区分愉快面部表情、悲伤面部表情和惊奇面部表情的不同，能够区分出微笑和不愉快，以及不同强度的微笑面孔。4 个月的婴儿能够区分愉快面孔与愤怒面孔、中性面孔。5 个月的婴儿开始能够根据声调和面部表情辨别悲伤、恐惧和愤怒情绪表达。6 个月以后，能够知觉不同情绪的温和表情和强烈表情，他们能够对愉快、惊奇面部表情和悲伤、恐惧面部表情作出不同的反应。这个时期的婴儿也开始依据面部表情线索，对情绪性的不确定情境和事件作出反应（LaFreniere，2000）。例如 10 个月左右的婴儿，会观察母亲的面部表情，以母亲的面部表情为依据对陌生人作出情绪上的反应，如果母亲对于陌生人是高兴与愉快的表情，婴儿会表现出愉悦；如果母亲的表情是恐惧的，婴儿的情绪反应也会是恐惧的。

克林纳特（Klinnert，1984）曾把 12—18 个月的婴幼儿放在有三种不熟悉玩具的情境中，即人的头具模型、恐龙模型和遥控蜘蛛，让婴儿的母亲分别做出高兴、恐惧和中性的表情。婴儿以母亲的表情指导他们的行为，如果母亲的表情是恐惧的，婴儿则退向母亲；如果母亲的表情是高兴的，婴儿则接近玩具。另外，在视崖实验中，1 岁婴儿在母亲做出恐惧表情时会避开深崖一边，而当母亲做出愉快的表情时，74% 的婴儿则爬过视崖。

克林纳特提出婴儿的表情知觉经过了四个发展阶段：1. 无面部表情知觉（0—2 个月），婴儿不能辨别成人的表情，婴儿自发的表情与养育者的表情没有联系。2. 不具备情绪理解的表情知觉（2—5 个月），婴儿能够知觉成人的面部表情，对养育者的面部表情作出区别性反应，但不能够理解表情的情绪意义。3. 对表情意义的情绪反应（5—7 个月），这个时期的婴儿能够对成人不同的面部表情作出不同的反应，而且能够把表情识别与情境联系起来。4. 在因果关系参照中运用表情信号（7 个月以后），这个时期的婴儿能够辨别成人的不同表情，并根据他人表情线索指导和调节行为。

二、婴儿基本情绪的发展

（一）积极情绪

1. 快乐/愉快

快乐是生理需要得到满足和有机体感到舒适时的反应，也是获得成功后引起的反应。微笑是快乐的重要体现，是一种非常重要的社会信号。愉悦与快乐会通过微笑表现出来，新生儿最早出现的微笑被称为内源性微笑（图 6 - 2a），这种微笑是自然发生的和反射性的，依赖于婴儿的内在生理状态。内源性微笑有嘴角变化和眯缝眼睛的特征，在清醒和警觉状态下不会发生，只发生在婴儿的睡眠期。

婴儿的第一个清醒状态下微笑的发生与内源性微笑发生非常相似，由中等强度刺激引发，只有简单的面部肌肉动作。到 1 个月左右，婴儿进入外源性微笑的阶段（LaFreniere, 2000）。婴儿在觉醒状态下，广泛的外部刺激都会引起婴儿的微笑（图 6 - 2b、c、d、e）。婴儿在觉醒状态下的微笑表现出特定的面部肌肉活动模式，如眯起眼睛、张开嘴巴等。

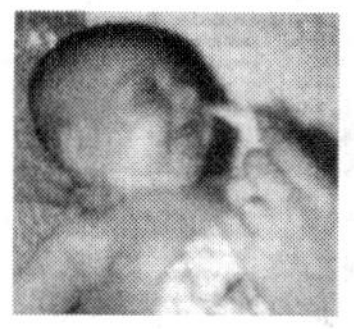
a

b

c

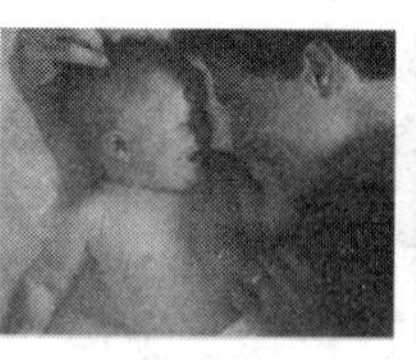
d

e

图 6 - 2　婴儿的微笑表情

（a. 触觉刺激引发的微笑；b. 视听刺激引起的微笑；c. 习得一个游戏动作引起的微笑；d. 社会互动引起的微笑；e. 出声笑。资料来源：Sullivan & Lewis, 2003；Feldman, 1998）

许多刺激都会引起婴儿的微笑，包括不同的触觉刺激、有趣的视觉刺激以及面孔刺激和高频度的语音等社会刺激。婴儿的外源性微笑逐渐不再依赖于机体生理状态，很少有刺激结束后的潜伏期。研究发现婴儿在4周时，小蛋糕成为非常有效的引发外源性微笑的刺激，5周时是点头、面具脸等视觉刺激（Wolff，1963）。研究发现2个月的婴儿对于平静面孔产生微笑反应，说明微笑发展达到了一个新的水平，即微笑不再是反射性的而是反应性的。

随着婴儿感知能力的发展，真正的社会性微笑开始出现。6至8周的婴儿，看到人的面孔图式会张开嘴巴、眯起眼睛，3个月的婴儿对于熟悉的面孔表现出偏好，4—5个月的婴儿对于养育者的声音和面孔产生反应性微笑。到这个阶段微笑不仅取决于是否新奇，也受到刺激内容的影响。

2个月婴儿的微笑会由广泛的社会刺激引起，这为父母的养育提供了强化。3个月左右的婴儿出现选择性微笑，会进一步影响养育者的行为（Camras，Malatesta & Izard，1991）。婴儿对于母亲的微笑和声音比对不熟悉的成年女性同样的反应表现出更多的微笑。当婴儿进入依恋形成的阶段，微笑是迎候母亲到来的重要反应，促进了母婴之间的亲密与游戏行为。微笑最重要的社会功能是引发他人的趋近和积极的反应，这对于母婴依恋发展具有本质的作用。微笑是婴儿的一种重要表达行为，与注视厌恶一样，调节着面对面（face－to－face）互动的强度，这对于人际互惠性发展非常关键。

婴儿微笑的发展可以划分为三个阶段（孟昭兰，2005）：1．自发性的微笑（0—5周）；2．无选择的社会性微笑（5周—3个月）；3．有选择的社会性微笑（3个月以后）。自发性微笑是内源性的微笑，是快乐情绪的一种生理原型。社会性微笑是外源性的微笑，是由社会刺激引起的。

婴儿大约在4个月时出现了出声笑，这对于进一步促进母婴互动和婴儿社会性的形成具有非常重要的作用。用母亲做研究助手，斯鲁夫（Sroufe，1996）等人做了一项追踪研究，追踪了从4个月到12个月婴儿出声笑的发展变化。他们研究了通过触觉、听觉、视觉和社会刺激引发婴儿出声笑的次数，结果发现从6个月以后，出声笑的引发刺激由触觉、听觉刺激向社会刺激和微小的视觉刺激转变。

2．兴趣与惊奇

在某种意义上，兴趣反应的原型是定向反射。人类新生儿具有定向反射，定向反射作用是多方面的。例如婴儿的面颊受到乳头的轻轻接触，婴儿就会反射性的把嘴巴转向刺激源。各种视觉和听觉刺激均能够引起定向反射，这些定向反射加强和支持了婴儿对重要刺激的兴趣。但兴趣不同于定向反射，定向反射在没有外部感觉刺激的情况下不会发生，兴趣受到认知机制的调节，能够被单独的心理意象激活和维持。

兴趣与惊奇也是不同的，兴趣可以通过婴儿开始几周的面部表情和行为辨别出来，甚至在出生后一周的婴儿身上就可以观察到。相比之下惊奇是在婴儿认知能力发展到能够形成期待后才可能会出现。兴趣和惊奇的面部表情传递的信息是迅速和高度地被某个特定对象所吸引。达尔文描述的惊奇的经典表情是眼睛睁大，嘴巴张大，眉毛上翘，凝视其他行为，其作用是提高对于新奇事件的知觉。依据伊扎德的观点，兴趣的表情是眉毛轻轻上挑或向中聚拢，视觉追视，轻轻张开或撅起嘴巴，这些面部运动方面单独或联合给出兴趣的信号。

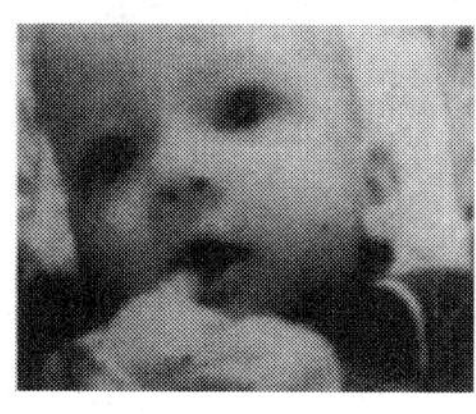
a

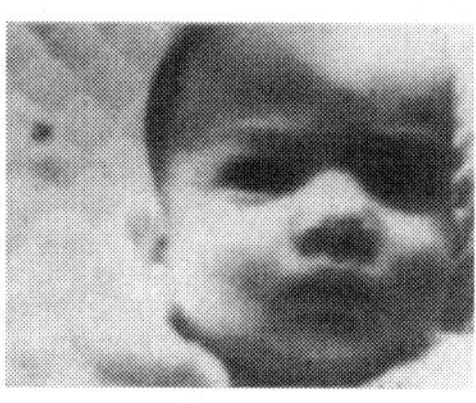
b

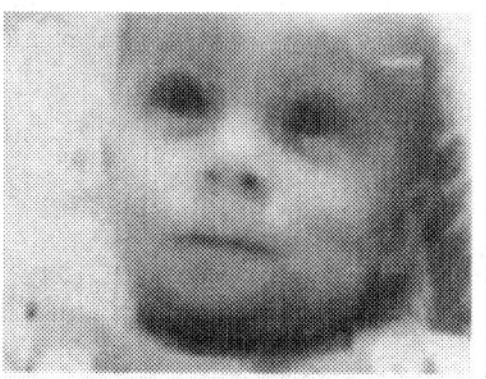
c

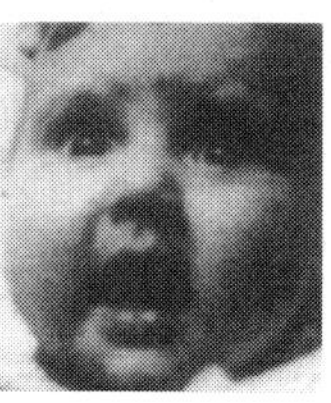
d

图 6－3　婴儿的兴趣与惊奇

（a. 开放式兴趣；b. 锁眉式兴趣；c. 调节形式的兴趣；d. 惊奇的面部表情。资料来源：Sullivan & Lewis, 2003）

婴儿 5、6 个月时，兴趣和惊奇表情已经分化（见图 6－3）。研究认为婴儿兴趣的发展过程中，表现出三种不同的形式（Sullivan & Lewis, 2003）。第一种是开放式兴趣或好奇式兴趣（图 6－3a），这种形式的兴趣是由环境中新异刺激引起的低紧张兴趣，在婴儿早期甚至出生一周就可以看到。第二种是锁眉式兴趣或兴奋式兴趣（图 6－3b），这种形式的兴趣出现在婴儿与成人面对面（face－to－face）互动中，对于成人的面孔与声音，尤其是母亲的面孔与声音表现出紧张度比较高的兴趣，并表现出一定的兴奋性。这种形式的兴趣在 1、2 个月时期表现比较明显，在 3—8 个月时期有所下降，而 9 个月以后又有所增加。但 9 个月以后的兴奋性兴趣是婴儿在参与一些挑战性活动时表现出来的，反映出努力的注意和主动的信息加工。第三种是调节形式兴趣（图 6－3c），这种形式的兴趣出现得相对比较晚，在 5、6 个月以后可能才会出现，是婴儿在社会互动中，由突然出现的社会情境所引起的。这种形式的兴趣突出特征是闭上嘴唇，面部动作有一定控制性。

婴儿兴趣的形成和发展经历了三个阶段：1. 先天反射性反应阶段（0—3 个月），表现为婴儿感官被环境的视、听、运动刺激所吸引；2. 相似性再认知觉阶段（4—9 个月），适宜的光、声刺激重复出现引起婴儿的兴趣，这时婴儿开始做出有意活动，使有趣的情境得以保持，产生对活动的快乐感；3. 新异性探索阶段（9 个月以后），这时婴儿开始对新异性刺激感兴趣。

（二）消极情绪

1. 愤怒

伊扎德等人（Izard, Hembree & Huebner, 1987）在一项纵向研究中，分别对

2、4、6 和 18 个月的婴儿常规地注射百日咳、破伤风等疫苗，并对过程的反应进行了录像。通过对录像的分析发现从 2 个月到 6 个月的所有婴儿都作出生理痛苦的信号反应，包括痛苦的面部表情和强烈的哭叫声，这种反应是动员了所有生理能量哭叫以求得帮助。2—7 个月的婴儿，90% 在痛苦表情之后，表现出清楚的、全部面部表情的愤怒。愤怒表情是短暂的，是次于痛苦表情的。18 个月时，这些婴儿对于最后一次接种疫苗表现出了痛苦，相对于早期的反应，表现出的生理痛苦较短暂，但 100% 的表现出愤怒表情，且愤怒表情相对长时间地处于主导反应。

伊扎德认为，较小的婴儿由于不能够抵抗这些刺激，所以把所有能量都转换为一种痛苦的表达，竭尽全力哭叫而求助。随着婴儿的成熟，他们的表情行为发生了变化，强烈的生理痛苦表情退让给愤怒的表情。在面临不可预期的疼痛刺激时，愤怒表达更具有适应性，因为愤怒动员所有能量用来保护和防御。最终他们不仅习得如何调节和抑制愤怒，而且习得在情境要求时如何在自我防御的工具性行动中控制愤怒动员的能量。

婴儿的愤怒表情往往混合着痛苦的成分，但其愤怒表情和痛苦表情也是明显分化的（见图 6－4）。

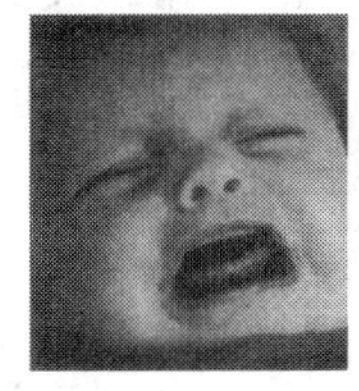
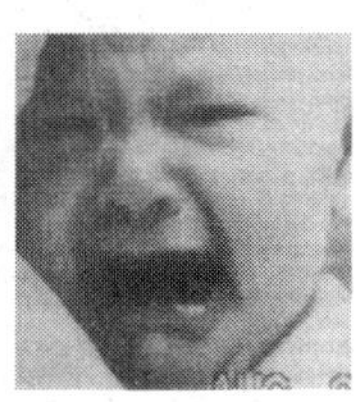

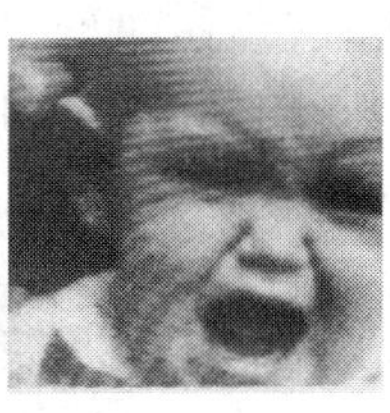

a　　b　　c　　d

图 6－4　婴儿的痛苦和愤怒表情

（a，b．痛苦的表情；c．伴有痛苦的愤怒表情；d．典型的愤怒表情。资料来源：Sullivan & Lewis，2003；Feldman，1998）

依据斯鲁夫的情绪发展理论，愤怒在婴儿期的发展经历了三个阶段。在愤怒发展的最初阶段，对于意向行为的障碍作出即时的负性反应。在生命的第一天，限制婴儿的头部运动，在婴儿反射性的移动反应中就可以看得到。斯鲁夫认为这是愤怒的生理原型，不是愤怒本身。新生儿期预兆性的愤怒出现不再是纯生理性的，而是合并生理成分与相关的具体事件的意义评价。到了 6 个月左右，婴儿对于阻止目标实现的事件的意义能够进行具体评价，产生了成熟的真正意义上的愤怒。

2．悲伤与抑郁

最早诱发婴儿悲伤的因素是与母亲分离或母亲对其反应没有作出应答，3 个月左右时会观察到这种悲伤的表现（Lewis，1993）。婴儿悲伤与怎样的具体刺激或情境关联并不非常清晰，但婴儿的悲伤在许多情况下与愤怒情绪混合在一起（如图 6－5c）。

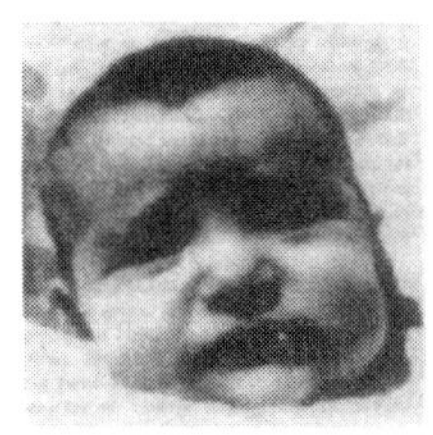
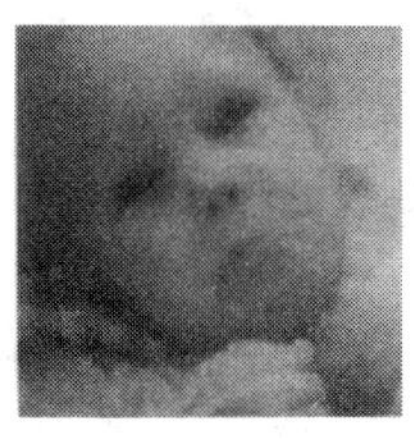
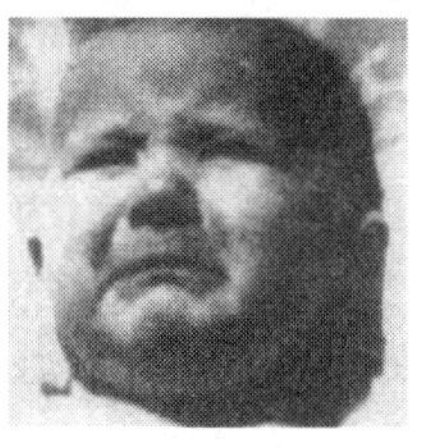

a　　　　b　　　　c

图 6－5　婴儿的悲伤表情

（a. 低唤醒悲伤表情；b. 高唤醒悲伤表情；c. 伴有愤怒的悲伤。资料来源：Sullivan & Lewis，2003）

一项研究观察了婴儿在与母亲面对面交流中，母亲没有表情时婴儿的反应。在一种条件下，母亲看着婴儿，以单调的语调说话，没有表情，减少运动，避免接触婴儿。另一种是正常条件，母亲表现出自然的表情。对婴儿的反应进行了录像，共 3 分钟时间，并运用分析系统对于婴儿的行为和情绪状态进行编码。结果表明，对于没有表情的母亲，婴儿的反应越来越被扰乱，越来越痛苦。相反在正常条件下，婴儿通过游戏和积极的表情愉快地进行交流，并维持对母亲的眼睛接触。

运用静止面孔（still－face）范式对于婴儿和抑郁母亲进行的研究发现（Field，1984），母亲抑郁的婴儿已经习惯于抑郁母亲的交流方式，在静止面孔条件下没有兴奋表现，而非抑郁母亲的婴儿在同样条件下反应是兴奋的。在实验室发现抑郁母亲对婴儿的接触、讲话和注视的时间非常少，情感反应积极的少而消极的多。相应地婴儿讲话少、活动水平低、表现出更多的消极情感反应。同时，在 9 个月婴儿和他们的母亲面对面的互动中诱发母亲的悲伤表情，增加了婴儿悲伤和愤怒的表情，降低了婴儿的探索和游戏水平。悲伤与抑郁情绪的这些效应具有深刻的意义。

3. 厌恶

达尔文认为厌恶是实际知觉和想象为反感的事情引起的感觉，最主要是由味觉引起的，其次是嗅觉、触觉和视觉。达尔文认为这种情绪是进化的反应，因为是很早就出现的普遍表情，它的功能是拒绝被污染了的食物。他描述了一个孩子 6 个月时吃樱桃表现出的厌恶表情：嘴唇和嘴巴改变形状使得食物很快掉出来，伸出舌头，这些动作还伴随着颤抖，眼睛和额头有惊奇和惊讶的表情，样子有些滑稽。

在许多情况下，厌恶被认为是一种从原始的退避机制进化而来的最早的情绪。这些反应的发生涉及味觉和嗅觉的古嗅脑的参与。厌恶反应也可以通过给新

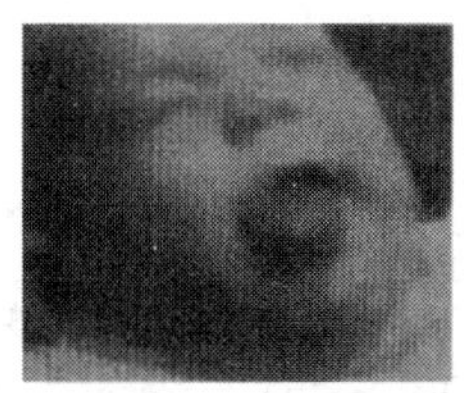

a

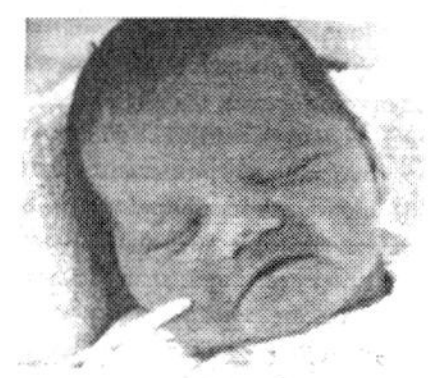

b

图 6－6　婴儿的厌恶表情

（a. 味觉刺激引起的厌恶表情；b. 丁酸气味引起的新生儿厌恶表情。资料来源：Sullivan & Lewis，2003；Soussignan & Schaal，2005）

生儿舌头上放少许苦的物质而引起。脑干调节的厌恶表情伴随着情感状态，驱动表达行为，导致对苦药的拒绝。近期的研究也表明，运用丁酸气味能够引起新生儿类似厌恶的表情（Soussignan，2005）。

对于婴儿厌恶情绪的研究，已有研究主要集中在由味觉和嗅觉刺激引起的厌恶反应（见图 6－6），这种厌恶的情绪反应是由具有生理意义的刺激引起的。但厌恶情绪会由更广泛的刺激如视觉、听觉刺激引起，而且社会性刺激引起厌恶的情绪反应也会随着婴儿的成长逐渐发展。

4. 恐惧

华生曾提出婴儿一出生就具有恐惧反应，即大的声音和身体突然失去支撑两种无条件刺激能够引起婴儿的恐惧反应。但后来的研究观察了出生后 1、2 个月婴儿的行为，结论一致认为婴儿出生时没有恐惧反应出现。婴儿会因为各种不同原因而痛苦，对于疼痛、不适、饥饿和其他不愉快的体验作出哭叫反应。研究发现婴儿恐惧的出现是在 6、7 个月以后的事情，因为恐惧感的形成需要婴儿具有一定评价情境与事件危险性的认知能力，需要独立移动和行为抑制的能力，在 6、7 个月后，婴儿就初步具备了这些方面的能力（图 6－7b）。但混合惊奇表情的恐惧表情在 2、3 个月就可以观察到（图 6－7a）。

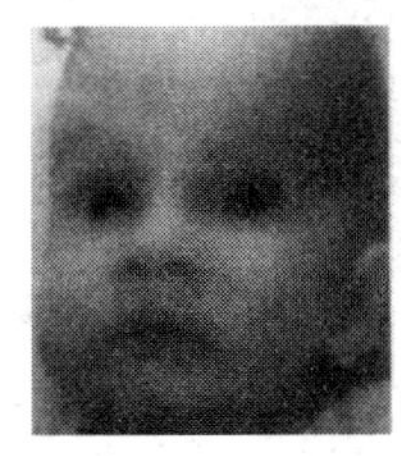

a

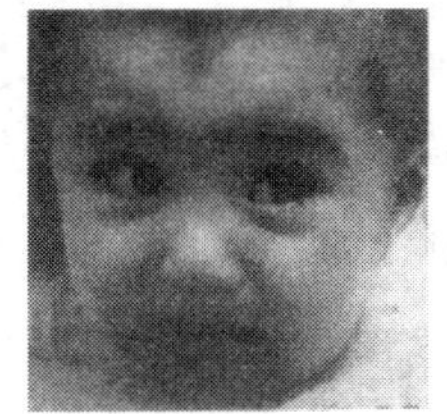

b

图 6－7　婴儿的恐惧表情

（a. 2 个月时由突然出现的幻灯片和音乐引起的惊恐表情；b. 6 个月时注射疫苗的护士返回引起的恐惧表情。资料来源：Sullivan & Lewis，2003）

目前对于婴儿恐惧的研究主要集中在陌生人焦虑、分离焦虑、深度恐惧和碰撞恐惧等方面。

（1）陌生人焦虑

4—5 个月婴儿已经有了陌生人焦虑的预兆，即对于陌生面孔表现出了痛苦的反应。在这个阶段当陌生人盯着婴儿看时，婴儿会盯着陌生人看，大约 30 秒左右婴儿就开始哭泣。当陌生人突然接近婴儿或抱起婴儿的时候，7—12 个月的婴儿会开始哭叫或表现出痛苦等消极反应，这就是陌生人痛苦或陌生人焦虑。陌生人焦虑是把情境评价为威胁时而产生的反应，当陌生人第二次闯入时婴儿表现出更大的痛苦。陌生人焦虑受到陌生人接近的性质与情境影响，如果陌生人是微笑的，轻声说话，拿着玩具给他，慢慢接近婴儿，而且养育者是在旁边可触及的，婴儿通常表现出兴趣和愉快，很少表现出痛苦。另外，陌生人突然闯入而引起痛苦的程度在不同婴儿之间有很大的不同，这也与婴儿的气质有关。

（2）分离焦虑

像陌生人痛苦一样，婴儿的分离焦虑出现在 6 个月前，也是遵循着一个发展的时间表。8—10 个月婴儿与养育者之间的互动变得越来越主动，活动能力增强，活动范围增大。随着这些能力的增强，婴儿探索外界事件的渴望也增大，但需要以养育者为安全源，这个时候分离焦虑开始逐渐达到高峰。婴儿关心养育者与自己保持连结，以便安全离开或返回到其身边，如果养育者决定离开婴儿，婴儿的这种关心就变成了实际的痛苦。

研究表明，不同文化背景中婴儿的养育方式影响了分离焦虑（见图 6－8）。凯根（Kagan，1980）对南非的纳米比亚和博茨瓦纳人、安提瓜岛的危地马拉人、以色列的基布兹人和危地马拉的印第安人的婴儿对母亲分离的反应模式进行了研究，发现尽管不同文化背景下婴儿的分离焦虑模式相似，都在接近 1 岁时达到高峰，但高峰持续的时间不同，而且分离焦虑反应的强度存在文化上的差异。

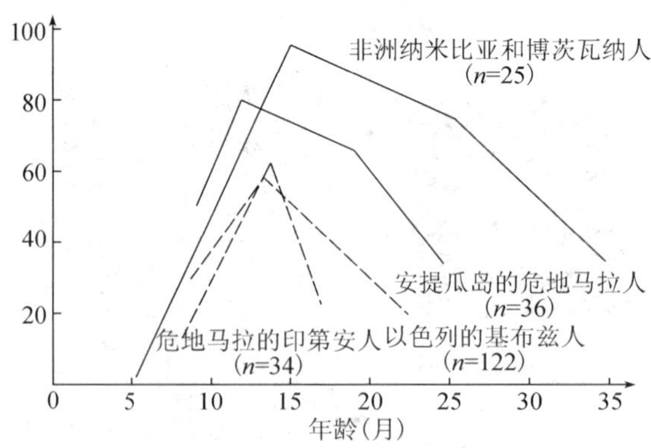

图 6－8　不同文化背景下婴儿的分离焦虑发展进程（LaFreniere，2000）

(3) 深度恐惧

通过视崖(visual cliff)实验发现，婴儿在5个月时开始知觉到和注意深崖，9个月时对于深崖有了恐惧反应。5个月婴儿呆在深崖的一边注意深崖，心率下降，没有表现出负性情绪反应。心率下降是对新信息的定向和注意，是兴趣的信号。而9个月开始，对于深崖表现出急剧的心率上升，有的婴儿拒绝爬过深崖一边，有的开始哭叫，这是恐惧反应的表现。

(4) 碰撞恐惧

碰撞恐惧是另一种具有生物学基础的恐惧。运用一种特制的仪器给婴儿施加单纯的视觉冲撞刺激，一系列小点在视觉上好像刷向婴儿，新生儿一致地出现了眨眼反射，8、9个月的婴儿出现了预期的防御反应、心率加速和其他恐惧的信号，而唐氏(Down)综合征患儿在1岁以后才出现上述反应(Yonas，Cleaves & Petterson，1978)。

三、依恋的发展

依恋是一种对于母亲或养育者的亲近关联，是一种心理行为的亲近和依附，是一种母婴之间的情感纽带。依恋主要表现为啼哭、笑、吮吸、喊叫、抓握、身体接近、依偎和跟随等行为(图6-9)。

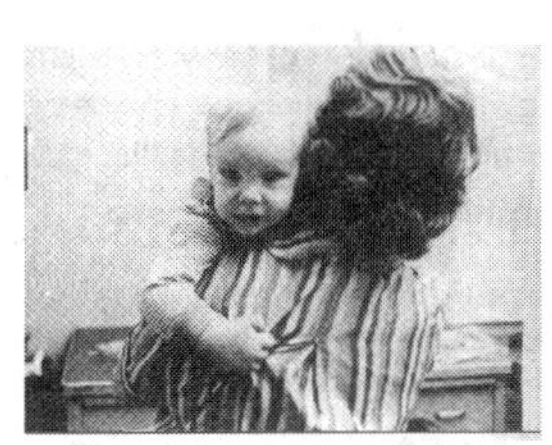

图6-9 依恋行为(Feldman，1998；陈少华，2008)

(一) 依恋发展的阶段

对于婴儿依恋的发展，谢弗和埃默森(Schaffer & Emerson，1964)经研究发现，婴儿在同养育者形成密切关系时要经历以下几个连续的阶段。

1. 非社会性阶段(0—6周)。这一阶段婴儿对于养育者缺乏区分反应，对不同喂养行为线索都作出积极反应，尽管有证据说明婴儿对于母亲的气味和声音有敏感性，但还不能完全证明有这种清晰的倾向。在这个阶段末，婴儿表现出对社会刺激(如微笑面容)的偏好。

2. 未分化的依恋阶段(6周—6、7个月)。这一阶段的儿童对人更为偏好，但是还未能进一步分化——他们更多地对人而不是对其他类似人的物体(如会说话的木偶)微笑(Ellsworth，Muir & Hains，1993)，任何人把他们从怀里放下来都会让他们相当不安。尽管3—6个月大的婴儿只有熟悉的人能引起出声笑，日常养育者对他们的安慰也更有效，但是他们似乎对任何人（包括陌生人）的关注都感到快乐。

婴儿也逐步能够把母亲与他人区别开来，对于母亲和对于陌生人的反应不同。在母亲出现时出现微笑，发出声音，当感到不安全时贴紧母亲的怀抱。这一阶段婴儿开始习得这种特殊关系的自然关联，发展了对于不同养育者要作出不同反应的期待。但由于没有形成客体永恒性，婴儿不会出现反抗分离的反应。

3. 分化的依恋阶段（约 7—9 个月）。在 7—9 个月间，婴儿在与某个特定个体（一般是母亲）分离时开始表现出抗拒行为。这时候婴儿已经能爬行了，他们常常试图追随着妈妈，缠着她，在妈妈回来时热情地欢迎她。他们也变得对陌生人有些警觉了。谢弗和埃默森认为，这些婴儿已经建立起了最初的真正的依恋。这一阶段的显著特点是出现从母亲或养育者那里得到安全的倾向，如果出现危险和痛苦，回到母亲那里寻求安慰。

4. 多重依恋阶段（约 9—18 个月）。谢弗和埃默森研究中的婴儿有一半在形成最初的依恋几周内，和其他人，如父亲、兄弟姐妹、祖父母甚至某个固定的看护人也建立起了依恋关系。到 18 个月时，很少有婴儿只对一个人产生依恋，有的婴儿会有 5 个或更多的依恋对象。

（二）依恋的类型

安斯沃思（Ainsworth，1989）运用陌生情境研究范式对婴儿的依恋进行了大量的研究，发现婴儿有三种不同的依恋类型，即安全型依恋（secure attachment）、抗拒型依恋（resistant attachment）、回避型依恋（avoidant attachment）。后来的研究者又区分出一种新的依恋类型即混乱型依恋（disorganized attachment）。

1. 安全型依恋。这类婴儿在陌生情境中，在探索、游戏和保持与养育者接近之间保持了理想的平衡，他们在陌生情境中能够离开养育者去玩玩具，但又保持着与养育者的接近，能够友好地接近陌生者。在游戏中与养育者保持感情共享，在养育者在场的情况下能够加入到陌生情境。当遇到痛苦时能够主动寻求与养育者的联系，并从痛苦中恢复，保持与养育者的联系是终止痛苦的有效策略。当痛苦消除，就又开始参与到游戏中。

2. 抗拒型依恋。这类婴儿的情绪是不平衡的，身体上反抗离开养育者。在陌生情境中他们不愿意离开养育者，一旦离开就立刻表现出焦虑和痛苦。他们很难离开养育者去探索，对于陌生情境产生焦虑和痛苦。在分离之后团聚时仍然很难恢复平静，持续哭叫、乱闹甚至击打养育者以表达愤怒。抗拒型依恋婴儿的寻求接近和接近反抗混淆在一起。

3. 回避型依恋。这类婴儿容易离开养育者参与到陌生情境中去，缺乏与养育者的感情共享，当养育者离开时不表现出明显的分离焦虑，当养育者返回时，不主动寻求接触，当养育者接近时反而转身离开，回避养育者的亲近行为，在忧伤时陌生人的安慰效果与养育者差不多。

4. 混乱型依恋。这类婴儿混合了抗拒型和回避型依恋的模式，表现出一些混乱和矛盾的行为，他们要接近养育者，但当养育者靠近时又离开，接近养育者时表现出茫然和忧郁的表情，表现出奇怪的姿势等。当养育者回来时，这些婴儿看起来不知所措，或者他们会在接近养育者的过程中因为养育者的接近而突然跑掉，他们也有可能在不同的重聚场景中同时表现出这两种模式。

研究表明，安全型依恋的婴儿占65%，抗拒型依恋的婴儿占10%，回避型依恋的婴儿占20%，混乱型依恋婴儿占5%左右。

四、婴儿情绪调节的初步发展

在生命的第一年中，情绪调节主要是情绪唤醒控制，即增强、减弱或维持唤醒水平以保持与环境的协调。这种唤醒控制的意义有两个方面，首先是保持正性情绪唤醒与负性情绪唤醒的动态平衡，以达到适当的舒适状态。第二方面是通过情绪调节建立与维持社会关系，以保持、巩固与养育者的亲密关系。随着婴儿的成长，婴儿逐渐知道有时候自我平静会比哭叫更有效，学会当需要得不到满足时转移自己的注意，学会通过调整情绪唤醒水平来得到更多的爱护和关切，密切亲子关系或与养育者的关系。

科普（Kopp，2003）等人认为，婴儿最初的情绪调节或者是一种特殊目的性反应的激活如面部表情反应，或者是一种减少痛苦的机制如非营养性的吮吸，或者是对养育者的积极情绪状态反应的同步行为。这种情绪调节是前意识的、非符号化的和生存需要驱动的。新生儿基本上是通过哭叫表达他们的生理状态，并通过哭叫引起养育者的关注和满足他们的需要。在2个月以前，婴儿的情绪调节完全是这种方式，以后逐渐向外显知识（explicit knowledge）支配下的情绪调节转变。外显知识反应了行为的意识性，是婴儿与物理和社会环境相互作用的结果。婴儿获得了一定的行为主动性，如当感到痛苦时会通过随机扫视减低痛苦，5个月的婴儿吃到不好吃的味道时，会盯着抚养者看，并会左右摇头。随着婴儿的成长，他们的外显知识越来越多，情绪调节越来越从被动的、生理反应性的、前意识的调节向主动的、有明确社会性目的、有意识的调节发展。

婴幼儿的情绪调节行为主要有四类：安慰行为（comforting behaviors）、分心行为（distraction behaviors）、工具性行为（instrumental behaviors）和认知重评（cognitive reappraisals）。安慰行为是指使内在的消极情绪体验恢复到平静状态，如父母的安慰或婴幼儿自己获得安慰。研究认为安慰行为是婴儿最先出现的情绪调节行为。分心行为是指目光或注意离开引起消极情绪的情境，朝向其他目标，分心行为也表现为主动地从事其他替代的活动。工具性行为是指消除消极情绪源，如口头反对、离开、寻求看护者的帮助，触摸喜欢的玩具，或试图重新找回、注视暂时得不到的目标等。1 岁左右工具性情绪调节行为已经出现。认知重评是以积极的方式看待消极的情绪事件，这一时期的婴儿能够用语言表达自己的情绪体验，出现安慰他人的现象，逐渐能够理解养育者的解释，如“不怕、不怕，没有危险”等，说明认知调节已经萌发。

第三节　幼儿情绪发展

进入幼儿阶段，基本情绪随着认知的发展和社会化过程变得越来越丰富和复杂化，尤其是幼儿对于环境事件与目标关系的评价越来越多样化，因此幼儿的基本情绪及其体验越来越多样化并具有事件评价的具体性。除此之外，幼儿最显著的情绪发展是情绪理解和情绪调节能力的发展、自我意识情绪的发展等。

一、情绪理解的发展

儿童早期认知的发展为情绪功能的提高提供了支持。随着语言技能的发展，学前儿童对于自己的情绪体验和他人的情绪体验有了新的理解。

（一）情绪识别

学前儿童辨别表情的能力越来越完善，学前儿童能够成功地区分愉快、愤怒、悲伤、恐惧等面部表情。研究表明学前儿童识别自发和做出的高兴表情、悲伤表情、愤怒表情要比恐惧表情、惊奇表情、厌恶表情好（Felleman，Barden & 1983；Harrigan，1984）。同样当要求模仿不同的面部表情时，学前儿童模仿高兴面部表情比恐惧、愤怒要好。同样研究发现，2—6 岁幼儿对于高兴、悲伤、愤怒面部表情标签的成绩比恐惧、惊奇、厌恶面部表情标签的成绩高，各种面部表情的识别与标签能力随着年龄的增加而逐步提高（Widen & Russell，2003，2004；王振宏，田博等，2010）。面部表情识别与标签能力在 5 岁之前迅速提高，5 岁之后逐渐缓慢下来，达到一个稳定的水平（王振宏，田博等，2010）。

儿童不同感觉通道情绪解码的精确性不同，要求儿童依据面部或声音信息确定和标签不同的基本情绪时，提供的情绪信息越多，儿童识别情绪越好。随着年龄的增加，通过声调和语言识别情绪的精确性提高。与面部表情识别不同，通过声调语言识别愤怒的情绪比其他情绪要好，而从声调识别悲伤则非常困难，在这些方面，幼儿与成人表现出相同的模式（Scherer，1989）。

除了识别和标签基本情绪的进步，学前儿童对情绪体验的理解也增强了。这个时期的儿童对自己情绪感受的语言评价的数量和复杂性增加，他们解释自己情绪感受的能力、劝说和安慰他人以及注意自己感受的能力急剧提高。由于语言的发展，学前儿童能够与他人共享对于外界事物的情绪体验，包括亲昵、爱、孤独、恐惧等。学前儿童能够通过听故事确定在熟悉的情境中所感受到的情绪，也能够指出哪些情境会使人感到快乐、悲伤、惊奇、惊恐或愤怒。

（二）情绪语言

学前初期的儿童开始学习谈论他们的情绪。一些研究探讨了儿童的接受式和产生式情绪词汇，研究了母亲—儿童观看表情图片时语言的情绪内容以及自然背景下儿童谈论情绪的语言。研究发现（Bretherton，Fritz & Zahn – Waxler ，1986），大多数儿童 18 月时开始使用情绪词，从 18 个月到 36 个月，儿童先后习得标签自己和他人的情绪，推断现在和未来的情绪，讨论情绪的前提和结果。在一项对于 18 个月到 6 岁儿童的横向研究中（Ridgeway，Waters & Kuczaj，1985），研究者记录了儿童运用关于内在状态不同词的百分率，结果发现：理解先于运用，即接受先于产生，如大多数 18 个月儿童能够理解愉快和悲伤，但能够说出愉快一词的只有 50%，说出悲伤一词的只有 7%。

大多数学前儿童喜欢的活动，如与父母、幼儿园老师一起读儿童故事书，与同伴一起游戏等，为儿童的情绪理解发展提供了重要的背景。在这些活动中，儿童经常涉及讨论情绪的内在感受。通过对于儿童在自然背景下谈论情绪、说出情绪感受、理解情绪的因果关系以及对于儿童单独的想象式游戏、与同伴的社会戏剧性游戏中谈论情绪等方面的研究发现，学前儿童能够大范围说出自己和他人的情绪感受，对许多一般情绪体验有了初步的理解，能够预期情绪反应。

二、自我意识情绪的发展

自我意识情绪主要涉及尴尬、羞愧、自豪、内疚、嫉妒、移情，这些情绪一般被认为是由于自我意识的发展、规则和标准的获得而出现的。在从婴儿向学步儿童过渡的时期，大多数婴儿在 22 个月开始能够认出镜子中的自己，清晰的自我意识开始形成。在此基础上，自我意识情绪也逐渐形成。

尴尬（embarrassment）是最简单的自我意识情绪，在儿童能够再认自己的镜像时开始出现。研究发现，要求在陌生人面前表演节目和受到过度表扬引起尴尬的婴儿，都能够自我再认（Lewis，1989）。

而羞愧（shame）、自豪（pride）、内疚（guilt）等自我意识情绪的出现，需要儿童能够再认自己的镜像，同时掌握一定的行为准则与标准，并依据行为标准进行自我评价以后才能够发生（Lewis，1993）。儿童到了 3 岁，能够更好地评判自己表现的优劣时，在成功完成一项困难任务后会表现出自豪，如微笑、鼓掌，或者叫着说“这是我做的”。这时的儿童也会在没有能够成功完成一项简单的任务时产生羞愧，如耷拉着头向下看，或者说“这个我做不好”。

羞愧是内疚情绪的前奏，羞愧感只要求简单的好坏感，这种好坏感是对成人责备或表扬的反应。而自豪和内疚要求儿童有更加分化的自我感，评价标准越来越内化，能够理解是遵守还是违背了内在标准。这个时候内疚和自豪得到了很大的发展，5 岁儿童基于任务完成的好坏已经表现出了充分的自豪和内疚。

研究者观察到了 18—42 个月儿童在实验者操纵成败的任务中的面部表情和姿势表情反应。与成功相联系的表情行为包括微笑、抬头和下巴突出，挺直身体，但当失败时出现相反的行为，如皱眉、凝视厌恶、脑袋下垂、身体向前等（LaFreniere，2000）。学前儿童在成功时引起开放的姿态，而失败时引起封闭的姿态。

一系列横向研究报告了儿童自豪和羞愧发展的系统变化（Stipek，1995）。实验任务失败时 2 岁儿童表现出皱眉反应的比例为 10%，4 岁儿童是 50%。成功后出现的微笑从 2 岁到 4 岁急剧增加，从 25% 增加到 80%。对于儿童完成任务的成败或输赢后的表情行为的观察表明，成功后的行为要么反映了自豪，要么反映了掌控的快乐；失败后的不同行为反映了羞愧、挫折或愤怒。

内疚是指对于违背了个人内在标准而产生的情绪反应，其产生与道德标准的内化密切联系。学前儿童能够不违背父母的禁令，当违背了禁令会通过认错而修复与父母的关系，以降低内疚感。甚至非常小的学前儿童在对同伴的攻击行为发生后也出现修补行为，实验证明在糟糕事情发生后，学前儿童对于养育者表现出普遍的修补行为。

移情是一种社会性情绪，移情的出现意味着儿童习得了区别自我和他人，能够认知他人的情绪状态。霍夫曼（Hoffman，1984）对儿童移情发展做了比较深入的研究，认为在新生儿身上基于动作模仿的移情唤醒是遗传而来的一种反应。霍夫曼观察到新生儿对于其他婴儿的哭泣作出哭泣反应。他认为新生儿的这种情绪感染是移情发展的第一阶段。在第二阶段，学步期儿童会对其他儿童的痛苦以有目的的帮助行为作出反应，但这种反应是自我中心的，他会以自己喜欢的玩具来安慰其他儿童。学步期儿童明显能够区分自己的痛苦和别人的痛苦。例如，一个 21 个月的男孩通过给妈妈芭比娃娃或拥抱妈妈来安慰悲伤中的妈妈。第三个阶段是学前早期，儿童发展了观点采择的能力，变得越来越能意识到他人的感受与自己的不同，他人的情绪感受是基于他人的需要，他人的需要与自己不同。这一时期才开始形成真正的移情。

对于移情的实证研究在一定程度上支持了霍夫曼的移情发展阶段理论。在两项纵向研究中，1 岁婴儿大多数能以身体接触来安慰痛苦中的他人。从 2 岁起，这些早期的帮助行为变得越来越分化，包括帮助、分担、同情、安慰痛苦中的人。研究者观察到儿童的亲社会行为在 18—24 个月时期有大幅度的增长，移情关注和对于痛苦原因的解释也大幅度增长（Radke Yarrow & Zahn Waxler，1984；Zahn Waxler & Radke Yarrow，1992）。

三、情绪调节的发展

除了自我意识情绪的出现和情绪理解的进步，学前儿童还表现出情绪调节的显著改变。“麻烦的两岁期”这个概念反映出学步期儿童的任性和不能恰当应对父母的要求。但到了幼儿期，愤怒、挫折感、反抗和发脾气行为逐渐下降。同时，儿童逐渐学会指导和监视自己的行为，抗拒诱惑，抑制自己的行为，用自己的语言表达自己的内在情绪感受状态，用语言劝说他人满足他们的情绪需要和目标。

布洛克（Block，1980）曾提出了自我控制和自我弹性的概念，自我控制（ego control）指儿童管理自己内在情绪感受和冲动，以及愿望和欲望的能力；自我弹性（ego resiliency）指情绪管理的灵活性。布洛克等人的纵向研究表明，这些能力的发展植根于社会化的经验，在幼儿期已经形成，从 3 岁到青少年再到成人保持相对稳定。这表明幼儿期是情绪调节发展的一个重要时期。

基于情绪发展的组织观点，斯克提（Cicchetti，1995）等人认为幼儿的情绪调节有两个主要趋势：第一，调节变得越来越复杂和概括化。在这一时期，情绪从反射性和生理导向的调节逐渐向依恋人物、自我防御导向的调节发展。儿童情绪受环境刺激的影响降低，而受个人经验理解影响的自我控制增加。第二，随着发展，情绪调节开始分化。情绪内在体验的成分逐步与情绪的外在表达分离，允许采用更加具体的调节策略以保持与环境、交往要求相一致。

儿童情绪调节从养育者导向的调节向自我调节发展经历了四个阶段，通过这四个阶段，消极情绪的自我管理逐渐增加。在第一阶段，婴儿依赖于养育者来理解情绪信号和对痛苦的反射信号作出应答，以获得稳定性，完全是养育者导向的情绪调节。在第二阶段，儿童情绪表达的更具体形式调整着儿童与养育者之间的互动，儿童开始紧张地控制，尽管仍然是养育者导向的。第三阶段，与养育者建立了明确的依恋关系后形成了新的表征、情感、认知和行为系统，保证了儿童与养育者的亲近得到维持，安全需要得到满足。这一阶段，儿童能够在心理上表征亲子互动关系的经验，情绪的认知调节开始形成，能够听从语言指令来调节情绪。第四阶段是自我调节的出现与成熟。幼儿的情绪调节是从第三阶段向第四阶段过渡。

第四节 学龄初期儿童情绪发展

儿童到了学龄初期，即小学阶段，情绪发展又出现了一些新的特点，这些特点既体现出基本情绪的变化又体现出自我意识情绪的发展，同时也出现了更加复杂的情绪与情绪表现。主要体现在混合情绪的理解，情绪掩饰的出现，情绪调节的进一步完善和策略化。

一、混合情绪的理解

在 6—8 岁时期，儿童会报告他们是悲伤的或是愉快的，激动的或是害怕的，但不是同时感受到了两种情绪（Harris，1993）。到了 9 岁或 10 岁时，儿童明确知道了前一天在学校的某些场合引起了混合的情绪感受，如老师提到要放暑假时，他们会觉得既愉快又伤心，因为暑假来了肯定感到愉快，但要暂时与同学、老师分别，又有一点不舍。

儿童理解混合情绪能力的形成，需要其认知结构的提高以允许他们同时考虑单一事件的各个方面。学前儿童能够回忆引起混合情绪反应故事的所有成分，但当要求预期故事特征引起的情绪反应时，他们一般只关注一个成分。研究表明，5、6 岁学前儿童会描述一个他既喜欢又不喜欢的人，喜欢是因为他与自己一起在外面玩，不喜欢是因为他拿走了自己的玩具。但当问到学前儿童不同的人是否会对某个事件有不同的情绪反应时，对于所有人他们一致地选择了一种可能的情绪反应。

哈里斯（Harris，1993）等人做了一个训练研究，让儿童听一个包含两种冲突成分的故事。为了保证儿童注意故事，要求儿童回答每一个成分引起了什么样的情绪。儿童听完故事，要求他们回答对于整个故事的情绪感受。6、7 岁儿童在有简单的提示后获得了对于混合情绪的理解，更小的儿童则不能。学龄儿童通常报告同时感受到了两种对立情绪的发生。同样他们在被问到在自己的实际生活中的情绪体验时，也会有混合情绪的描述。对更加复杂的情绪体验的理解对于儿童是重要的进步，因为这种理解导致对于社会生活理解的增强，包括自己和他人冲突动机、矛盾的人际关系和更复杂的自我概念理解的增强。

二、情绪掩饰

每一种文化通过各种不同的社会实践使儿童知道他们什么样的情绪表达是被期待的，这种社会化经验逐渐把儿童的表情行为塑造成为一种具有文化特定性的形式，并保持着一种普遍的性质，但增加了个体如何向他人表现的自我控制成分。情绪的这种自我控制叫情绪掩饰（emotional dissemblance）。情绪掩饰可以被区分为两个方面，文化的表现规则和非言语的欺骗。艾克曼（Ekman & Friesen，1975）等人在一系列的研究中开创性地研究了情绪掩饰的问题。

情绪掩饰的第一个方面涉及文化上的表达规则（display rule）的运用，如“当有人给你礼物，你要表现得高兴，即使你不喜欢它”。艾克曼运用了表现规则的术语来说明某种特定文化内社会化方式能够改变人类的面部表情。因为表达规则主要是社会文化影响的结果，在特定的文化中具有很高的特异性，互不接触的文化间的情绪表达规则非常不同。

情绪掩饰的第二个方面是策略性欺骗（tactical deception）的运用，以获取有利，避免不利。研究发现，3 岁儿童能够放大他们的情绪表达。观察到这个时期的幼儿在操场上遇到小灾祸时，如果他们意识到老师在注意他们比他们认为老师没有注意他们更容易哭泣。老师和父母非常容易区分真实的痛苦表达和夸大的痛苦表现。研究证明儿童从很早就能够管理自己的情绪表达，这种管理能力随着年龄的增长而提高。学龄初期是情绪掩饰发展的一个显著增长时期。情绪掩饰的发展基于情绪表达规则的理解与运用，情绪表达规则的理解与运用体现了情绪的社会化过程。研究认为4岁儿童理解表面情绪与真实情绪不一致的能力有限，而且他们并不能解释自己运用情绪表达规则掩饰内心真实情绪的原因，而6岁儿童开始运用语言来解释自己的情绪掩饰行为（Harris，1993）。这说明3、4岁的儿童开始能够运用情绪表达规则管理自己的情绪表达行为，但是还不能真正理解情绪表达规则。而随着年龄的增长，5、6岁儿童对情绪表达规则的理解逐渐得到改善，儿童对情绪表达规则的认识达到意识水平，能够用言语将自己的理解表达出来。

从小学阶段开始，随着儿童家庭学校社会化经验的增多，以及区分心理表征和外部行为认知能力的发展，儿童对情绪表达规则的理解和掌握在小学时期得到了根本性的发展。小学时期尤其是一到三年级是儿童情绪表达规则知识快速发展的阶段，三年级以后则维持在一个稳定的水平上（侯瑞鹤，俞国良，2006；俞国良等，2006）。对学龄期儿童所做的研究表明，小学儿童对亲社会表达规则的理解比自我保护表达规则的理解更好一些（Gnepp & Hess，1986）。

费尔德曼（Feldman，1979）等人以一年级、七年级学生和大学生为被试，要求他们在喝酸果汁时表现出高兴的、积极的情绪，然后让盲评者进行评价，盲评者更容易发现年龄小的儿童的情绪欺骗。萨尼（Saarni，1984）运用失望礼物的任务研究了一年级、三年级和五年级学生管理表情能力的发展。儿童先收到一个喜欢的玩具，接下来收到一个不具有吸引力的玩具，结果表明，收到有吸引力的玩具孩子们表现出广泛微笑和热情的感谢，相反，收到没有吸引力的玩具时儿童的积极情绪反应降低，并试图掩饰失望。结果也发现，年龄小的儿童（尤其是男孩）当收到没有吸引力的玩具时保留不微笑的表情，而大一点的儿童（尤其是女孩）表现出了礼貌的微笑。

儿童的情绪表达受到文化背景的影响也是非常显著的。研究发现（Saarni，1988；Zeman & Garber，1996）美国白人学龄儿童更容易向父母、成人表达悲伤、愤怒等消极情绪，而不是同伴；非裔学龄儿童报告他们更倾向于直接向同伴表达愤怒情绪，而不是向老师表达。儿童的情绪表达也存在性别差异，这种性别差异也反映出文化背景的影响。研究发现女孩对于情绪表达规则的理解和运用要优于男孩。一项研究发现，在生气故事情境下，尽管男孩和女孩报告在生气体验上没有差异，但男孩比女孩选择采用更多的生气面部表情（Underwood，1992）。运用观察法所做的研究也发现，在失望礼物情境下，女孩比男孩表现出更多的积极行为和更少的消极行为。另外，研究也发现在亲社会表达规则故事上，6岁女孩对于表面与真实情绪之间差异的理解要比男孩好（Josephs，1994）。这种差异是由于社会对男孩和女孩性别角色期望的不同所导致的。大部分文化中都期望女孩温顺礼貌，考虑他人，所以，女孩更可能管理和调节自己的生气行为，更多地运用亲社会表达规则；而对于男孩来说，他人对于其生气、愤怒等带有攻击性的情绪表现则比较宽容。

总之，整个儿童期，语言、认知、自我概念和社会关系的发展，使得儿童的情绪沟通逐渐与成人相近。随着儿童心理的发展，儿童逐渐能够区分意愿和现实的不同，认识到信念、愿望是现实的表征，而不是现实本身，信念有正确的和错误的。大多数儿童 6 岁时能够理解他人会被与实际情绪感受不同的表情行为所误导。随着情绪理解的提高，儿童更加能够意识到日常生活中情绪细微的变化，包括能够理解情绪矛盾和情绪冲突，习得文化所规定的情绪表现规则。情绪冲突的理解到 9 岁时才很好地建立起来。当问及学前儿童前一天在学校的情绪感受时，他们不能够想象出两种不同的情绪感受，而 6 到 8 岁儿童能够报告他们前一天在学校有悲伤或快乐，但没有报告两种情绪是同时发生的，到 9 岁时，大多数儿童报告了他们在某一时刻有几种不同的情绪冲突，如快乐和悲伤等。

第五节　青少年情绪发展

青少年时期是心理与身体发展的第二个转折期。青少年的情绪发展极其复杂，青少年情绪自主性与消极情绪体验增多，情绪体验日益丰富；情绪表达从强烈性、暴发性、波动性、冲动性向掩饰性转变；青少年同伴之间的亲密感变得越来越重要。

一、情绪的自主性与消极情绪体验增加

进入青春期后，青少年的自我同一性进程要求在情绪上独立于父母，青少年再次进入与父母发生冲突的阶段。青少年表现为日渐增强的自立、创新，对来自同伴压力的抵制以及对自己的决定与行为负责，以父母为中心的情感交流转向了以同伴为中心。一项研究发现，青少年清醒时段与家庭成员在一起的时间从 35% 降至 14% 。由于父母开始希望且青少年自己有更多成人责任心的愿望，他们与父母的关系变得更加平等。随着青少年认知与完成任务能力的增加，他们更倾向于发现父母行为的缺点，努力争取与父母更多的平等关系。

研究表明，青少年在家庭与父母大约每三天发生一次争论，持续约 11 分钟，而与同伴争论每天有 7 次。同时，采用语言报告的方法一致发现，争论、争吵在青春期早期表现出增加，而在青春期晚期表现出减少。与父母的冲突较之与同伴的冲突卷入了更多的消极情绪。研究发现那些被父母鼓励表达自己意见的，和家庭成员保持情感沟通的青少年，有更好的心理适应、更高的自尊、更好的战胜困

难的策略等。而那些在家庭中很少有自主性的青少年表现出更强的抑郁和更多的行为问题（Allen，Hauser，Bell et al，1994）。

父母对于青少年采取的对待策略和情感支持，是决定青少年在家庭中是否感到压力与紧张的重要因素。父母的支持可以促进青少年积极情感的发展，因为他们相信父母在需要时能够依赖，相信父母支持自己的孩子们，更愿意向父母透露自己的问题，也能学到更成熟的应对策略。这些青少年能够更加健康地理解消极生活事件，不会耗费太多时间来反思自己的问题。青少年调节消极情感的能力，部分依赖于在家庭中的学习活动。

研究发现，随着青春期的到来，青少年的烦恼、苦恼、郁闷、孤独也随之而来，幸福感降低。从青少年早期到中期，日常情绪体验在某种程度上变得越来越消极，积极成分也越来越少（尽管日常情绪体验总体上是积极的），特别是一些青少年体验到孤独和低自尊，或者表现出轻微的行为障碍（Schneiders，2006）。这种心境低落的趋势持续到青少年中期（Larson & Lampman－Petraitis，1989；Larson，2002；见图6－10），并且从成年早期开始又会逐渐变得更为积极。虽然绝大多数青少年都能够很好地管理和调节这些情绪上的变化，但是青少年早期的较为严重和亚临床的抑郁仍然有所增加。研究表明，有15%—20%的青少年遭遇过这种情况（Hankin，1998），而被诊断为抑郁症的女孩数量要多于男孩。

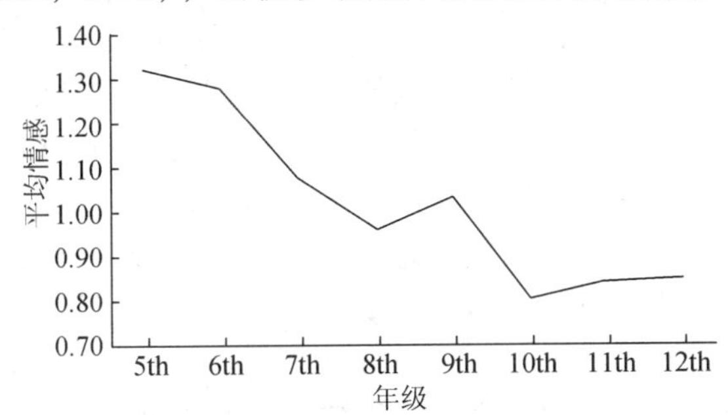

图6－10　五年级至十二年级学生的日常情绪体验变化（Shaffer & Kopp，2009）

为什么青少年会突然体验到这么多消极情绪呢？伴随性成熟的心理和激素变化可以部分解释郁闷和烦恼增加的原因（Buchanan，Eccles & Becker，1992）。许多研究者认为与父母、老师和同伴的矛盾激增是青少年早期积极情绪体验减少的主要原因。父母与孩子之间在个人责任和自我管理方面的冲突在青少年早期到中期达到顶峰，随后几年逐渐减少（Laursen，Coy & Collins，1998）。因此，随着家庭矛盾的减少，青少年情绪低落的趋势也停止了。拉森（Larson，2002）及其同事在一项研究中发现，生活压力可以很好地预测青少年的情感体验，在每个年龄段中，体验到较多生活压力的青少年报告了更多消极的日常情绪体验。

生活压力是青少年体验到消极情感的主要原因之一，也部分解释了女孩比男孩更容易抑郁的原因。在一项日记研究中，和男孩相比，13—15 岁的女孩不仅报告她们与家庭成员、同龄人之间的压力体验更多，而且对这些压力源的反应也更为消极，特别是在处理和同伴的争执上（Hankin，2007）。从学前早期开始，女孩就开始在意与玩伴或其他同龄人维持和睦的关系，这使得她们在与朋友和其他同龄人发生争执后会更为困扰，也就会导致她们更容易产生抑郁情绪。

二、情绪表达由外在冲动性向内在掩饰性转变

青少年初期，情绪的特征之一就是情绪容易冲动，爆发快，强度大，而且不稳定。一方面，这与此时个体的生理发育有关，与青少年神经活动的不平衡性、体内生理激素水平的改变有关；另一方面，这与个体在青少年期社会需要增多、自我意识增强密切相关。遇到各种各样不可预期的事件，往往会产生强烈的情绪反应。

研究发现，青少年中男生的冲突与危机有三种主要模式：连续式、波动式、激烈式。大约有 25% 的男生经历了连续式的成长，其特点是与父母相互尊敬、支持，并且自信。大约 35% 则经历了波动式的成长，平静不时会被愤怒、蔑视、不成熟打乱。大约有 25% 表现出激烈式的成长，满心压抑与风暴。

研究发现（Kobak & Sceery，1988），青少年的情绪表达与早期的依恋质量以及来自父母与同伴的社会支持密切相关。有安全依恋的青少年被他们的朋友感知为具有更高的社会能力、更好的调节能力、更少抑郁、更能建设性地调节自己的情感。这些青少年认为父母是支持他们的，也是爱他们的。相反，那些有抗拒依恋关系的青少年，被朋友们认为更具敌意与强迫性自恋，他们感到被父母拒绝或不为父母所爱。当他们被要求谈及依恋关系时，认为依恋关系不重要，他们也总是报告不愿向父母寻求支持与安慰。这些发现说明，成功解决同一性危机与有信心地适应同伴情感挑战的能力，部分依赖于支持性家庭中建立的安全关系。

随着阅历的增长和经验的丰富，青少年开始逐渐意识到情绪冲动与情绪的任意发泄对达到自己的要求不利，会影响同他人的关系。同时，由于自我意识的逐渐完善，自我控制和自我调节能力增强，青少年会逐渐以更加符合社会要求的方式表达自己的情绪。青少年中后期的学生开始对冲动的情绪进行克制和忍耐，情绪反应的强烈程度逐渐降低，情绪的波动性逐渐减少，情绪的稳定性也增强。青少年期情绪表现的另一个特点是情绪表达的“掩饰性”，即情绪的表现与内心真实体验会分离，就像戴着一副假面具一样，有时候让家长与老师捉摸不透其内心的真实情绪情感。受了委屈，心里非常难过，但在众人面前却表现得若无其事；受了表扬，心里很高兴，但显得满不在乎；明明爱慕异性，但却好像无动于衷，根本没有那回事儿。

三、同伴间亲密感迅速增强

亲密感的发展在这一阶段主要表现在与同伴的关系之中，相对于儿童，青少年的友谊感大大增强，对友谊的理解和体验也更为深刻。应该说，健康而真挚的友谊是青少年之间相互促进、相互帮助的动力。

同伴关系在青少年期扮演着非常重要的角色，青少年与同伴相处的时间更多，对来自同伴的压力也比其他任何时期更加敏感。青少年在努力改变家庭角色时学会了依靠同伴，尤其是向朋友寻求情感支持。这些同伴关系特点的变化在同性友谊中表现得越来越固定。

同伴关系以许多方式影响着青少年情绪的健康发展。首先，同伴关系的平等性，使得同伴关系对积极与消极情绪的表达与调节提供了重要背景。其次，在某些新情境中同伴可以提供有效的支持与安全感，这对于家庭关系压抑或非支持的青少年而言尤其重要。再次，同伴友谊是来自家庭之外的自尊与效能感的来源。即使在家庭不断为青少年提供建议与情感支持的情况下，同伴们也被青少年认为更理解自己特有的情感需要。朋友不仅有助于情感处理，而且也为青少年在一种无威胁性的环境中提供了自我展示与自我发现的机会。同伴友谊的亲密性来自同伴平等性，以及同伴提供的特殊性质的亲近与情感支持。

然而，并非所有青少年都从同伴群体甚至亲密朋友处得到情感支持。同伴接受与友谊是有区别的，而且非常关键，二者对个人的社会与情感幸福作用不同。同伴接受或者说受欢迎度指的是群体对个体成员的知觉，友谊指的是两人之间的相互关心和喜欢。那些受欢迎的青少年可能没有亲近的朋友，当然更可能的是，那些不被同伴群体喜欢的青少年很少或者根本没有朋友。帕科尔等人（Parker & Asher, 1992）发现，91%的受同伴喜爱的青少年总有一个最好的朋友；反之，在同伴接受度低的青少年中仅有54%有一个最好的朋友。低接受度的青少年报告感到更孤独。

朋友对情绪的缓冲效果依赖于朋友关系的质量。低接受度青少年的友谊中有更频繁的、更持久的冲突，解决也更困难，结果也更不友好。这些友谊较之一般的或受欢迎的同伴友谊的亲密度与亲社会性低。尽管这些青少年由于没有朋友而产生的孤独感低，但这种友谊的质量却不允许他们获得本应得到的益处。另外，低接受度青少年在友谊中也表现得更少支持、值得信赖以及忠诚；低接受的退缩性青少年报告有很高的孤独感。这些研究表明，友谊的功能与积极的同伴关系一样，给予青少年社会与情感上支持，提高了青少年的自尊感。

友谊对青少年情绪发展的影响依赖于同伴关系中出现支持或冲突的数量。一项对同伴关系的纵向研究发现，具有积极同伴关系和亲密友谊支持的青少年，到成年时心理状况更加健康。这一发现可从两方面理解，即青少年的积极同伴关系可对心理健康具有持久地影响，或者引导青少年发展积极的友谊关系。

从青春期开始，生理、认知、社会因素的影响导致性别化达到顶峰，青少年一反童年时表现出的性别隔离，转而用更多的时间与异性交往。研究者发现男孩倾向于参与较大的群体，游戏中包含有身体上的冲撞与竞争，身体动作更多，热衷于更冒险与粗鲁打斗的游戏，较女孩对同伴表现更多的愤怒与攻击性。女孩则倾向于参与较小的、更排外的群体，经常以更亲密的方式交往，使用直接或非直接的口头要求，而不是命令式的或身体支配行为。

青少年期女孩通过她们的关系来评价亲密度，相互倾诉、分享秘密、谈论感情比男孩多，这是她们亲密友谊的特点。例如，女孩在感到被朋友或约会伴侣伤害或感到失望时，会求助于朋友建议来应对感情问题。这些女孩子积极地相互帮助从而应对青少年世界中更复杂的情绪。女孩不仅报告情感支持来自朋友，而且会求助于较小而亲密的群体或一个最好的朋友以得到情感支持。

男孩则出于极为不同的原因来评价友谊，对他们而言社会支持可能具有不同的意义。和女孩一样，男孩也认为安全感与地位感是出自于归属一个有亲密关系的群体或朋友群体，然而与女孩不同的是，情感支持并不意味着长久而亲密地讨论情感，相反可能是提供行动上的帮助。可能由于男孩的群体动机不同，他们对友谊评价最高的特性是忠诚，而且男孩们的友谊保持稳定。一般而言，青少年期男孩与女孩都认识到友谊意味着支持而且对友谊非常重视。

友谊亲密度的性别差异在青少年期还会有所发展，在异性友谊与约会关系中变得越来越为人了解。例如，青少年早期女孩报告同性友谊比异性更亲密，但在青少年后期则报告异性与同性一样亲密。对于青少年后期的男孩，异性友谊比同性友谊更亲密，说明男孩变得更会交往而女孩也不再过于防备男孩。有许多证据表明男孩、女孩的交流风格有所不同。例如，异性友谊与约会关系中，男孩倾向于更主动，女孩则更多试探。当男孩、女孩经过长期的童年时的性别分离而开始发展异性关系时，不足为奇的是他们必须调整行为并了解异性的交往风格。

四、自我同一性与情绪

埃里克森曾提出自我同一性概念，用以解释青少年取得对自我与社会认知的一致性，即自我同一性是个体面对新环境时将过去经验持续下来的感觉，是对自己目前的知觉与对未来期望的统整，同时接受自己与自己所在的群体。

马西娅（Marcia，1980）发展了埃里克森的青少年自我同一性对角色混乱阶段的理论，提出同一性状态可以依据两个主要维度——承诺与探索，分为四种类型：同一性获得、同一性延缓、同一性早闭、同一性扩散。

马西娅（Marcia，1993；Grotevant，1997）认为，同一性地位与情绪发展的个体差异模式密切联系。同一性获得者对于多样的领域表现出积极的适应性，他们具有高水平的移情反应，这会体现在他们的道德判断中。在学业上，这些青少年敢于挑战自己，经常选择有难度的科目，较其他青少年有更好的学习习惯，有更高的学业成就，尽管他们不只是学得更多更好。他们在许多领域富于创造性与自我激励。与同龄人一起，他们更受欢迎并且很少被同伴压力影响。他们很少屈从于社会压力，可能是因为他们建立了一种基于危机与探索的承诺。在各种社会背景中，他们很少具有敌意并能发现调节情绪与减缓压力的积极方法。他们获得了个人的亲密感与归属感，因此当他们需要帮助时能够采择他人的观点。他们能够用内部归因的控制与信心来面对挑战，在出现压力情境时进行应对。

处于同一性延缓阶段的青少年报告了比其他任何阶段个体更高的焦虑水平。马西娅指出他们在调节紧张情绪时更为困难，因为已处于一种长期的压力状态。延缓期的特征是处于一种探索状态，无论是思想或是行为方面。同一性延缓的青少年处于最不稳定的同一性地位，处于这一状态的个体会积极寻求一种承诺。他们的经验是开放的、主动探索、高水平的道德推理。延缓期的青少年逃避权威，但又不能确定何去何从。

据马西娅的观点，同一性早闭的青少年没有经过多种选择的探索而确定了一种承诺，特别是采纳父母的价值观。同一性早闭的青少年是所有同一性地位中报告焦虑水平最低的，可能因为他们服从父母给予的角色与价值观而很少体验焦虑与冲突。他们以一种社会期待的方式作出反应，自愿服从权威指导。尽管他们在遵从权威上表现出一个清晰的模式，但仍会以更巧妙的方式来坚持自己。同一性早闭的青少年，尤其是女生，经常会在高水平的自尊上表现出良好的顺应。

相反，同一性扩散的青少年在许多领域表现出发展上的困难。他们的家庭环境与同一性早闭的青少年极为不同，他们一般体验到严厉、消极的父母关系，很少认同父母的价值观。学业目标普遍比较低，选择难度最低的科目，回避认知挑战。他们不将这些后果归因于个人失败，责备环境的不利或作出自我服务的外控归因。可能出于同样的原因，他们在社会交往中也有困难。例如，不被同伴欢迎，特别是不被同一性获得者欢迎。表现出对同伴压力的高度服从，特别是会出现药物依赖或成瘾行为，经常表现出一种放松的生活方式来掩盖他们高水平的焦虑。一般来讲，同一性扩散的青少年表现出无聊、冷漠、缺乏动力，反映出他们缺乏对核心价值观的遵从。这一群体一般会在成年后出现心理病理上的危险。青少年的情绪情感的发展变化与青少年的同一性地位与水平密切相关，一般理解的青春期的各种情绪问题与冲突并不是所有青少年都有一样的表现。

总之，青少年是个体同一性形成与发展的时期，他们既要求独立，又要依赖于成人，成人感与幼稚感并存，面临许多心理冲突与矛盾。青少年的情绪会表现出强烈性、可变性与冲动性，充满了各种情绪情感矛盾；同时他们的情绪体验更加丰富与多样化，获得比较稳定的友谊感，他们的情绪理解能力、情绪调节的策略性也有了很大的发展。青少年的情绪发展过程中，家庭情感支持、同伴关系具有非常重要的意义。

【建议参考资料】

1. 孟昭兰. 情绪心理学［M］. 北京：北京大学出版社，2005.

2. 沈德立，白学军. 实验儿童心理学［M］. 合肥：安徽教育出版社，2004.

3. SHAFFER D R，KOPP K. 发展心理学［M］. 邹泓，译. 北京：中国轻工业出版社，2009.

4. 王振宏，田博，崔雪融，石长地. 3～6岁幼儿面部表情识别与标签的发展特点［J］. 心理科学，2010，33（2）：325－328.

5. AINSWORTH M D S. Attachments beyond infancy［J］. American Psychologist，1989，44（4）：709－716.

6. CAMPOS J J，CAMPOS R G，BARRETT K C. Emergent themes in the study of emotional development and emotion regulation［J］. Developmental Psychology，1989，25：394－402.

7. FELDMAN R S. Child development［M］. New Jersey：Prence－Hall，Inc，1998.

8. HARRIGAN J A. The effect of task order on children's identification of facial expression［J］. Motivation and Emotion，1984，8：157－169.

9. LAFRENIERE P J. Emotional development：a biosocial perspective［M］. Wadsworth：Wadsworth Press，2000.

10. KOPP C B，NEUFELD S J. Emotional development during infancy［M］//DAVIDSON R J，SCHERER K R，GOLDSMITH H H. Handbook of affective science. New York：Oxford University Press，2003：347－374.

11. CAMRAS L A，FATANI S S. The development of facial expression：current perspectives on infant emotions［M］//LEWIS M，JEANNETTE M，HAVILAND－JONES. Handbook of emotions. New York：Guilford Press，2008：291－303.

12. LARSON R，LAMPMAN－PETRAITIS C. Daily emotional states as reported by children and adolescents［J］. Child Development，1989，60（5）：1250－1260.

13. SAARNI C. An observational study of children's attempts to monitor their expressive behavior［J］. Child Development，1984，55：1504－1513.

14. SCHAFFER H R，EMERSON P E. The development of social attachments in infancy［J］. Monographs of the society for research in child development，1964，29，（3）：3－75.

15. SROUFE L A. Emotional development：the organization of emotional life in the early years［M］. Cambridge，England：Cambridge University Press，1996.

16. SULLIVAN M W，LEWIS M. Emotional expressions of young infants and children：a practitioner's primer［J］. Infant and Young Children，2003，16（2）：120－142.

17. HARRIS P L. Understanding of emotions［M］//LEWIS M，HAVILAND J M. Handbook of emotions. New York：Guilford，1993：237－246.

【问题与思考】

1. 斯鲁夫的情绪发展组织理论的主要内容是什么？
2. 刘易斯的认知—情绪发展理论的主要内容是什么？
3. 婴儿微笑发展的过程是怎样的？社会性微笑的意义是什么？
4. 婴儿陌生人焦虑与分离焦虑的特点及其形成的原因是什么？
5. 婴儿依恋发展的阶段与类型有哪些？
6. 幼儿情绪识别与情绪理解发展的主要特点是什么？
7. 幼儿自我意识情绪发展的主要特点是什么？
8. 学龄初期儿童情绪发展的基本特点是什么？
9. 青少年情绪发展的基本特点是什么？
10. 如何理解情绪发展的适应意义？

第七章　情绪调节

【本章提要】

情绪调节是个体对于情绪反应、体验、唤醒及表达进行监控、调整和修正，以达到一种动态平衡的过程。情绪调节主要可以分为内部调节和外部调节。内部调节是个体对于情绪反应系统本身及各要素之间进行的协调和优化，对于情绪反应系统、认知系统、行为系统与生理反应系统进行的调节；外部调节是指对人际互动过程中的情绪反应进行的调节。格鲁斯提出的情绪调节过程模型认为，在情绪发生过程的每一个阶段都会产生情绪调节，即在情绪发生过程中进行情境选择、情境修正、注意转换、认知改变与反应调整等。博南诺认为有机体要保持心理系统的动态平衡就需要不断调节自己内部的认知与情绪过程，这种调节是一种渐进式的展开过程，是一个自我调节的过程，包括控制调节、预期调节和探索调节三个阶段。情绪调节有许多不同的策略，如回避与接近策略、控制与修正策略、注意转换策略、认知重评策略、表达抑制策略、合理表达策略，不同的情绪调节策略具有不同的适应性意义。在个体生活中，对于情绪体验、情绪表达、情绪唤醒的管理与控制对于生活的每一方面都是重要的，对个体的环境适应和社会适应具有非常重要的意义。不良的情绪和情绪失调具有长期的个体内的和人际间的不良结果，会造成个体间的适应障碍和个体内的适应障碍。

【学习重点】

1. 掌握情绪调节的概念及其含义。
2. 掌握情绪调节的主要类型。
3. 了解格鲁斯与博南诺情绪调节理论的主要内容。
4. 掌握情绪调节的主要策略及不同策略的适应意义。
5. 熟悉情绪调节对于个体社会适应与身心健康的意义。

【重要术语】

情绪调节　内部调节　外部调节　情绪调节过程　情绪调节策略　认知重评　表达抑制　社会适应

第一节　情绪调节的本质

一、情绪调节的含义

对于什么是情绪调节（emotion regulation），不同的情绪心理学家有不同的理解和界定。情绪调节的定义可以大致归结为三个方面，即强调结构或成分的定义、强调机能的定义和强调过程的定义。

强调结构或成分的定义认为情绪调节是对情绪及其唤醒的抑制、加强、维持和调整，以实现个人预期目标的能力，这种能力涉及许多构成成分。如艾森伯格（Eisenberg & Fabes，1992）等人提出情绪调节是“抑制、加强、维持和调整情绪唤醒，以实现个人目标的能力”，情绪调节包括接近、抑制、转移注意、退缩行为等，包括自我激励和自我平静行为，也包括通过社会沟通来调节情绪等成分。沃尔登和史密斯（Walden & Smith，1997）指出情绪调节有四个领域：第一是个人的情绪主观体验经常受认知过程的指引；第二是情绪通过生理因素或唤醒水平有意或无意的变化而得到调节；第三是个体改变情绪行为表达的能力，例如一个人的面部表情和手势；第四，情绪调节可以通过结果行为或对情绪唤醒情境的行为反应进行观察而进行调节。

强调机能的定义认为情绪调节是一种管理、指导和调整情绪反应与情绪行为，以适应环境要求的能力。如布伦纳和萨洛维（Brenner & Salovey，1997）认为情绪调节是管理情绪反应即情绪唤醒的强度和持续时间的能力，包括改变生理—生物化学系统、行为—表达系统、体验—认知系统等。斯克提等人（Cicchetti，Ganiban & Barnett，1991）认为情绪调节是“有机体通过内部和外部的因素，重新定向、控制、调整和修正唤醒了的情绪，从而使得个体在情绪唤醒情境中适应性地发挥作用”。

强调过程的定义认为情绪调节是个体对于情绪反应、体验、唤醒和表达进行监控、调整和修正的过程。如坎波斯等人（Campos & Barrett，1989）提出“情绪调节是通过自我和他人对情绪体验和表达进行控制的过程”。汤普森（Thompson，1994）提出“情绪调节是指个体为完成目标而进行的监控、评估和修正情绪反应的内在与外在过程的心理过程”。情绪调节与社会交往、社会能力、社会适应、心理健康的发展结果相联系。道奇等人（Dodge & Garber，1991，1994）提出“情绪调节是一个反应领域的激活改变、厘定和调整了另一个反应领域的激活过程。”格鲁斯（Gross，2001）提出情绪调节是指“个体对具有什么样的情绪、情绪什么时候发生、如何进行情绪体验与表达施加影响的过程”。也就是说，情绪调节是指个体对情绪发生、体验与表达施加影响的过程。情绪调节涉及对情绪的潜伏期、发生时间、持续时间、行为表达、心理体验、生理反应等的改变，是一个动态过程。

综上所述，可以认为情绪调节既是一个过程，又表现为一种能力，涉及对情绪各种成分的改变，以达到一种适应性的动态平衡，即情绪调节是个体对于情绪反应、体验、唤醒及表达进行监控、调整和修正，以达到一种动态平衡的过程，从而保证了个体良好的适应性。

二、情绪调节的性质

（一）情绪既是调节者，又是被调节的对象

正如科尔（Cole，2004）所提出的，情绪调节包括两种调节现象，作为调节的情绪和作为被调节的情绪。作为调节的情绪是指激活的情绪导致各种结果的改变，如情绪反应的激活导致情绪本身的改变，情绪反应的发生导致其他心理、行为的改变。而对于这种改变，涉及情绪内改变和情绪间改变。情绪内改变即情绪系统内部的改变，如某种情绪与面部表情、心血管系统活动的关系本身自发与主动的调整。情绪间改变反映了情绪加工与社会加工的分离，如儿童的悲伤、恐惧、痛苦、愤怒等改变了养育者的行为反应或策略。

作为被调节的情绪正好是一个相反的过程，这里要改变的是被唤醒的情绪本身。被调节的情绪也包括个体内的调节和个体间的调节。个体内的调节是指个体有意识地、策略性地修正、改变自己的情绪效价、强度和时间的过程，如自我安慰、注意转移、从事其他活动、情绪表达压抑等。个体间的情绪调节，是指主动地、策略性地修正、改变他人的情绪效价、强度和时间的过程，如安慰别人、疏导别人，让别人感到愉快、开心等。

（二）情绪的自我调节与外部调节

情绪调节既有自己主动进行和完成的，又有外部给予的，即包括自我调节（self－regulation）和外部调节（external regulation）两个方面（Eisenberg & Spinrad，2004）。情绪的自我调节是个体内的调整过程，外部调节是其他个体对于主体影响和调整的过程。例如，儿童早期，情绪调节主要依赖于外部的调节——养育者给予的行为影响，而随着儿童的发展，对于情绪的自我管理、自我调整、控制、协调能力增强。从心理发展的主旨上说，儿童成长过程中，应该逐渐增强情绪的自我调节，以主动、积极、有效地应对挑战，适应环境。当然在多数情况下情绪的自我调节与外部调节是联系在一起的，是一个交互影响的动态平衡过程，但从理论上区分自我调节与外部调节的不同，有助于深入理解情绪调节的性质。

（三）情绪的随意调节与不随意调节

情绪的随意调节是指有明确目的和行为意向的调节，是通过有目的的行为改变已经发生的情绪的强度、效价和时间过程。情绪的不随意调节是一种内隐的或在生理水平上进行的情绪强度、效价和时间过程的改变。实际上，随意调节是一种控制加工，不随意调节是一种自动加工。艾森伯格（Eisenberg & Spinrad，

2004）等人认为，情绪调节是一个发动、排除、抑制、维持或调整情绪内在感受状态的发生、形成、强度、持续时间，以及维持或调整情绪相关的生理反应目标并服务于目标的情绪行为过程，情绪调节主要通过有目的行为的改变而导致情绪的改变，因此情绪调节主要是指随意调节。无目标的行为引起情绪改变是情绪反应本身如体验和表达的结果，而不是情绪调节。例如，1、2 岁大的婴儿，当母亲离开时，由于分离焦虑带来的痛苦，他们会哭叫。有的婴儿的哭叫和相应的行为显然是这种痛苦情绪的自然反应，随着母亲离开时间的延长，哭泣逐渐停止。而有的幼儿的哭叫和相应的行为带有明显的目的性，即想召回他的母亲，以降低分离痛苦，显然是一种情绪调节。但这是一个复杂的问题，是否是情绪调节，有时候不能够简单从情绪行为有没有目的性来判断。戴维森（Davidson，2000）强调区分随意情绪调节与自动情绪调节是重要的，认为情绪调节的有些过程是自动的，在情绪被诱发时自动启动，而有些过程受到明显的意识控制，被明确的目的所支配。

因此，情绪调节既可以是生理上的又可以是心理上的，既可以是有意识的又可以是无意识的，既可以是自动的又可以是控制的，还可以相互转换，那些最初是有意控制的情绪调节会随着实际的练习而成为无意的自动调节。

（四）情绪自我调节中的努力控制和反应控制

情绪的自我调节同样涉及对情绪的潜伏期、发生时间、持续时间、行为表达、心理体验、生理反应等的改变，而不仅仅是对于情绪体验或生理状态的调节。对于情绪的自我调节而言，区分努力控制和反应控制是重要的。努力或意志控制，是指在给定的情境中，自觉地集中或转移注意，发动适应性的行为，抑制不恰当的冲动行为。对于这种情绪调节，有研究者称之为情绪的认知调节，因为它是认知执行功能的重要成分。努力控制是服务于一定目标的，是目标导向的控制。反应控制是一个自动系统，当情绪反应发生的时候，个体就会自动激活一个协调系统，使情绪反应处于一个比较适当的状态。如艾克曼（Ekman，1993）、弗里达（Frijda，1994）、刘易斯（Lewis，2004）等人认为，情绪是一个动态系统，在一系列的神经结构组成的反馈回路或生物化学物质的作用下，处于不断的调整和变化之中。反应控制是服务于个体的愉悦、快乐或生理心理平衡的，情绪发生时个体总会使自身保持一种舒适状态。

（五）情绪效价和情绪强度等动力性的调节

情绪调节还存在对于情绪效价的改变和情绪强度等动力性特征的调整的区别。作为被调节的情绪，可以通过一定的方法改变其效价，使消极情绪（痛苦、悲伤、抑郁）与积极情绪（快乐、满意）相互转换。如不断地调整心情使其保持愉悦，使悲伤的心情愉快起来等。情绪调节的动力性改变是指改变和调整情绪反应的强度、紧张性和范围等，如降低愤怒情绪强度，降低恐惧的紧张性，让激动恢复到平静，或者提高恐惧的感受、愉快的感受等。汤普森（Thompson，1991）曾指出，情绪在两个方面是可以被调节的，其一为情绪格调，即反映主要心境特点的具体情绪（如快乐、悲伤等），其二为情绪的动力性，即情绪的强度、范围、不稳定性、潜伏性、发动时间，以及情绪的恢复和坚持等特点。在许多情况下，个体既要改变情绪效价性质，又要调节情绪强度等动力性特征。

（六）正性情绪调节和负性情绪调节

情绪调节既调节负性情绪即消极情绪，也调节正性情绪即积极情绪。对于情绪调节，人们更多地理解为负性情绪的调节。例如，当你很愤怒时，你或许需要克制。当你过分悲伤时，转换环境，想一些开心的事情，或许可以令你高兴起来。对于高度的抑郁和焦虑，更是临床上需要处理和治疗的情绪障碍。但正性情绪在某些情况下也需要调整。在学校里，那些成绩很好的学生，如果他们表现得过分满意、骄傲和幸福，可能会引起别人的妒忌。在医院看望病人，倾听别人讲述困难或痛苦时，需要你对别人表示同情。如果孩子整天流连于嬉笑玩乐之中，父母也希望他能平静下来，专心于功课。

所以情绪调节不仅仅是降低负性情绪，实际上情绪调节包括负性情绪和正性情绪的增强、维持、降低等多个方面。对负性情绪的调节，更多的是抑制；对正性情绪的调节，主要是加强和管理。情绪调节很重要的一点还包括正负性情绪之间的协调和平衡，如沃尔登和史密斯（Walden & Smith，1997）曾提出，情绪调节应包含正性情绪和负性情绪之间的平衡。

（七）稳定的特质性情绪调节与暂时的状态性情绪调节

关于情绪调节，从广义的角度来看，还存在稳定的特质性情绪调节与暂时的状态性情绪调节的区别。情绪调节涉及到对于一些长期存在的具有稳定性的情绪的改变，如悲观、消极、情绪低落等心境的改变，或者对于一些长期存在的情绪紊乱特质的调整，如对焦虑、抑郁水平等的系统改造。这种调节需要运用一些系统的方法，如行为训练、认知改变等，打破已有的稳态情绪自组织系统，重新改造情绪反应系统，这种情绪调节也涉及对于一些长期存在的病态性情绪进行策略性的修正，使其恢复到积极健康状态。暂时的状态性情绪调节是对于情绪当前状态和发生过程进行调整，以达到一种动态平衡和人际交流及社会生存上的适应，大多数研究情绪调节的文献，更多地讨论了这种暂时的状态性情绪调节。

（八）情绪调节中的冲动控制

冲动性是情绪的一个重要成分，冲动控制也是情绪调节的一个重要方面。在情绪调节中，当个体遇到比较激烈的情绪刺激时，会引起强烈的情绪性生理唤醒，产生发泄的冲动，在这种情况下，就需要控制冲动。而实际上个体间在不恰当反应的抑制方面存在差异，有的个体在这一方面存在不足，情绪容易失控，导致发泄行为或过激行为的产生。许多研究都认为，不恰当反应的抑制或冲动控制是情绪调节中的重要成分。对于不恰当反应的抑制或冲动控制心理机能的研究，有助于理解情绪调节的实质。

三、情绪调节的结构

关于情绪调节的结构，人们从不同角度进行分析会有不同的看法。其中比较有代表性的是萨洛维的三维情绪调节结构模型和格拉茨的六维情绪调节结构模型。

（一）萨洛维三维情绪调节结构模型

萨洛维（Salovey，1995）等人从元情绪的角度进行了探索性因素分析和验证性因素分析，得出了情绪调节结构的三个维度（图 7－1）：1. 对情绪的注意（attention to feelings），是指个体对自己的情绪反应给予适当注意的能力，对情绪反应注意程度过高或过低都不利于情绪调节的进行；2. 情绪清晰度（clarity of feelings），是指个体对特定情绪进行区分和描述的能力，对情绪反应的清晰认识有助于个体选择合适的调节策略，达到适应性的情绪调节结果；3. 情绪修复（mood repair），是指在对情绪反应给予一定注意和适当区分的基础上，在一定时间内使失控的情绪得到矫正的能力。

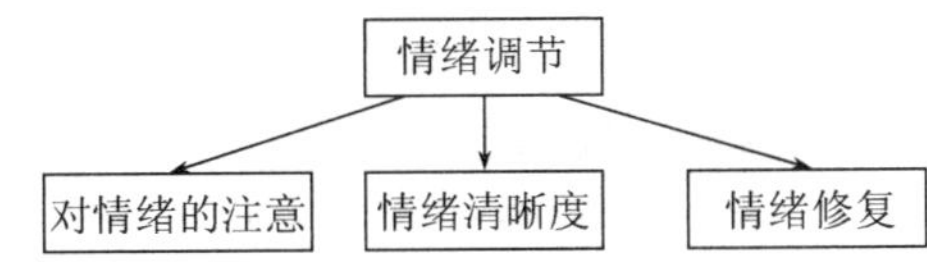

图 7－1 萨洛维三维情绪调节结构模型（刘启刚，周立秋，2011）

实际上，萨洛维对情绪调节结构的考察都是在研究情绪智力的基础上进行分析的，他更倾向于认为情绪调节就是情绪智力。

（二）格拉茨六维情绪调节结构模型

格拉茨（Gratz，2004）在总结前人研究的基础上提出了自己的六维情绪调节结构模型。他认为情绪调节应该包含四个方面：对情绪的意识和理解、接受情绪、控制冲动行为、当体验到消极情绪时按照期望目标行为的能力、根据情境合理地运用情绪调节策略、灵活地修正情绪反应以满足个体目标和情境需要。格拉茨对情绪调节提出了以下观点：首先，传统功能主义过于强调对情绪体验和表达的控制，甚至把情绪控制等同于情绪调节，暂时的情绪控制只是压抑了情绪表达，从长期来看，反而可能增加情绪失调的危险。他认为，对情绪反应控制而不是接受，反而会导致调节过程复杂化，影响情绪调节的效果；其次，情绪调节必须满足个体目标需要和情境需要，对情绪调节效果的评价必须在特定的背景下进行；再次，适应性的情绪调节必须包括灵活运用情绪调节策略的能力。

在上述理论分析的基础上，通过因素分析的方法，格拉茨提出了情绪调节的六维结构模型（图7－2）。主要包括以下六个维度：接受情绪反应（acceptance of emotional response）、目标定向行为（goal directed behavior）、冲动控制（impulse control）、情绪意识（emotional awareness）、情绪调节策略（emotion regulation strategies）和情绪清晰度（emotional clarity）。格拉茨的六维情绪调节结构模型既强调了运用情绪调节策略的能力，也强调了对情绪反应的意识与理解在情绪调节中的重要地位，还指出了情绪调节应当在具体的情境中确定目标。

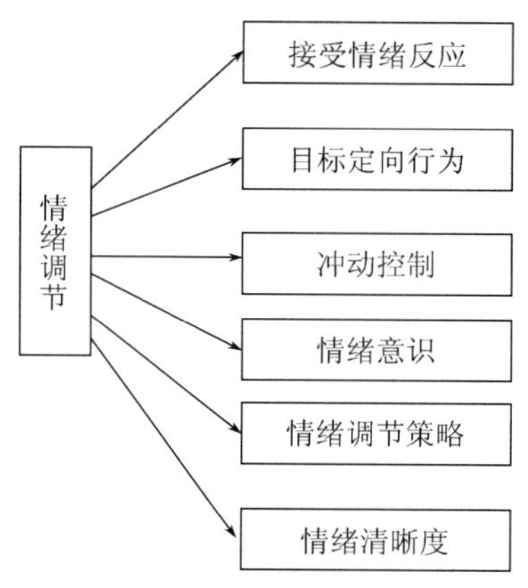

图7－2　格拉茨六维情绪调节结构模型（刘启刚，周立秋，2011）

四、情绪调节的类型

（一）内部调节和外部调节

情绪调节依据其产生的根源，可以分为内部调节和外部调节。内部调节来源于个体内部，如个体的生理、心理和行为等方面的调节；外部调节来源于个体外部的环境，如人际的、社会的、文化的以及自然的等方面施加的影响。内部调节也可以称之为个体内调节，外部调节也可以称之为个体间调节。

1．内部调节

道奇（Dodge & Garber，1991）等人认为情绪系统包含三个基本领域，神经生理—生物化学领域，认知—体验领域，动作—行为领域（见图7－3）。内部调节就是情绪各种领域内部和领域之间的调整和协调，也就是情绪系统内部各种成分之间的协调和平衡。根据道奇等人的观点，内部调节又可以分为领域内（intradomain）调节和领域间（interdomain）调节。领域内调节指在某一具体领域内，如在神经生理—生物化学领域，情绪反应中皮层神经过程对外周神经活动过程的影响；在认知—体验领域，一种情绪体验的产生会引起一种认知过程的改变，或一种认知过程激活了一种情绪体验。领域间调节是指一个情绪领域的激活改变和调整了另一个情绪领域反应的过程，例如认知—体验领域与动作—行为领域之间的相互调整、协调和改变。这样，内部调节可包括：神经—生理调节、认知—体验调节、行为调节、生理—认知—体验系统间调节、认知—体验—行为系统间调节、生理—体验—认知—行为系统间调节等。

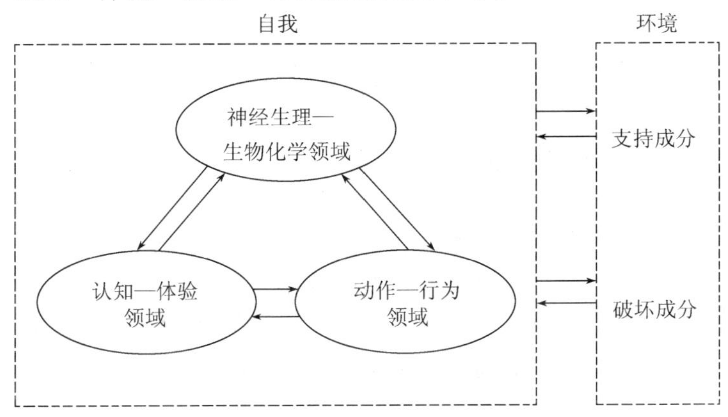

图 7－3　道奇的情绪调节类型及其关系（Dodge & Garber，1991）

领域内调节的各个方面具有不同的意义。神经生理系统的调节能力涉及一些先天生理基础的边缘皮层神经网络和神经传递的过程，可确保机体在环境适应过程中保持其功能正常运作。在情绪生理系统中，情绪动力系统驱动情绪成分之间的相互协调，使表情与情感体验之间可以互相调节，具体情绪之间亦可互相调节。例如，愤怒可以削弱悲伤和恐惧，厌恶可以放大愤怒，羞愧可以削弱兴趣或快乐。有人很容易愤怒，而有人却很容易悲伤，从而产生不同的调节过程。

领域间调节连接着情绪、认知、行动等多个系统之间的协调，领域间的相互作用和联结是情绪调节的基础，如情绪—认知结构、情绪—认知—动作程序等。如果领域间缺乏协调，一旦强烈的情绪出现，情绪调节就难以实现。

2. 外部调节

根据道奇等人的观点，外部调节是情绪系统与环境系统之间的协调和平衡，即环境事件和环境中其他的个体对被调节情绪施加的影响，包括环境支持性调节和环境破坏性调节。有的环境因素有利于良好的情绪调节，而有的环境因素不利于情绪调节，或容易使个体陷入情绪失调之中。例如，在孩子成长过程中母亲的作用，在课堂教学中教师的作用等，如果方法适当则是支持性的，否则就是破坏性的。功能主义的研究认为，人际调节过程的重要因素是个体的动机状态，环境因素满足和支持个体的动机行为，将产生良好的情绪，反之则出现不良的情绪。另外，社会刺激的特性、刺激的享乐性、个体的情绪记忆等也是影响外部调节的重要因素。

（二）减弱调节、维持调节和增强调节

依据调节努力的程度，可以将情绪调节区分为减弱型调节、维持型调节及增强型调节（郭德俊，2003）。减弱型调节主要指对强度过高的情绪，尤其是负性情绪（有时也包括部分的正性情绪）所进行的调整、修正及减弱。维持型调节主要针对那些有益的正性情绪，如兴趣、快乐，人们主动地去维持和培养，使这些情绪维持在一定的程度范围。增强型调节则是个体努力使某些情绪得到加强。增强调节在日常生活中可能出现频率较少，但越来越受到研究者的重视。对情绪过程的积极干预，对需要的适当情绪进行积极增强在临床上是非常有意义的。

（三）原因调节和反应调节

原因调节是针对引起情绪的原因进行调整，包括对情境的选择和修改，注意调整以及认知策略的改变等。通过改变自己的注意来改变情绪，对诱发情绪的情境进行重新认识和评价等。原因调节是对系统输入的操作，是对引起情绪的原因或来源的加工和调整。格鲁斯（Gross，1998，2000）指出引起情绪的主要来源是对情境的评价，评价过程中的调节策略包括情境选择、情境修正、注意分配以及认知改变。

反应调节发生在情绪激活或诱发之后，是指通过增强、减少，延长或缩短反应等策略对情绪进行调整。反应调节发生于情绪反应过程，此时情绪已经被激活。情绪反应调节是个体对已经发生的情绪在生理反应、主观体验和表情行为三个方面，通过增强、减少、维持、延长或缩短等策略调整一个正在进行的情绪。在日常生活、实验室研究、临床应用方面，比较常用的反应调节有情绪抑制、情绪宣泄、放松技术、药物和酒精、体育运动和生物反馈等。其中，抑制和宣泄调节主要针对情绪表达，其他调节方法主要针对生理活动水平和唤醒。可见，反应调节一般是调整情绪的表情和生理成分，从而调节主观感受。

（四）良好调节和不良调节

情绪调节是为了使个体在情绪唤醒情境中，保持功能上的适应状态，使情感表达处在可忍耐，且具有灵活变动的范围之内。当情绪调节使情绪、认知和行为达到协调时，这种调节叫良好调节。相反，当调节使个体失去对情绪的主动控制，使心理功能受到损害，阻碍认知活动，并导致作业成绩下降时，这种调节就是不良调节。

第二节　情绪调节过程与策略

一、情绪调节的过程

对于情绪调节过程，不同的情绪心理学家有不同的理解，提出了许多不同的理论模型，有影响的主要有以下几种。

（一）格鲁斯的情绪调节过程模型

格鲁斯（Gross，2001）认为情绪调节是在情绪发生过程中展开的，在情绪发生的不同阶段，会产生不同的情绪调节，据此他提出了情绪调节的过程模型

（见图7－4）。依据格鲁斯的情绪调节过程模型，在情绪发生过程中每一个阶段都会产生情绪调节，即情境选择（situation selection）、情境修正（situation modification）、注意转换（attentional deployment）、认知改变（cognitive change）和反应调整（response modulation）是情绪过程中不同环节的调节方式。情境选择、情境修正、注意转换、认知改变属于先行关注的情绪调节（antecedent－focused emotion regulation），即原因调节；反应调整属于反应关注的情绪调节（response－focused emotion regulation），即反应调节。

选择情境是指个体趋近或避开某些人、事件与场合以调节情绪，这是人们经常或者首先使用的一种情绪调节策略，个体经常使用这种策略来避免或降低负性情绪的发生。情境修正是指应对问题或进行初步的控制，努力改变情境。注意转换是关注于情境中许多方面的某一或某些方面。包括注意努力集中于一个特定的话题或任务，注意离开原来话题或任务而集中于其他对象。认知改变是选择对事件意义的可能解释，事件的个人意义解释对特定情境中情绪发生的心理体验、行为表达、生理反应具有强有力的影响。认知改变经常被用来减低或增大情绪反应，或者改变情绪的性质。反应调整是指情绪被引发以后，对情绪反应趋势如心理体验、行为表达、生理反应施加影响，主要表现为降低情绪反应的行为表达。

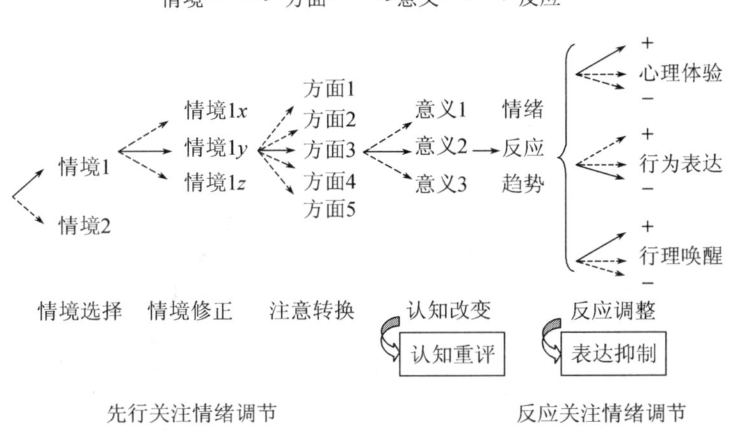

图7－4　格鲁斯的情绪调节过程模型（Gross，2002）

（二）博南诺的情绪自我调节过程模型

博南诺（Bonanno，2001）认为有机体要不断调整自己，使自己处于一个平衡状态，不仅生理系统是这样，心理系统（认知系统与情绪系统）也是如此。要保持心理系统的动态平衡就需要不断调节自己内部的认知与情绪过程，这种调节是一种渐进式的展开过程，是一个自我调节的过程，包括控制调节（control regulation）、预期调节（anticipatory regulation）和探索调节（exploratory regulation）三个阶段（见图7－5）。首先个体会对情绪系统的动态平衡是否实现形成判断，如果觉知到没有达到情绪系统的动态平衡，个体就会采用一系列的策略进行控制调节。如果个体觉知到情绪系统处于一个动态平衡的状态，则进入下一阶段，个体会对于情绪系统的动态平衡是否能够维持进行判断，如果判断情绪系统动态平衡不能够维持，则会采用一系列策略进行预期调节。如果个体判断情绪系统的动态平衡能够维持，则进入最后一个阶段——探索性调节阶段。在情绪调节的每一个阶段，个体都会采用不同的策略。

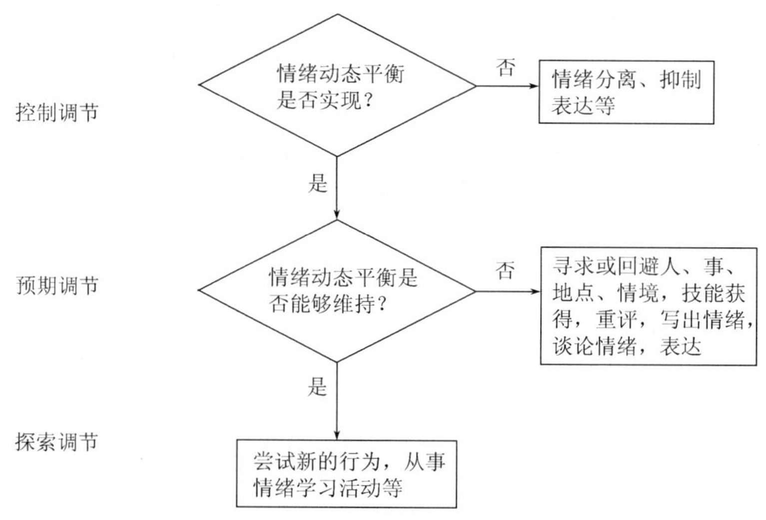

图7－5 博南诺的情绪自我调节过程模型（Bonanno，2001）

控制调节是情绪自我调节的最基本形式，是通过自动的、工具性的行为对已经发生的情绪反应进行的及时调整，其机制包括抑制或缩短情绪反应的环路，如情绪分离、抑制等，也包括加强情绪反应，如提高情绪体验或表达的强度等。具体而言主要有以下调节策略：1. 情绪分离（emotional dissociation）。个体将注意力从消极情绪体验中转移出来，减弱、中止消极情绪或引发一个更强的积极情绪以掩盖不被期望的情绪反应。2. 情绪抑制（emotional suppression）。在情绪反应激活时个体有意控制相应的表达行为。但处于抑制条件下的个体会表现出更复杂的生理反应或行为，从而将真实情绪状态泄露给他人，情绪抑制对减弱情绪的主观体验也几乎没有作用。3. 情绪表达（emotional expression）即情绪宣泄。从临床角度而言，消极情绪的公开表达对心理健康十分必要，特别是在高压力与伤害性事件之后。但也有研究者认为不加抑制的情绪表达会阻碍心理恢复，并且在高压力情境下消极情绪的公开表达会被视做适应不良。例如丧偶后最初几个月情绪表现消极可以预测悲伤情绪的持续时间较长。

预期调节是一种目标导向性的接近—回避行为，根据未来需要采用的工具性行为，通过这些行为改变以减少消极情绪、增强积极情绪体验，如同提前安装空调以期调节将来的温度变化一样。一般通过认知重评改变潜在冲突情境的意义，更好地保持情绪的动态平衡即预期调节。预期调节的具体策略有：1. 情绪表达。通过一定的身体姿势与面部表情来应对与预期需要有关的情境，从而改变可能出现的消极的社会互动。在预期调节中，情绪表达具有目的性，与控制调节中消极情绪出现后的情绪表达不同。例如公开表达愤怒以增加自己与他人的社会距离，表达悲伤以得到支持与同情或阻止他人的攻击行为等。2. 回避或接近某情境。人们会为了消除消极情绪体验而回避或为了寻求积极情绪体验而接近一定的人、地点或情境。3. 获得新技能。学习情绪调节的新方法以调节情绪。例如通过参加心理治疗以控制焦虑和抑郁，接受系统脱敏或压力预防训练以应对恐惧。还可以通过阅读公开出版的心理学著作、参加工作、练习瑜伽或舞蹈等活动进行情绪调节。4. 认知重评。与格鲁斯（Gross，2001）所指出的认知重评相同，将可能诱发情绪的情境的意义重新评价为非情绪性的，转移注意，用非情绪态度去认识正在体验的特定情境。5. 记录痛苦与烦恼事件。可以帮助个人组织混乱的情绪，理解并控制情绪体验。6. 谈论痛苦与烦恼事件。人们遭遇生活中的困难时会渴望与他人分担，与他人讨论引起烦恼的情绪事件对于解除烦恼，提高情绪调节能力具有重要的意义。

探索性调节是一种发展情绪调节的新知识、新技能、新资源的行为。与控制、预期调节相比，引发探索性调节的目的不太明确并且更加抽象。在没有控制需要的状态下，自由的探索行为附带地增加了情绪自我调节能力。具体调节策略主要包括：1. 在娱乐中调节情绪。参加能引发积极情绪的娱乐活动，能够在安全的情境中提供体验和观察各种情绪的机会，能够促进情绪调节能力的发展和提高，维持情绪的动态平衡。例如讲述民间传说、看小说、电影，学习交谊舞，增强积极情绪体验应对消极情绪。2. 在活动中调节情绪。如参加各种体育活动。体育活动能够增强身体素质，人们在体育活动中还能够体验各种情绪，尤其是积极情绪，使情绪调节能力得到训练。3. 写日记。这不仅对于心理治疗、自我理解、自我表达而言是一种简单而有效的方法，对于情绪调节也是一种重要的方法。通过记录情绪体验与反应的细节，了解并控制情绪。

（三）伊扎德的情绪调节过程模型

伊扎德（Izard，1993）认为，情绪调节包含发动、激发和组织适应性行为，以及防止消极情绪和不适应行为压力水平的过程。作为一个模块的情绪系统，在某种程度上可以调节自己，但是随着认知控制机制和情绪调整相互关系的发展，许多情绪调节是由感情—认知结构来执行的。伊扎德（Izard，1997）认为不管情绪控制的性质是什么，必须约束情绪系统的输入和输出，必须将情绪输出转换成非随机的、目标定向的或情绪关联的行为。输入调节关注情绪在神经、感觉动作、感情和认知过程中不同的起因。输出调节反映了影响情绪和认知系统之间的相互作用的反馈环。被激发的行为必须反映从特定情绪的动机力量引申出来的目标以及工具性目的。情绪调节出现问题不同于情绪失调，主要是由于控制结构较弱、缺乏，或是对情绪输入不恰当的过分的控制。当缺乏控制时，情绪会变得失去组织，而当过分控制时也会造成不利的影响。

（四）坎波斯的情绪调节过程模型

坎波斯（Campos，1994）指出情绪调节发生在三个水平。第一个水平是“输入调节水平”，这一水平的情绪调节主要是通过注意的选择性而得到实现的，通过集中注意或转换注意，选择自己的环境以避免无用信息，从而控制情绪。第二个水平是“中心加工水平”，进入的信息与个体目标之间的关系被个体解释或评价。这个水平的调节是通过认知评价对于事件的重要意义的不同解释来实现的。最后，情绪通过“反应选择和修正”而得到调节。在这个水平，个体通过抑制反应、控制行为过程的选择而调节情绪。

与上述观点一致的是，汤普森（Thompson，1994）把情绪调节看做是包含了几种机制的“各种水平”的过程。这些过程是通过刺激和抑制机制管理唤醒的神经生理活动，通过注意过程（包括注意的偏向）控制信息的输入，改变对情绪唤醒事件的知觉和解释以及对内部线索的解释，利用社会支持和应对机制，改变环境使得它具有情绪预测性和管理性，改变个人的目标从而促进情绪满意的结果。

（五）利文森的情绪调节过程模型

利文森（Levenson，1999）没有直接提出情绪调节过程的理论模型，但他曾提出，人类情绪有两个系统，一个是核心情绪系统（core emotional system），是在进化阶梯上早期形成和发展起来的系统，是一个相对持久的、简单的、有效的“算子”（processor），能够以经得起时间考验的、高度预期性和自动化的方式有效地应对非常基本的、普遍的生存问题和环境挑战。另一个系统是在进化后期发展起来的情绪控制系统（emotion control system），情绪控制系统相对灵活，具有较低的可预期性，能够以复杂的方式影响核心情绪系统的活动。

核心情绪系统以一种原型匹配的方式协调有机体对于环境挑战作出反应，具有加工不断输入的知觉信息的能力，具有检测许多对于即时幸福和长期生存有深刻意义的原型情境的能力。在不断输入的知觉信息流中识别出原型情境的构造特征后，核心情绪系统激活一系列情绪反应趋势，以成功地、有效地应对生存环境中遇到的问题。

情绪控制系统是通过评价和改变情绪表现、感受规则来调整核心情绪的，其主要方式有两种：一种是改变对于输入信息的评价，以改变激活核心情绪系统原型匹配的可能性；另一种是抑制从原型的情绪反应趋势向实际的情绪反应行为转变（见图7－6）。这实际上就是情绪调节，这两种方式与格鲁斯提出的两种情绪调节的方式，即认知重评和表达抑制是一致的。

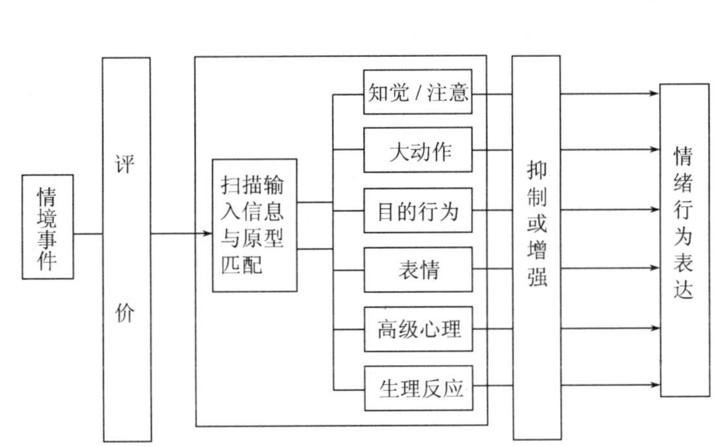

图7－6　核心情绪系统与控制系统模型（Levenson，1999）

利文森的情绪系统理论模型也是一个情绪调节过程的理论模型，这一模型表明情绪调节系统与情绪反应系统是密切联系、交织在一起的。在情绪发生的各个阶段或过程中都可能存在情绪调节，人类的情绪系统是核心情绪系统与情绪控制系统（调节系统）之间的一种协调和平衡。情绪控制系统从输入和输出两端压缩了核心情绪系统的活动。对于人类来说核心情绪系统置于两个习得的控制机制之下，在输入一端，控制机制通过改变对于事件的评价，从而改变激活核心情绪系统的原型匹配的可能性而起作用。在输出一端，控制机制通过控制反应的可能性，从而改变反应趋势激活的可能性以导致实际的可观察的反应而发生作用。情绪控制机制既可以减少相关反应的可能性，也可以增加相关反应的可能性。

二、情绪调节策略

总结各种情绪调节的理论与观点，日常生活中的情绪调节主要有以下策略。

（一）回避和接近策略

在面临许多情绪事件时，个体会通过离开的方式，回避目前的情境，或者选择接近其他的目标或情境，以避免不利情绪的发生或困扰，以体验积极的情绪。这是过程性情绪调节的一种常用策略，尤其是在面临冲突、愤怒、恐惧、尴尬、窘迫等情绪时，运用这种策略非常有效。回避和接近策略也就是情境选择策略，是通过选择有利情境、回避不利情境来实现的。儿童在很早就开始运用这种策略调节自己的情绪。研究指出当儿童可以爬行或走路的时候就采取接近或回避等方式调节情绪（Rothbart，1992）。

（二）控制和修正策略

回避与接近策略是以一种比较退缩的方式解决情绪冲突，以减少和降低不利情绪的发生或不利情绪困境，是通过修正个人行为，即选择情境来实现的。但面对情绪事件，个体也会选择以一种相对更加积极主动的方式，选择问题解决和改变情绪事件的方式调节情绪，即通过控制和修正情绪事件的策略进行情绪调节。这种情绪调节的策略是通过改变情境中各种不利的情绪事件来实现的，情绪调节者试图通过控制情境来控制情绪的过程或结果。1 岁左右婴儿的情绪调节更多地选择离开不利或危险目标，接近亲密或安全目标，但到了 2 岁左右时就会表现出用控制和修正情绪事件的方法来调节情绪，如给哭叫的小弟弟、小妹妹玩具等。

（三）注意转换策略

注意转换策略是通过转移注意或有选择地注意，对于同一个情境中的多个方面或元素进行注意力调配的方式，例如仅注意某一方面而忽视其他的方面等。注意转换策略又有不同的方面，即分心策略和专注策略。分心（distraction）是将注意集中于与情绪无关的方面，或者将注意从目前的情境中转移开；专注（concentration）是对情境中的某一个方面长时间地集中注意，这时候个体可以创造一种自我维持的卓越状态。注意转换情绪调节策略在发生学上也是非常早期的，婴儿 6 个月左右时，就开始通过用转移对陌生人的注意、注视母亲等方式来降低对陌生人的焦虑。

（四）认知重评策略

认知重评即认知改变，是通过改变对情绪事件的理解和评价，改变情绪事件对个人意义的认识而进行情绪调节的策略。认知重评试图以一种更加积极的方式理解使人产生挫折、愤怒、厌恶等负性情绪的事件，或者对情绪事件进行合理化。认知重评是先行关注的情绪调节策略，是进行状态性、过程性和情境性情绪调节，缓解不良情绪发生的重要方法和技术。认知重评产生积极的情感和社会互动结果，不需要耗费许多认知资源，是一种有益的情绪调节方式。在发展上，认知改变情绪调节策略的产生是在 2 岁以后的幼儿身上才出现。

认知改变是情绪调节的一种非常重要的策略，在许多情况下，消极情绪都是在对于刺激情境不恰当评价的基础上发生的，认知评价是情绪发生的基础，因此改变对于刺激情境的评价，就能够改变情绪的效价和性质。

（五）表达抑制策略

表达抑制是反应调整的一种，是指抑制将要发生或正在发生的情绪表达行为，是反应关注的情绪调节策略。表达抑制调动了自我控制能力，启动自我控制过程以抑制自己的情绪行为。

研究发现表达抑制会产生消极的情感和社会互动结果，需要耗费认知资源。

这就意味着表达抑制会对心理适应性产生不良影响，会影响心理健康水平。这也为弗洛伊德的精神压抑学说提供了一定的支持，说明情绪压抑会带来心理适应不良的后果。研究发现（Gross，1998；黄敏儿，郭德俊，2002），抑制厌恶和悲伤并没有引起情绪感受的减弱，反而使部分交感神经激活水平增强。可是，抑制其他一些情绪如痛苦、骄傲和愉快，主观感受则出现显著的下降，同时也使交感神经唤醒水平增强。

抑制策略在发生学上也是非常早期的情绪调节策略，随着婴儿的成长，婴儿逐渐习得自我平静会比哭叫更有效，学会通过抑制自己的情绪表达来得到更多的爱护和关切，密切亲子关系或与养育者的关系。

（六）合理表达策略

对于已经形成的情绪反应，不光可以抑制，也可以通过人际上恰当的方式进行表达。这是情绪调节的一个非常重要的方面。能够恰当地表达自己的情绪，又不会造成人际和社会适应上的障碍，而且还有利于个体幸福和团体密切，才是情绪调节最为关键的策略。在人际交往中，情绪调节能力强的个体并不完全压抑自己的情绪表达，而是能够瞬间切换自己的不利情绪，如把愤怒转换为笑，把悲伤转换为动力等，这种策略可以称之为情绪转换策略。对于已经存在的情绪感受，也可以通过语言的方式表达出来，而这种语言表达是一种策略性的语言表达，通过策略性语言把不利的情绪用恰当的方式表示出来。同样这种语言表达有利于个体和团体幸福。

除了上述情绪调节策略之外，在实际生活中，成熟的个体还会选择更多方式调节自己的情绪和心境，如活动的方式、体育锻炼的方式、倾诉的方式等，这些方式既是一种情绪调节的策略，也是全方位的自我调整方式。人们在实际生活中总结出来的这些情绪调节的方法与策略是非常有效的，不仅对于增进个体的情绪健康是有益的，对于增进团体幸福也是非常有益的。

第三节　情绪调节与社会适应、心理健康

情绪体验、情绪表达、情绪唤醒的管理与控制对于生活的每一方面都是重要的，对个体的环境适应和社会适应具有非常重要的意义。不良的情绪和情绪失调具有长期的个体内和人际间的不良结果，会造成个体间和个体内的适应障碍。

一、情绪调节与社会适应

（一）什么是社会适应

在心理学研究中适应有三个方面的含义：一是生理适应，如感官对声、光、味等刺激物的适应；二是心理适应，是指遭受挫折后借助心理防御机制来使人减轻压力、恢复平衡的自我调节过程；三是社会适应，是个人为与环境取得和谐的

关系而产生的心理和行为的变化，是个体与周围环境和谐发展的能力。它是个体与各种环境因素连续而不断改变的相互作用过程。个体一生不断面临新的情境，每一发展阶段都有特定的要求，比如人格发展、对父母的心理上的独立、职业选择、人际关系、婚姻、家庭、退休、死亡等，社会适应是一个毕生的过程。社会适应有三个基本组成部分：1. 个体，是社会适应过程的主体；2. 情境，与个体相互作用，不仅对个体提出了自然的和社会的要求，而且是个体实现自己需要的来源，人际关系是个体社会适应过程中情境的重要部分；3. 改变，是社会适应的中心环节。社会适应是由达到个体和环境的和谐关系所必需的个体自身的改变和环境的改变双方组成的，它不仅包括个体改变自己以适应环境，而且也包括个体改变环境使之适合自己的需要。社会适应是一个非常复杂的过程，涉及多个层面以及有机体与环境各个层面之间的互动。

（二）情绪调节与人际交往

人际交往是社会适应的一个重要表现。大多数情绪理论家都认为，情绪的重要功能之一是发动个体迅速应对重要的人际遭遇。情绪是一种协调社会互动和社会关系的重要方式，情绪是个体与环境（主要是社会环境）相互影响的结果，是对环境事件对于个人有益或有害的认知表征，对于适应尤其是社会适应起着重要的作用。情绪是一种信息，有意识的情绪感受告知个体需要采取行动以改变社会事件与社会遭遇。情绪可以通过面部表情、声调表情、姿态表情予以表达。情绪表达可以帮助互动双方知道对方的情绪、信念和意图，因此可以快速协调社会互动过程；情绪表达与沟通可以引起对方的情绪以帮助个体对于重要的社会事件作出反应；情绪互动为交往双方的社会行为提供了一种激励。情绪是人类社会生活和人际交往中不可缺少的一个重要环节，情绪可以帮助个体应对社会挑战，解决社会互动中出现的问题；可以促进或阻止人际交往；亲密或疏离群体关系，协调或损毁人际关系；促进群体或民族文化认同等。因此，如何恰当表达自己的情绪、管理自己的情绪对于个体的社会适应是非常重要的。

情绪调节发生在特定的社交情境中，人们如何调节自己的情绪会影响到他们的人际关系和幸福感（Brase，2008）。在人际关系确立的过程中，合理表达自己的情绪和适当控制自己的情绪体验有着非常重要的作用。不同的情绪调节策略对人际关系有不同的影响，例如，格鲁斯等人（Gross & John，2002）在其研究报告中称，使用认知重评策略与良好的人际关系相关，使用这种策略的人比未使用该策略的人有更多的亲密关系，也更受欢迎，相反，经常使用反应关注策略（如表达抑制）的人报告有较少的亲密关系。萨洛维等人的研究显示，在社会交往情境中，常常表现出负性情绪的儿童可能出现社会性退缩，社会交往技能水平低（Salovey & Straus，2002）。那些情绪调节能力较强的儿童社会交往技能水平也较高，较少出现问题行为；而情绪调节能力较弱的儿童常常表现出较多的焦虑，他们也更易遭到同伴的不接纳以及父母的负面评价，这不利于儿童社会性以及其他方面的心理健康发展。

在许多情况下，个体的情绪调节往往是以一种被社会接受和认同的方式，灵活地对一系列人际事件作出恰当的情绪反应，以保证个体间良好的人际关系。正如汤普森指出，情绪调节是一种适应社会现实的活动过程，它要求人们的情绪反应具有灵活性、应变性和适度性，以使人们能以有组织的、建设性的方式，迅速而有效地适应变化的社会情境。情绪调节的主要目标之一就是达成人际间的协调，实现人际互动的和谐，提高个体的社会适应。

（三）情绪智力与社会适应

对于情绪调节与社会适应的关系，情绪智力的研究从另一不同的角度对其进行了探讨。情绪心理学家越来越认识到情绪智力或能力是重要的社会能力，这种能力包括许多方面。戈尔曼（Goleman，1995）认为情绪智力应包括五个方面：情绪自我觉察能力、情绪管理能力、自我激励能力、冲动控制能力和人际技巧。萨洛维和迈耶（Salovey & Mayer，1990）把情绪智力看做是个体准确、有效地加工情绪信息的能力，它包括以下四方面的内容：情绪的知觉、鉴赏和表达的能力；情绪对思维的促进能力；对情绪理解、感悟的能力；对情绪成熟的调节，以促进心智发展的能力。情绪智力心理学家强调准确地识别、评价和表达自己和他人的情绪，适应性地调节和控制自己和他人的情绪，适应性地利用情绪信息是情绪智力的核心，从而体现出情绪智力在社会适应中的意义。

情绪调节的研究以及情绪智力的研究从一开始就认识到了情绪调节的社会结果、人际适应的意义，实际上个体进行情绪调节的原因在很大程度上是一种社会化的要求。情绪调节的个体间或人际间目的在儿童早期就表现出来，儿童很早就学会取悦妈妈和成人，实现社会目标。在成人社会，个体的情绪表达、情绪信息的传递或者掩饰自己的情绪在很大程度上是社会适应压力的要求。如果不能有效调节和管理自己的情绪，就会造成很大的社会适应障碍，阻断良好的人际关系。大多数工作要求一定的社会互动，需要与同事合作，与顾客接洽，这时有意识的情绪调节也是很有必要的。例如，心情不好时要提醒自己微笑，善于营造和维持良好人际情绪，有效地控制不良情绪等。在家庭和朋友中，维持和发展良好人际关系的重要基础是双方能够和谐地交流感情，使感情上的付出和获得保持基本平衡。缺乏情绪调节技巧的个体（如自以为是者）往往容易损害自己的社会功能，难以得到自己需要的亲密关系。许多人格障碍患者在情绪管理上长期存在问题，使他们难以与别人维持满意的关系。

二、情绪调节与身心健康

情绪调节不仅服务于人际间的目的，也同样服务于个体内的目的。良好的情绪调节有利于缓解身心压力，有利于身心健康。

（一）情绪调节与心理健康

不良的情绪调节或情绪失调是心理疾病的主要原因。道奇等人指出，失败的调节可引起过度的痛苦，而且可能使情绪持续较长时间，难以减弱，或者在行为上表现出突发性的愤怒，行为退缩，使个体变得虚弱。如果失调是暂时的，行为上可表现出突发性的焦虑、痛苦，行为过多，或行为退缩；如果情绪失调成为慢性的，在儿童时期就会表现出一些心理病态，例如，攻击性较强的孩子往往是由于难以调节愤怒所致，抑郁的孩子不能采取有效的情绪调节策略。不良的情绪调节对健康的影响与个体所使用的方式和策略有着密切关系。

情绪恢复性（resilience of emotion）是情绪调节的重要方面，是个体面对负性情绪刺激时能够保持积极的情绪，或者能够从消极情绪反应中迅速恢复到积极的情绪状态。情绪恢复性不保证个体不体验负性情绪，而是保证个体能够从负性情绪体验中很快恢复，容易回到积极的情绪状态，而且表现出从负性情绪经验中学习的突出能力（Davidson，2000；Curtis & Cicchetti，2003）。情绪恢复性强的个体生活乐观、热心和充满活力，对于新的事物好奇且具有开放的思维，具有积极的情绪，能够抵御抑郁，有效应对压力。恢复性强的个体能够主动运用幽默、放松技术和乐观的思维方式等策略来增强积极的情绪。如果个体的情绪恢复性比较弱，就具备了精神病学的脆弱性。

戴维森（Davidson，2000）认为情绪反应的时间过程序列变量与精神病学的脆弱性密切联系，抑郁、焦虑等心境障碍与不能充分、快速地关闭情绪反应或情绪反应时间进程异常密切相关。抑郁症患者不能主动趋近积极的目标，焦虑症患者不能摆脱紧张事件所引发的紧张，恐怖症患者不能摆脱恐怖情绪体验。另外，有些情绪障碍患者表现出过强的情绪体验，如焦虑、恐惧，而有些情绪障碍患者表现出情绪表达和情绪体验的缺失，如精神分裂症、快感缺乏症（Kring，1996，1999），许多情绪障碍反映了情绪加工的一个或多个成分的损坏，从而干扰了适应性情绪功能的实现。

在大多数情感障碍中，情绪失调是造成情感障碍的重要原因（见图 7－7）。个体遗传的神经活动过程与生活经验相互影响，以及生活经验、社会能力、自我与他人的认知信念相互作用，形成一定的情绪调节能力。这种情绪调节能力是良好的，即能够调整、控制或缓和唤起的各种情绪，能够维持积极情绪和消极情绪的平衡，个体则能够很好地应对生活事件。但是当个体形成的情绪调节能力差或者情绪失调时，将导致个体不能很好地应对各种生活事件，从而可能会导致情感障碍。

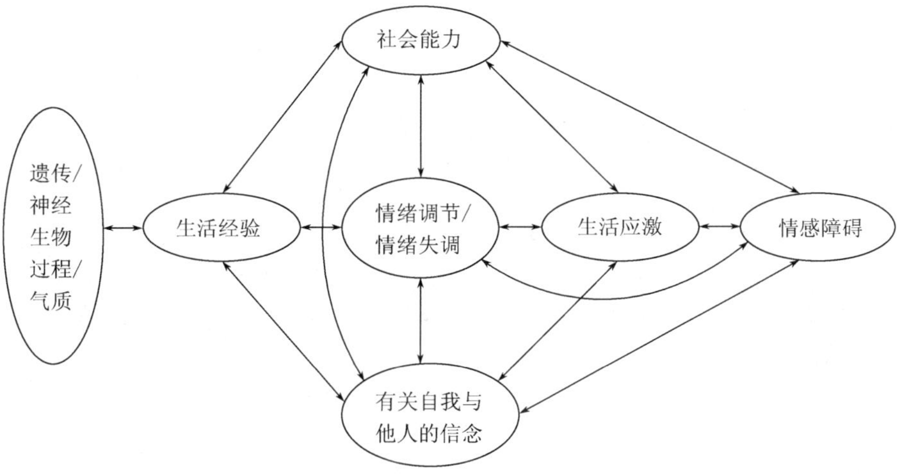

图 7－7　情感障碍形成过程的模型（孟宪璋，2004）

（二）情绪调节与身体健康

情绪生理成分在情绪活动中占据重要地位，不良的情绪调节对某些疾病的发病率和康复率也具有一定的影响。对悲伤和哭泣的长期抑制容易引起呼吸系统疾病，对亲密关系的抑制会引起支气管疾病或癌症，而对愤怒的压制与心血管疾病、高血压等有着密切联系，不表达情绪会加速癌症恶化。情绪为有机体提供了一种改变身体内环境平衡的方式，使身体内环境突破常态，为应对威胁和挑战形成一种身体准备状态，但情绪也具有很强的扰动身体内环境平衡的能力，能够使生理活动基线长期发生漂移，这就会对有机体身体机能产生损伤。

有些情绪调节方式似乎对个体的社会适应有利，但对身体健康却容易造成消极影响。有时情绪表达抑制基本上不能改变情感体验，反而会引起生理反应的增加，增加某些交感神经的激活水平。因此，情绪表达抑制会对身体内环境平衡产生一定的负面作用。有的情绪调节方式对人际关系不利，但对维持生理内环境的平衡却有着重要的作用。例如情绪调节中的认知忽视，不仅可以减少情绪表达行为，而且可以降低情感体验，对生理内环境也没有扰动作用。

因此，良好的情绪调节对于个体的身体健康也是非常重要的。通过情绪调节能够增进个体生命的活力，提高生命的质量，对于保证个体的身体健康具有重要的意义。

【建议参考资料】

1. 黄敏儿，郭德俊. 原因调节与反应调节的情绪变化过程［J］. 心理学报，2002，34（4）：371－380.

2. 王振宏，郭德俊. Gross 情绪调节过程与策略研究述评［J］. 心理科学进展，2003，11

(6)：629 - 634.

3. 刘启刚，周立秋. 情绪调节的理论模型［J］. 辽宁师范大学学报（社科版），2011，34（2）：43 -47.

4. 马施，沃尔夫. 儿童异常心理学［M］. 孟宪璋，译. 广州：暨南大学出版社，2004.

5. GROSS J J. Emotion regulation in adulthood：timing is everything［J］. Current diretions in psychological science，2001，10：214 -219.

6. GROSS J J. Emotion and regulation［M］//PERVIN L A，JOHN O P. Handbook of Personality：Theory and Research. 2nd. Ed. New York：Guilford Press，2000.

7. GROSS J J. Emotion regulation［M］//LEWIS M，JEANNETTE M，HAVILAND -JONES. Handbook of emotions. New York：Guilford Press，2008.

8. GROSS J J. The emerging field of emotion regulation：integrative review［J］. Review of General Psychology，1998（2）：271 -299.

【问题与思考】

1. 什么是情绪调节？情绪调节的基本性质是什么？
2. 情绪调节有哪些不同类型？
3. 格鲁斯提出的情绪调节过程理论模型的基本内容是什么？
4. 博南诺情绪自我调节过程模型的基本内容是什么？
5. 情绪调节的策略主要有哪些？不同情绪调节策略的适应性意义是什么？
6. 情绪调节对于个体的社会适应和身心健康有什么作用？

第八章 情绪与认知

【本章提要】

认知与情绪的关系一直受到哲学家和科学家的关注。20 世纪 60 年代以来，这也是心理学家关注的焦点，情绪的认知理论成为了情绪研究的一大流派。80 年代初，对情绪与认知关系的认识曾引发激烈的辩论，二者的关系经历了从对立到统一，从隶属、分离、整合到互倚性的漫长过程。关于认知在情绪中的作用，形成了许多理论和观点。其中首推霍夫曼的观点，他把认知调节情绪的心理过程划分为三种不同水平的加工图式。认知的不同加工水平和认知方式对情绪的性质和强度产生重要的影响，对情绪进行着调节和控制。情绪通过不同的信息加工方式，对认知的注意、感知、记忆、创造性、决策产生多方面的影响。情绪对认知影响的理论观点有：最佳体验和最佳发展的流模型、积极情绪的扩展 + 塑造的模式、资源分配模式和认知干扰理论。

【学习重点】

1. 了解情绪与认知关系从隶属、分离、整合到互倚性的漫长过程。
2. 掌握认知对情绪影响的基本观点。
3. 了解认知对情绪产生的影响及其调节和控制的作用。
4. 了解情绪对认知加工的重要影响。
5. 掌握情绪对认知影响的主要观点。

【重要术语】

情绪与认知的关系　认知对情绪的调节与控制　认知评价　认知方式　情绪对认知加工的影响　最佳体验的“流”　积极情绪的扩展　资源分配　认知干扰。

认知与情绪的关系一直是哲学家和科学家所关注的问题（Ochsner & Phelps，2007；Pessoa，2008）自从阿奎纳（Thomas Aquinas，1225—1274）将行为研究分成认知与情绪两大类后，人们认为认知和情绪是分离的系统（W. Lyons，1999）。同时，功能定位的研究也影响着人们对脑功能的认识，人们普遍认为存在着认知脑与情绪脑的分离。但是，最近几年的行为和神经科学研究证明，脑功能的特异性观念存在很多问题，越来越多的研究者认识到，认知与情绪的加工过程不但彼此交互，而且它们的神经机制还存在功能整合，共同构成了行为活动的基础。本章将从古代哲学思想开始到当代神经科学，阐述情绪与认知关系发展的脉络。并进一步探讨认知是如何影响情绪的发生和发展，情绪又是如何影响认知加工的。

第一节　情绪与认知关系的历史演变

对于情绪与认知关系的问题，哲学家和心理学家几个世纪以来提出了各种各样的看法，也产生过激烈的争论，二者关系经历了从对立到统一，从隶属、分离、整合到互倚性的漫长过程。在这里我们将其发展历程作一简要的概述。

一、情绪与认知关系的哲学思想

（一）古希腊时期哲学家的观点

早期哲学家对人类情绪与理智的关系有过许多论述，以柏拉图的思想为代表，强调理性对情绪的调整和控制。柏拉图（Plato，约 427 B. C. —347 B. C.）是古希腊哲学家，他将灵魂划分为三个部分。一是理性（reason），位于头部，代表人的理智，是灵魂的主宰。二是激情（spirit），位于胸部，关系到一个人的整体精神状态。三是欲望（appetite），位于腹部，如食欲、性欲等，它更多地指生物的欲望及动力。在他看来，理性、激情和欲望是灵魂不可或缺的组成部分，只有三者和谐才会使人处于最佳心理状态。当然，在这三者之中，理性处于支配地位，激情和欲望则处于附属地位。因此，对于柏拉图来说，理智和激情谁主导谁从的战争不断在心中进行着。在这种理性主导下，理性与情绪通常被比喻为“主人—奴仆”的关系。

柏拉图将情绪或激情视为一匹不易驯服的野马，是人类灵魂的潜在威胁。情绪不断挣脱象征理性驾驭者的控制，威胁着人的心理世界。也就是说，情绪（情欲），基本上属于原始的、破坏性的、需要控制的力量，需要用理性来压制（唐钺，1994）。

柏拉图是一个二元论或准二元论者，他将人类多少视为是由包含在肉体中的灵魂与肉体组成的。情绪被看做是存在于灵魂之中的，而没有特定的肉体感觉或知觉，并非如现代人所认为的那样存在于肉体之中。他认为一个正常的、正义的人，其理性要通过激情来控制欲望，这样才能造就一个健全的人。

亚里士多德（Aristotle，384 B. C. —322 B. C.）是柏拉图的学生，但与柏拉图不同，他是注重经验研究的哲学家。亚里士多德将心灵的功能划分为两类——求知与求动。求知，即认识功能，包括感知、记忆、注意、思维、想象等；求动，即动力功能，起驱动作用。情绪具有驱动功能，因为情绪可以改变判断，可以影响判断，使认识活动带有一定的痛苦或快乐（唐钺，1994）。并将情绪以及人类的爱、恨、愤、憎看做是人类高级认知与低级纯感官欲望相结合的产物，所以，人类所特有的感觉是通过对周围的世界以及人们的信念与欲望而产生的。因此，亚里士多德将愤怒看做是促使我们对不合理行为进行报复的适当情绪表现。他指出，愤怒来自于别人或朋友遭遇显著的、不公平的蔑视，从而形成反击、复仇的不安欲望。愤怒有具体的对象，也有不同程度的表现，如轻蔑、敌意、傲慢等。亚里士多德分析愤怒中含有一定的认知成分（Soloman，1993）。事实上，亚里士多德认为将一种情绪与另一种情绪区分开来，不在于感官与生理唤醒的不同，而在于信念（即现代的认知评价）的不同。现在看来，亚里士多德可以被称为情绪认知理论之父，主要体现在两个方面：一是他提出了情绪在某种程度上影响着我们的行为方式；二是他提出情绪是我们如何解释世界的反应（艾森克，2000）。

（二）中世纪哲学家的观点

由于中世纪的哲学受到基督教灵魂思想观点的支配，因此与绝对物质主义的观点相悖。亚里士多德与禁欲主义关于情绪的认知取向不为当时所欣赏。在对亚里士多德学说进行基督化的过程中，神学家们可能由亚里士多德而偏向柏拉图。而亚里士多德的人的本质是物质和实体，也就是人是有理智的动物的论述，被转化为人是所有高级认知和评价机能所寄居的非实体的精神，也就是基督教教义中所宣称的灵魂。情绪是没有理智可言的，而且认知处于第二位（W. Lyons，1999）。中世纪的神学家们和哲学家们不得不在情绪是源自精神还是肉体两者之间作出选择，用这种方法修正亚里士多德的理论。

但是，不是当时所有的哲学家都选择前者，例如阿奎纳和维韦斯（Aquinas & Vives）。阿奎纳主要将情绪归于肉体（生理）而不是灵魂。情绪是一种激情，使我们感到痛苦的事情和突如其来的事情，远胜于我们逐渐形成的对自己和与自己相关的事物的看法（Aquinas，1967）。情绪被视为一种冲击精神和认知的肉体感觉的趋势或欲望。这可能与现代心理学所说的驱力和本能的概念很相近。欲望的势力表现为情绪能力——直接反应内部感觉和外部感觉的能力。他认为这种能力是人与动物所共有的，只有灵魂的理智能力才为人类所独有 。

维韦斯对情绪作了比较详细的论述。他不是用道德标准来衡量情绪，而是把情绪当做自然科学的问题。他认为，人的整个生命过程都受到情感的调控，情感可以使知觉暧昧不明；情感并不从属于理智，但却能阻碍或破坏理智的活动；情感对记忆有影响，它既可以增强记忆，也可以妨碍记忆。维韦斯还认为，情绪可以通过训练在心理上加以改变，心理训练之所以能够改变情绪是因为观念时常是情绪的根源（杨鑫辉，1999）。可以说，维韦斯已认识到了认知与情绪、情感之间的相互作用。

（三）近代哲学家的观点

在17世纪人们受“新科学”思想的影响，研究立足于观察和实验，从而导致了对旧式亚里士多德等学者科学模式的遗弃。新的自然哲学家与心理学家笛卡尔、斯宾诺莎、休谟和康德成为了新的焦点。

笛卡尔（R. Descartes，1596—1650）在情绪产生及分类等本质问题上的认识，可以称得上是哲学经典。笛卡尔是一个二元论者，他认为思维为人类灵魂的核心，属于非物质的，属于精神范畴，而物质，如胃的活动，属于身体的范畴，属于物质世界。笛卡尔指出，情绪不仅涉及由身体激动所引起的感觉，也涉及知觉、欲望和信念的作用。也就是说，情绪是由外物和体内变化所引起的，其产生同感觉一样。但是情绪同感觉又是不一样的，它是人的心灵，它不仅是身体的激动，也需要对灵魂（欲望、梦、信念）的感悟。笛卡尔认为，有些情绪是心的作用，如阅读文学作品时内心感受到的情绪，而有些情绪则是由身体对心的影响。对于这类情绪心灵既不能直接激发也不能抑制，但心灵的活动可以间接地激起情绪。只有灵魂的感官意识到的或者感觉到肉体上所发生的才是情绪。也就是说，情绪是身心共同活动的结果。

斯宾诺莎（B. Spinoza，1632—1677）对情绪的看法与笛卡尔的看法是截然不同的，他主要将其看做是认知的，但他也将欲望和感觉看做情绪中最为重要的。他认为，情绪是“身体的感触，这些感触使身体活动的力量增进或是减退，顺畅或阻碍，而这些情感或感触的观念同时亦随之增进或减退，顺畅或阻碍”。这说明斯宾诺莎已认识到情绪具有促进和阻碍行为的作用。他的情绪理论是一种典型的认知情绪理论。他认为与情绪相关的信念或思维伴随“身体的感触”在我们的精神生活中起作用而不是引起它们的产生。信念给某类身体反应涂上一层认知色彩而非引发这类反应。他认为，这些身体反应不能称之为“情绪”，除非按照某种方式让它们进入认知过程。由此可见，他关于情绪的思想同现代情绪理论有某些相合之处。

休谟（David Hume，1711—1776）是典型的理性论者。他认为情绪是一种印象，这种印象是动物精气运动所至，具有愉快和不愉快的维度。他认为，情绪印象由思想引起，而且情绪也影响思想。这就是他关于认知与情绪相互影响的基本观点。

康德（I. Kant，1724—1804），德国哲学家，与休谟一样，也是一位理性论者，但他意识到理性的局限性，认为没有激情是做不成伟大事业的。康德主张心理三分法，将心理活动划分为认识、情感、意志三种基本官能，三种官能各自独立，其中任何一种都不可能由其他一种派生出来（唐钺，1994）。在三分法中，理解和意志是主动的，情感是被动的。感觉是对外物的表象，情感则是感觉者自身的变化。情感不能独立发生，要依附在感觉或其他心理过程上发生。

(四) 中国古代哲学家的思想

中国古代哲学中，也有关于情绪与认知关系的哲学思想。战国后期的重要代表人物荀子（约 313 B. C. —238 B. C. ）指出，性之好、恶、喜、怒、哀、乐谓之情。情者，性之质也。性是人的本性，情就是本性的表达。情是性的不同形态(高觉敷等，1985)。由此可见，性与情息息相关。性是本性和动机，情是本性和动机过程的伴随和表达。荀子提出，情绪受认识的影响，并在生活中起一定的引导作用。荀子还指出，心境是一种持续的情绪状态，可以起积极作用，也可以起消极作用。墨家思想在情意（情感和意志）方面的思想相当丰富。这个时期的墨子提出了动力说，认为穷知而系于欲。也就是说，人的行为需要依赖于认识，但最终还是决定于欲望，决定于“情”(高觉敷等，1985)。韩非子（约 280 B. C. —233 B. C. ）属先秦时期的思想家，在他的《解老》里对认识、情感、意志也有很好的论述。他指出，情感促进思虑，影响意志。“爱子者慈于子，重生者慈于身，贵功者慈于事”，“慈于子者，不敢绝衣食；慈于身者，不敢离法度；慈于方圆者，不敢舍规矩。”(高觉敷等，1985)。说明情感可以促使人思考，影响意志，促进与情感相关的行为。

总之，中国古代哲学在情绪与认知关系方面有一定的阐述。中西方的情绪哲学思想存在一致性。

二、近代情绪心理学家的观点

近代达尔文、詹姆斯、麦独孤等情绪心理学家对认知与情绪的关系基本上持否定的态度，认为情绪的产生是由生理决定的，认知在这一过程中无足轻重。

达尔文（Charles R. Darwin，1809—1882）认为情绪是原始的力量，情绪联系着我们的过去，包括种族和个体的过去。情绪不完全是随意控制的。情绪反映了遗传的痕迹，并非由环境选择决定的。在他的研究里，情绪就是表情，表情就是与某种心态联系的行动模式，或按照一定的原则来表达的行动模式。总的来说，在达尔文理论中，表情是进化的产物，是情绪力量的外显。

詹姆斯（W. James，1842—1910）提出的著名假设是：机体对刺激的知觉直接引起一定的躯体变化，情绪就是机体对这些躯体变化的感受（James，1890）。也就是说，对可能引起情绪的刺激物（事件），先是引起机体的躯体生理反应，然后，这些躯体的生理反应反馈到大脑相应的皮层，产生情绪主观感受。

麦独孤（W. McDougal，1871—1938）认为，可以将情绪区分为基本（原始）情感和复杂情绪。基本的情绪发生于原始的本能，如攻击、母爱、生殖等，其模型也比较确定，引起的情绪也就属于比较基本的。而像自卑、自炫、逃避、建造等与之相联系的本能属于比较复杂的情绪。将情绪与本能联系起来，能更好地理解情绪中的生理成分和行为表达成分。麦独孤的观点基本上没有超出詹姆斯和达尔文的思想。他的贡献在于将情绪与本能联系起来，可以更好地认识情绪的生理机制和行为机制。

三、现代情绪心理学家的认知观点

在 20 世纪中期计算机科学得到迅猛发展。要了解人是怎样认识世界的，怎样在头脑中加工信息的，只有把人的认识活动先了解清楚，计算机才有可能模拟运算。同时，心理学的研究在这方面也积累了一些成果，例如，瑞士著名心理学家皮亚杰（J. Piaget，1896—1980）在对儿童心理的研究中，揭示出在儿童发展的不同阶段思维表现了不同的水平。这说明内部心理活动规律是可以研究的。

在上述各种因素的影响下，1967 年美国心理学家奈瑟尔（Neisser）将当时的各种研究成果加以总结，写出了《认知心理学》一书，使得认知心理学明确地成为一种思潮。认知是指人在认识事物的过程中所进行的各种心理活动，主要包括知觉、注意、记忆、言语、思维等。认知心理学家认为，人的内部认知过程是可以运用科学的方法加以研究的。认知心理学主要研究人的认知过程，但是认知过程与人的动机、情绪等心理活动是密不可分的，因此，认知心理学并没有忽视动机和情绪的研究。

在这种思潮的影响下，20 世纪 60 年代中期开始，情绪与认知的关系成为心理学家关注的焦点，而且情绪的认知理论成为情绪研究的一大流派。情绪心理学家开始探讨认知在情绪中的作用，提出了一些理论观点。首先是美国情绪心理学家阿诺德提出情绪的产生基于认知的评价，评价决定情绪的发生、发展、调节及改变（Arnold，1960，1970）。他指出，情绪的产生是大脑皮层同皮层下部位及自主神经系统相互作用的结果。情绪信息在大脑皮层进行认知评价，刺激的重要性被评价，通过丘脑系统激活自主神经系统，使机体产生相应的生理激活及行为。阿诺德强调的是认知评价的作用，而外周生理激活是情绪的伴随状态。总之，情绪产生的关键过程是发生在皮层高级中枢的重要性评价之中。

自从阿诺德提出情绪的认知评价理论，情绪研究者开始注重认知因素，如知觉归因、意义分析、记忆特点等对情绪体验的影响。其中，沙赫特和辛格的实验研究非常引人注目（Schachter & Singer，1962），在实验研究的基础上，他们提出认知激活理论，认为情绪唤醒的决定因素不是生理唤醒，而是对生理唤醒的解释。他们认为，情绪产生决定于两个主要因素，生理唤醒和认知因素，认知因素又包括对生理唤醒的认知解释和对环境刺激的认识。这样一来，影响情绪产生的因素主要是生理唤醒、对生理唤醒的归因、对环境刺激的认识三方面的因素。

拉扎鲁斯继承并发展了阿诺德的评价理论，提出情绪反应取决于认知评价。不同的评价决定了不同的反应。个人目标、价值、自我结构等都将影响这些即时的和持续的评价，从而影响情绪的发生。他将不同的评价与情绪联系起来。他指出，可将评价划分为初级评价和次级评价。这些评价可能是有意识的，也可能是无意识的。拉扎鲁斯的认知评价理论强调个体对自己与环境关系的认知评价和理性认识对情绪产生的作用。

四、认知与情绪关系的争论

20 世纪 80 年代初，扎荣茨（Zajonc）在《美国心理学家》杂志上发表了一篇关于情感和思维的文章，他提出情绪在一定程度上能独立于思维，可以先于思维而发生。从而引发了情绪与认知关系问题的激烈争论。争论的中心问题是，在情绪启动中，情感占首位还是认知占首位。

扎荣茨认为刺激的最初加工是进行情感估计——好的或坏的、安全或危险等，之后才是更复杂的认知解释和评价。他从种系发生和个体的发生上看，认为情感反应是首因，同时认为情绪与认知有独立的神经解剖结构，认知评价和情感常常是不相关和独立的，就是没有认知评价的参与，新的情感也能出现，非认知和非知觉过程也能产生情感状态。他从这些方面论证了情绪的首因效应。

然而，拉扎鲁斯（Lazarus，1982，1984）提出了不同的看法，认为扎荣茨混淆了认知过程和意识过程，他所谓的情感过程也就是认知过程，只不过它们是自动进行的，意识不到罢了。他认为认知评价是所有情绪状态构成的基础和组成特征。情绪反应的三个方面，即躯体过程、外在行为表现和主观体验，都需要认知评价作为一个必要的先决条件，即认知评价先于情绪唤醒。拉扎鲁斯认为，情绪反映了个体与环境关系的持续变化。当个体经历某个重大的生活事件时，个体与环境的关系就会成为情绪的一个来源，因而，情绪过程不能仅仅局限于个体内部或大脑内部进行理解，而应该在个体与其所评价环境的相互作用中进行理解，体验某种情绪，无论是以原始的知觉形式，还是以某种较高级符号的形式。参与这次争论的有不少心理学家，这场辩论历时六年，辩论方各自提出了大量的实验依据和理论依据，结果打成了平局。

克莱金纳等人（Kleinginna et al，1986）认为扎荣茨和拉扎鲁斯的分歧在于他们对情感和认知的界定范围不同，拉扎鲁斯把认知定义得太宽，而把情绪定义得太窄；相反，扎荣茨把情感定义得太宽，而把认知定义得太窄。问题在于他们把情感与认知完全分开，也就是坚持两分法，如果把它们合而为一，这样的争论可能就没有意义了。而实际上，认知和情绪在心理活动的发生过程中是一个连续的流程。因此，个体的任何一个反应同时又是一个刺激，刺激和反应都既可能是原因也可能是结果。另外，情绪与认知的关系不仅要从静态上考虑，更重要的是要从动态上考虑，它们既可同时发生也可以继时发生。事实上，人脑及其功能是一个整体，情绪过程与认知过程是一个涉及生理和心理许多层级的复合多水平的相互作用的复杂过程，两者的关系应该用整体的观点考察。拉扎鲁斯认为情绪和认知谁为第一这个问题是一个认识论上的错误。认知和情感两分法是一个科学的构想，本质上并不存在。分析还原的观点和整体主义的观点都是可信的，更合理的解释是两者应是一种互倚与整合的关系。

五、当代神经科学的观点。

认知与情绪是一种相倚与整合的关系这一观点，得到了近年来神经科学研究的有力支持。从布洛卡（Broca，1824—1880）提出脑功能定位的概念起，人们试图定位情绪脑和认知脑的区域。目前，大多数研究者认同杏仁核、下丘脑、腹侧纹状体等皮层下结构属于情绪脑，参与情绪信息的加工；而外侧前额皮层、眶额皮层等皮层结构属于认知脑，在认知加工中起着关键作用（Luiz Pessoa，2008）。近年来，越来越多的行为科学和神经科学的实验数据表明情绪脑和认知脑不仅相互影响，而且它们之间的整合操作对于人类适应性功能是必要的（Kevin N. Ochsner & Elizabeth Phelps，2007）。

2008 年美国神经科学家运用神经网络计算的方法，率先绘制出了大脑皮层的连通图，发现在人类大脑皮层中存在着对神经连通性起中枢作用的区域，被称为大脑的网络集线器（Hubs）；这个高度连通性的脑区对于认知与情绪的交互作用极为重要，负责对信息整合。依据信息论的观点，大脑是依据小范围拓扑学结构进行配置的，节点之间的路径长度是很短的，皮质区域之间通过一个或两个中介区域直接或者间接地相互联系（ C. C. Hilgetag et al，2000；O. Sporns et al，2000）并且节点是高度群集的（O. Sporns，2006）。此外，研究者对脑连通性进行了定量分析，发现杏仁核（以及海马回和内嗅皮质）具有广泛的投射作用，几乎与所有皮层有着联系（M. P. Young et al，1994；K. E. Stephan et al，2000）。因此，研究者推断杏仁核在拓扑地图中占据了一个中心的位置，而且它的连通性拓扑图类似于一个集线器连着多个分集线器，而每个分集线器连接到不同功能（情绪功能和认知功能）的群集束的脑区（M. M. Mesulam，2002），这些研究结果表明杏仁核是大脑连通度最高的区域之一（L. W. Swanson，2003）；这也说明杏仁核是情绪与认知共同的神经基础，它不仅具有情绪功能也具有认知功能。最近的解剖学证据表明存在前额皮层—基底前脑—前额皮层的回路，因此，前额皮层与皮层纤维束起始的地方相连（L. Zabor szky et al，2000）。这个回路给认知—情绪的整合提供了直接的神经基础，例如杏仁核发出的信号被广泛地传播，包括传播到对注意的控制非常重要的额顶叶。

大脑的解剖学信息研究说明了杏仁核和基底前脑等结构具有高度的连通性，可以连接大脑皮层的几乎所有区域；它们有效整合情绪和认知信息，从而使情绪脑和认知脑的区别变得非常模糊。大脑的结构连通性为功能连通性提供了必要的物质基础。大脑中存在着对情绪与认知具有高度连通性的结构，它们在情绪与认知的交互作用中发挥着重要作用。而且，佩索阿（L. Pessoa，2009）指出杏仁核、下丘脑、前额皮层等结构在大脑动态的网络结构中扮演着网络集线器的角色，这种对信息的整合功能将产生出对人类生存具有重要影响的适应性行为 。由此可见，情绪系统与认知系统并没有真正地分开，人类复杂的行为是多个脑区协同作用的结果。

综上所述，我们大致可以看出情绪与认知关系研究发展的坎坷历程。情绪与认知两分法是时代的错误，即使被奉为情绪中枢经典概念的“边缘系统”（如杏仁核）也具有认知功能。情绪与认知的关系正在被一种更加精制的（refined）和复杂的观点所代替。从以上介绍可以看出，学者们对情绪与认知关系的认识经历了从对立到统一，从隶属、分离、整合到互倚性的过程。

第二节　认知对情绪的影响

自 20 世纪 70 年代以来，认知在情绪中的作用就为情绪心理学家所重视，形成了许多理论和观点，这些观点在情绪的认知理论中已有很清楚的论述（详见第三章）。在这里仅就认知对情绪影响的一些观点、思想和研究进行概述。

一、认知对情绪影响的理论观点

关于认知在情绪发生中的作用，要首推霍夫曼的观点。他把认知调节情绪的心理过程划分为三种不同水平的加工图式。一是物理刺激直接引起的情感反应；二是物理刺激与表象匹配诱导的情感反应；三是刺激意义所诱导的感情反应（Hoffman，1986）。

物理刺激直接引起的情感反应，即是外界物体的物理性质如声、光、电、气味、颜色等刺激直接作用于人体而引起的情绪反应。例如，婴儿室里一个孩子的啼哭声，会引起许多婴儿的痛苦反应，或引起啼哭。限制 4 个月孩子的活动会引起愤怒的反应。小孩在医院看见穿白大褂的人就会产生躲避害怕的反应。

物理刺激与表象匹配诱导的情感反应，也就是外界的刺激与人们头脑中已有的形象相匹配时所引起的情感反应，即再认或识别所引起的情感反应。在这样的反应中一般有两种不同的情感反应，一种是刺激与原来充满情感的形象，熟悉的形象相匹配，这样的情况称之为热图式；而另一种是刺激与没有引起过情感反应的形象相匹配，这种情况称之为中性图式或冷图式。例如，妈妈的面孔在孩子的脑海中是充满感情的，孩子见到妈妈的面孔就会产生期待和愉悦的感情。当孩子见到的面孔与妈妈的面孔不一致时，孩子就会产生警觉、痛苦或恐惧的反应。如果刺激与中性图式匹配，也就是与没有引起过情感反应的图式相匹配，一般不产生情感反应。但是如果重复出现这个刺激，有时会出现兴趣情绪。如果刺激与中性图式不匹配，刺激的新异性不同可能产生正性或负性情绪，中等强度的差异可能产生兴趣情绪，过强的刺激差异就会引起恐惧或回避倾向。

刺激意义所诱导的感情反应，即刺激超越其物理属性的意义作用于人时，会引起一种高级的认知加工。霍夫曼提出了两种加工模式，一是归类，二是评价。

归类是人们在信息加工的过程中，把输入的材料按性质、功能、特点以及与人的需要的关系等进行区分和归类，这样刺激由于归于某一类而获得某种意义。如笔属于书写的工具、牙刷是洗漱用品等。那些能满足个人需要和符合社会标准的对象、事件和活动，就能使人产生满足、愉快和期待的情感。而不符合人的需要、引起伤害的事件，就会引起恐惧、悲伤、愤怒和失望等情绪。

评价所引起的情感反应，可以从事件发生的原因、结果以及同标准相比较几方面进行。由于人们对事件原因推测的不同，产生的情绪是不一样的。如在排队买东西时有人踩了你的脚，你认为他是故意的你就会很生气，但如果你认为他是不小心踩了一下，就会原谅他而不生气。老师对学生的考试成绩的评价也是这样。如果学生没有取得好的成绩，对有能力的同学老师就会认为学生没有下工夫，就要批评他而表示不满意，而对那些智力低下的学生就会表示同情。对刺激事件后果的评价，主要是看刺激事件对当事人有何影响，这种影响是长期的还是短期的，是重要的还是不重要的，是有利还是有害的。例如，当人们被诊断患有癌症，就会料到后果严重而焦虑。而诊断为一般的常见病就不会太焦虑。刺激事件与标准相比较，也是情感产生的原因。例如，我们的工作按社会标准比较进行评价，从而使人们产生正性或负性的情绪体验。如果我们的工作受到肯定、符合标准，我们就会感到欣喜、愉快，否则就会难过、悲伤。

二、认知在情绪发生中的作用

目前大多数情绪心理学家都认为认知是影响情绪的一个重要因素，认知影响情绪体验发生的性质和强度等。

（一）注意对情绪的影响

注意对情绪有直接的影响，注意是心理活动的指向性，也就是选择性，选择对象的性质和特点直接影响着情绪的性质和强度。如果我们的注意指向的是美丽、健康、和谐的事物，就会使人产生愉悦的情绪；指向贫穷、疾病、痛苦的事情，就会使人产生同情的情感；指向不道德、不礼貌的行为，就会使人产生愤怒；指向恐怖的情景，就会产生恐惧的情绪。近来的大量研究证明注意等认知加工会影响情绪体验。在预览搜索任务中，被试对干扰项的评价会比目标项的评价更加负性（J. E. Raymond，M. J. Fenske & N. Westoby，2005）。注意选择的效率可以预测随后的情绪反应，可以影响随后对视觉刺激的情绪评价。被试会对那些从未见过但与其注意过的目标项有相同结构的刺激给出更正性的评价（Zhou，Wan & Fu，2007）。

（二）感知觉对情绪的影响

感觉与知觉是情绪产生的首要条件，刺激要引起情绪反应，首先要被个体感知到，詹姆斯的情绪理论尽管被理解为是一种外周理论，但他说："在对我们周围的现实知觉之后，躯体便发生一系列的变化，我们对这些躯体变化的感受就是情绪。"从他的理论解释中也看出，情绪发生的第一个前提条件就是知觉。也就是说，通过感官的直接感知，才可引起情绪反应。研究证明不管是儿童还是成人，反复听正性音乐会提高被试对正性音乐的喜欢程度，但是反复听负性音乐就会增强被试对负性音乐的厌恶（C. V. Witvliet & S. R. Vrana，2007），这是通过听觉所引起的情绪反应。又如色彩通过视觉使人产生不同感受，不适宜的色彩使人感到心烦意乱，而和谐悦目的色彩则给人以美的享受。黑色、茶色等色彩较为暗淡，使人感到忧郁、沉闷，甚至产生压抑、恐惧等。例如，英国伦敦有座桥原来是黑色的，每年都有人到这里投河自杀。后来，将桥的颜色改为黄色，来此自杀的人数减少了一半，充分证实了颜色影响着人的情绪，对人有积极或消极的影响。这是通过视觉引起的情绪反应。人的味觉同样会引起情绪反应，如人们喜爱甜食或带有刺激性的味道。

（三）记忆与想象对情绪的影响

记忆与想象在情绪发生中也具有重要的作用。回忆起过去的事件会引发相应的情绪体验。"一朝被蛇咬，十年怕井绳"的例子就充分说明了这一点。在情绪诱发中可以通过回忆过去的情绪事件来诱发相应的情绪反应，例如让你回忆曾经被一条凶狗追赶的经历，你肯定会感到非常恐惧；想起与朋友的一次开心的聚会，你会感到非常高兴等。想象能够引发情绪也与记忆有关，与情绪经验有关。例如，让你现在想象有一只蜘蛛爬过你的肩膀，你会感到害怕；想象你现在正在从一栋高楼上掉下来你也会恐惧；想象你在参加一个生日聚会自然你会高兴；等等。

临床心理学家很早以前就发现，心理表象对情绪有非常强的影响作用。表象就是形象的记忆。研究表明，创伤后应激障碍患者经常会出现对创伤性事件的闪回体验，这些体验往往以表象的形式出现，并伴随强烈的负性情绪（C. R. Brewin & E. A. Holmes，2003）。在社交恐怖症、焦虑障碍、心境障碍等研究中都发现，患者的负性情绪、负性记忆与情绪表象紧密相关。

同时，表象对情绪具有调节作用。临床心理学家认为，表象与情绪密切相关，通过对表象的建构、修复与替代，就可以引起情绪的改变。这一方法广泛地应用于心理治疗与干预领域。焦虑障碍的治疗中就经常通过对表象的修正来减少患者的情绪能量，如系统脱敏疗法和认知疗法。在负性情绪的调节与治疗过程中，表象还经常与其他技术（如放松、催眠）相结合。盖等人认为情感障碍患者的表象能力较差，难以对他们进行一般的表象训练，但如果使用恰当的方式进行表象训练，就可以缓解症状。他们采用催眠表象干预法治疗情绪障碍患者的研究支持了这一假设（M. C. Gay, D. Hanin & O. Luminet, 2008）。运用表象的调节作用还可以对某些与情绪相关的生理疾病（如哮喘）起到辅助治疗的效果。有研究者使用放松与表象指导技术对患哮喘病的儿童进行心理干预，结果发现75%的被试肺功能得到增强，且被试的焦虑水平也有不同程度的降低（R. L. Doboson, M. A. Bray & T. J. Kehle, 2005）。王建平等人用放松和表象训练对癌症患者进行心理干预，与对照组相比，干预组患者的情绪、症状和生活质量等多项指标都有明显改善（王建平，王慧琳，林文娟，2006）。

另外，表象训练作为一种辅助手段可以对多种情绪起到调节作用，例如竞赛前焦虑情绪的减少、情绪的放松调节，以及运动失败或运动损伤后挫折情绪的恢复等（王海景，2007）。

（四）认知评价对情绪的影响

情绪的认知评价理论认为，认知评价是情绪产生的前提。认知评价是对客观事物与主体关系的评价，实际上评价是一个知觉判断和意义分析（涉及到思维）的过程。

研究者通过对认知重评策略的研究揭示评价与情绪的关系。认知重评是以非情绪的术语解释情绪相关刺激，通过对刺激的重新评价达到改变情绪的目的（Gross, 1998）。通常，研究者向被试施予一定的情绪刺激，考察使用认知重评策略的被试与控制组被试的情绪反应之间的差异。例如，格鲁斯（Gross, 1998）使用令人恶心的电影片段，记录了在观看电影时要求使用认知重评策略的被试及控制组被试主观情绪自评、行为表现以及生理指标（指尖电位幅度、手指温度、皮肤传导水平、心率）上的活动。结果发现，认知重评组的厌恶情绪显著降低，但重评组与控制组在生理信号上无差异。在另一项研究中，让被试回忆令其愤怒的事情，并要求一半被试在回忆的同时使用认知重评。结果显示，相对于控制组，重评组愤怒自评分数更低，生理活动也显著下降（Ray, Wilhelm & Gross, 2008）。还有研究要求被试在观看厌恶电影时只观察和思考事件中的技术部分，尽量不去感受任何情绪。结果发现该组被试的厌恶表情和厌恶情绪感受显著降低，心率也更为缓慢（黄敏儿，郭德俊，2002）。

（五）认知方式对情绪的影响

认知方式是一个人在感知、记忆与思维过程中所特有的稳定方式在认知活动中的体现，个体对于事件的解释风格或方式会影响个体对于事件的情绪反应。例如情绪理性疗法就认为个体面对压力，产生不良情绪如抑郁、焦虑，不是因为事件本身引起的，而是因为对于事件的不合理信念引起。个体在生活中往往形成了不同的解释世界的风格，具有不同的认知方式，有的个体具有积极的认知方式，有的个体具有消极的认知方式。具有消极认知方式的个体往往以消极的方式解释世界，因此他们更容易产生消极的情绪。一项对大学生认知方式的研究表明，在面对失败情境时，场依存性认知方式的被试其抑郁、焦虑水平比场独立性认知方式的被试要高（袭开固，2008）。这说明不同认知风格对负性情境的解释不同，情绪反应就有差异。场独立性的被试比场依存性被试受失败的影响相对较小，消极情绪反应较少，具有更强的抗挫折能力。这是因为场独立性的人是自我取向的，他们很少利用外部线索，表现出更多自主性，很少或不受环境的影响，当面对来自环境的负性事件时，情绪的起伏也就较小。场依存性的人是社会定向的，对社会线索更敏感，对周围环境依赖性较强，社交场合中更多注意他人的反应，并努力使自己与环境协调，自己的观点与态度多受所处环境的影响，对负性事件情绪反应就比较强。

第三节　情绪对认知的影响

皮亚杰曾于1981年指出，感情决定对情境是接近还是回避的倾向，从而影响人的智能努力朝着什么方向或方面去发挥，这种现象反过来必然影响知识的获得。大量研究表明，情绪对信息加工的注意、感知觉、记忆、创造性和决策起着重要的影响。

一、情绪对认知加工的影响

（一）情绪对注意的影响

几乎所有的情绪都能吸引注意，特别是恐惧最能吸引人们的注意，也就是说当有一条毒蛇出现在你面前，而且对你发起攻击，这时你唯一注意的就是如何摆脱蛇的攻击，其他的事情你都不会理会，说明情绪影响注意的范围。消极情绪使注意加工变得狭窄，当人们处于焦虑或恐惧中时，他们的注意主要集中在所害怕的事情上，而不注意周围存在的其他事物。实验研究论证了这一现象。例如，屏幕上闪现两个词语，一个是威胁性词，一个是中性词，然后在其中一个词的后面呈现一个圆点。让被试在标定圆点的词出现时按键。结果发现，焦虑特质者对威胁性词比非焦虑特质者的反应时（reaction time）快；而对中性词，两组被试的反应时无差别。这一结果说明焦虑情绪使被试的注意更多地被威胁性词所吸引（Mathews，1993）。

研究发现积极情绪能拓宽注意的范围，研究采用整体—局部视觉性加工范式评估注意关注的倾向。任务要求被试判断两个图形中，哪个图形与标准图形更类似，一个图形在整体组合上更类似于标准图形，另一个图形在局部细节上更类似于标准图形。研究发现，焦虑和抑郁等消极情绪者会注意局部细节，而积极情绪者，像主观幸福感和乐观性等积极情绪较高的人会偏向于整体结构（M. R. Basso et al，1996）。弗雷德里克森采用电影诱发了被试的四种情绪状态：快乐、满意、愤怒、焦虑，还有一种中性状态作为控制条件。然后用整体—局部性知觉加工任务评估被试在不同情绪状态下的注意范围，发现在两种积极情绪状态下的被试比中性状态下的被试拓宽了注意的范围。这些研究都说明，特质性的或情境性的积极情绪可拓宽个体的注意范围（B. L. Fredrickson，2005）。在积极情绪对任务转换影响的研究中，发现被试在积极情绪状态下比在中性和消极情绪下显著地减少转换损失，促进了任务转换，表明积极情绪扩大了个体的注意范围，促进了认知灵活性（王艳梅，郭德俊，2006）。

（二）情绪对感知觉的影响

不同享乐色调的情绪状态对人的感知觉活动会产生不同的影响。一个人愉快时，感知敏锐，通过感知觉容易接收外界信息，而不愉快时，往往会“视而不见”、“听而不闻”、“食而无味”。对数字广度的辨认率、词义分析的完成率，多功能物品命名的数量等研究，均表明愉快等积极情绪会比消极情绪得到更好的效果。研究者（J. K. Stefanucci，2009）发现，当特质性恐惧者状态性恐惧时，从高处往下看，通常会对距离和尺寸的估计过大。还发现情绪激活和情绪效价会共同影响时间知觉，个体在负性情绪时会引起对时间的过度估计（S. Droit – Volet & W. H. Meck，2007；J. Tipples，2008）。从以上研究不难看出，情绪确实影响人对空间知觉的判断与时间知觉的估计，而且这种现象在日常生活中还是比较普遍的。

近期的一些研究发现，人在积极情绪状态下倾向于整体知觉，消极情绪状态下倾向于部分知觉。弗雷德里克森让被试看电影短片，分别引发高兴、平静、害怕和伤心，然后让四组被试完成一个整体—部分视觉加工的测试（a global – local visual processing task）。依据被试的自我报告和面部肌电反应，显示积极情绪组被试偏向选择整体结构（Fredrickson，2003）。另一项研究也发现体验悲伤的消极情绪组被试和积极情绪组被试相比，从整体特征上进行分类，或用整体概念重新对画面进行复原更困难（Gasper & Clore，2002）。

（三）情绪对记忆的影响

不同享乐色调的情绪还会对记忆效果产生不同的影响。生活当中我们会有这样的体验，心情好时，记东西快且不易忘记；心情不佳时，读了好多遍材料，仍记不住，勉强记住了，也会很快忘记。鲍尔（Bower，1981）在心境对记忆影响的研究中也发现，人们在愉快情绪下学习单词比在悲伤情绪下回忆量要大。

许多研究发现，积极或消极情绪会使类似材料的编码更加牢固或者提取更加容易，从而促进对这些材料的记忆。鲍尔（Bower，1981）对心境一致性效应展开了深入研究，提出了他的经典实验。心境一致性效果指不同的情绪或心境能选择性地提高与心境一致材料的学习或记忆效果。例如，个体高兴时，对高兴的材料的学习效果，比对悲伤的学习材料的学习效果更佳。状态依赖性效果是指学习和回忆时，具有相同的心境比具有不同的心境，记忆效果更好。例如，当学习和回忆都在高兴的情绪状态下进行，或者学习和回忆都在悲伤的情绪下进行，与学习是在高兴的情绪下进行，而回忆是在悲伤的情绪下进行相比，前两者的记忆效果会更好。心境一致性效果指出了不同心境与所学或所记材料的内容之间的关系，状态依赖性效果指出了学习时与回忆时的心境是否相同对学习效果的影响。

（四）情绪对创造性的影响

情绪与创造性有密切的关系在以往情绪影响创造性的理论探索中，形成了许多理论观点，归纳起来为两种对立的观点：第一，情绪促进创造性，即认为积极情绪有利于创造性活动、消极情绪阻碍创造性活动；第二，情绪抑制创造性，即认为积极情绪阻碍创造性活动、消极情绪有利于创造性活动。

1. 情绪促进创造性

情绪促进创造性的观点认为积极情绪有利于创造性活动、消极情绪阻碍创造性活动。伊森（Isen，1985）总结了他的实验成果并提出了情绪促进创造性理论，认为积极情绪作为线索促进了材料从长时记忆中的提取，因此，当被试处于积极情绪状态时可以唤起更多有关材料的记忆。伊森等人（Isen et al，1987）在不同的情绪状态是否影响蜡烛问题解决的实验研究中发现，积极情绪组的成绩明显优于其他控制组，表明积极的情绪状态有助于发散性、创造性问题的解决。他们在概念分类任务的实验中也发现，实验所诱发的积极情绪促使被试产生更多的概念类别，并对中性词汇产生更丰富的联想；个体在积极情绪中比在中性情绪中表现出更高的创造性，解决问题的效率更高，决策也更全面。伊森的实验也得到一些实验的验证。玛德嘉等人（Madjar et al，2002）对三个企业中的265位员工和20位主管进行问卷调查，结果表明，员工的积极情绪对创造性工作绩效有显著的影响。卢家楣等人（2002）通过教学实验研究情绪状态对学生创造性的影响。结果表明，处于愉快情绪状态中的学生思维流畅性和变通性水平显著提高。胡卫平等人（2010）对209名初中生的两个实验研究，发现高兴等积极情绪对学生提出创造性科学问题的能力具有显著的促进作用。

同时，巴斯（Basch，1996）提出了认知资源理论支持伊森的观点，认为当激发出消极情绪时，用于创造的认知资源转向产生一种防御物，这样个体就很难表现出高创造性，因为个体除了需要运用认知资源进行创造性活动，还要耗费一定的认知资源来阻止消极情绪的产生。巴斯的观点也得到一些实验的支持，我国学者卢家楣（2005）等人通过教学现场实验研究了焦虑对学生创造性思维的影响，发现特质焦虑和状态焦虑对学生创造性的影响存在差异，其中，特质焦虑对学生的创造性没有显著影响，而状态焦虑对学生的创造性有显著影响。张庆林（2008）等人的研究小组探讨了不同诱发情绪状态对汉语字谜原型激活的影响。结果发现，在难度中等的靶字谜的测试中，诱发的正面情绪状态对汉语字谜原型激活有显著促进作用，而诱发的负面情绪状态与控制组相比对汉语字谜原型激活没有显著影响。这一实验结果也说明积极情绪对顿悟这种创造性问题解决的促进作用，结果验证了情绪促进创造性理论。

2. 情绪抑制创造性

情绪抑制创造性理论，即认为积极情绪阻碍创造性活动，消极情绪有利于创造性活动。情绪抑制创造性的理论是源于抑郁资源分配理论。埃利斯等人（Ellis & Ashbrook 1987）提出了抑郁资源分配理论，根据该理论，抑郁会导致资源分配给予任务无关的信息加工过程。布拉德利等人（Bradley & Mathews，1983）发现抑郁症病人有消极回忆倾向。表明消极心境与积极心境一样可以促进长时记忆中与心境一致的信息的提取。埃伯利（Abele，1992）提出了心境—修复理论，他认为创造具有心境修复的功能，在产生负情绪时，心境需要创造性行为的修复，而在产生正情绪时，心境不需要创造性行为的修复。因此负情绪能提高创造性，正情绪降低创造性。阿莱特等人（Arlett & Tarrant，1995）研究积极情绪、消极情绪和中性情绪状态对创造性成绩的影响时发现，积极情绪比消极情绪及中性情绪，对创造性成绩有明显的消极影响。而西曼斯基等人（Szymanski & Repetto，2000）通过讲故事测量问题解决创造性的研究表明，负性情绪对问题解决的创造性有促进作用。我国学者王极盛、丁新华（2003）的研究发现，中学生创新意识与学习压力、抑郁、焦虑呈显著负相关，学习压力、适应不良和抑郁对创新能力的预测作用较大，这说明中学生的创新意识和消极情绪有关；这些结果都支持了抑制理论。目前在实践领域中，时间压力成为组织中激发员工创造性绩效的重要管理方式。很多管理者认为创造性的成绩是由时间压力逼出来的。时间越紧迫，员工内心越焦虑，对当前工作就会越投入，从而越有可能产生创造性产品（Amabile & Hadley，2002）。确实有很多研究结果支持上述观点：路德维希（Ludwig，1992）对 1 005 个不同专业的杰出人物进行研究，发现抑郁和创造性成就存在显著相关。对正常个体的创造性成绩研究结果也支持消极情感的促进作用和积极情感的阻碍作用。情绪对创造性的影响已经是为多数研究者所认可的，但是对于情绪如何对创造性施加影响以及积极和消极情绪分别对创造性产生何种影响，目前并没有得到统一的定论。这可能由于情绪和创造性有着本身的复杂性，研究者可能选取不同的角度，着重对其中一个方面进行了深入的研究，因而得出了不一致的结论。

（五）情绪对决策的影响

情绪对决策有着重要的影响，在探讨情绪与决策的关系中，人们提出了各种观点和看法，形成了一些理论。

1. 情绪与决策关系的理论

在众多的理论中比较有代表性的是后悔理论和主观预期愉悦理论。后悔理论是20世纪80年代初，洛麦斯等人（G. Loomes et al，1982；D. E. Bell，1982）提出的，用以说明预期情绪在决策中的作用。该理论假设：如果决策者意识到自己选择的结果可能不如另外一种选择的结果时，就会产生后悔情绪；反之，就会产生愉悦情绪。这些预期情绪将改变效用函数，决策者在决策中会力争将后悔降至最低。例如，当母亲预期到自己的孩子将死于接种疫苗的后悔心情就不愿意给孩子接种此种疫苗，即便死于疾病的机会远远大于死于接种疫苗的机会。研究发现，如果顾客预先想象到购买某种陌生产品发生故障时的后悔心情时，就更愿意购买熟悉的产品；如果人们因违规驾驶而导致生命和财产损失的后悔心情事先得到提醒，他们关于安全驾驶的态度和信念就会发生极大的变化（Parker et al，1996）。

几年后，洛麦斯等人（G. Loomes & R. Sugden，1986；D. E. Bell，1985）又提出失望理论。该理论假设失望是当同时有几个结果，而自己的结果较差时所体验到的一种情绪。与后悔理论一样，预期到的失望情绪通过改变效用函数影响决策，决策者在决策中会力避失望情绪的产生。后悔和失望理论均通过比较将预期情绪引入决策过程：后悔理论强调不同选择间的比较，失望理论强调同一选择内不同结果间的比较。这种基于各选项间的比较而形成的参照点是十分重要的，它强调决策中各选项间价值的相互依赖和影响。遗憾的是，这两种理论对所假定的预期情绪均缺乏直接的验证。

主观预期愉悦理论是1999年由梅勒斯（Mellers）提出的。该理论的模型如下：假设某人需要在具有结果A、B和具有结果C、D的两个赌博间作出选择，首先要对两个赌博的总体情绪进行评估。评估第一个赌博总体情绪的公式如下：$S_AR_A+S_BR_B$，这里S_A、S_B分别是决策者对结果A、B的主观概率，R_A、R_B是根据情感判定理论计算出的决策者对A、B两种结果的情绪预测值。同理，评估第二个赌博总体情绪的公式如下：$S_CR_C+S_DR_D$，S_C、S_D分别是对结果C、D的主观概率，R_C、R_D是对结果C、D的情绪预测值。根据效用理论，决策者在决策过程中会追求愉悦情绪的最大化。因此，根据公式计算出两个赌博的总体情绪后，如果前者大于后者，决策者就选择赌博一，反之就选择赌博二。

2. 情绪在决策过程中的作用

上述理论仅涉及与决策结果紧密相连的那部分情绪，它们忽视了即时情绪对决策活动的影响。“即时”情绪可以在没有认知评估参与的情况下产生并反过来影响认知评估，直接影响决策行为。洛温斯坦（G. Loewenstein，2001）提出的风险即时情绪模型认为：决策过程中不仅存在受认知评估影响的预期情绪，还存在不受认知评估影响的即时情绪。预期情绪和即时情绪是决策者决策过程中不可回避的两种情绪，它们从不同角度影响决策者的决策行为从而影响决策效果。

研究发现，决策者的即时情绪由两个因素组成，一是预期影响，它来源于决策者对决策后果的感知；二是偶然影响，它包含了所有与决策结果不相关的其他因素。即时情绪不会对所有类型的决策都产生影响，它只会对那些与情绪相关的决策产生影响。例如，去看哪一个电影的决策就与决策者的即时情绪高度相关。至于你是否对实验所获得的数据进行多元回归分析，这种与决策者的即时情绪关系不是很密切的决策活动，受到即时情绪的影响就比较小。

即时情绪的直接影响指即时情绪不通过影响决策者的预期情绪或者认知加工过程而对决策行为直接产生影响。有研究发现，决策者决策时的情绪和心境可以对决策行为产生直接影响，这种影响的程度取决于即时情绪的强度。在低水平和中等水平的即时情绪强度下，情绪负载着决策者决策所需要的相关信息来影响决策者的决策过程。如决策者进行决策活动时的情绪是积极的，那么决策者倾向于作出较为乐观的选择，反之也一样。当情绪的强度变得足够强的时候，它会完全盖过决策者的认知加工过程和复杂的决策过程。在高强度即时情绪的影响下，人们常常说他们“失去了控制”。

即时情绪对决策行为的间接影响通过两条途径进行：一是即时情绪影响决策者对决策预期价值的估计；二是即时情绪影响决策者信息加工的数量和质量。

（1）即时情绪对预期价值的影响。许多研究发现，当决策者在决策时的情绪比较好时，他们倾向于对决策结果作出乐观的预期，反之，如果他们决策时的情绪比较坏，那么他们倾向于对决策结果作出悲观的预期。洛温斯坦（G. Loewenstein et al, 2004）发现，当被试试图对一个将来产生的结果产生什么样的情绪进行预测时，他们倾向于将目前的情绪状态移植到将来。研究发现，当被试处于情绪稳定状态时，例如被试没有饥饿感、情绪平静等，他们对将来决策结果的预期情绪也会倾向于作出冷静的选择。而在性唤起的状态下，那些阅读了性唤起资料的男青年对将来某个情景的假设变得比那些没有阅读性唤起资料的男青年更富于侵略性。

（2）即时情绪对信息加工过程性质的影响。决策者的情绪状态（如正性情绪或负性情绪）会决定信息加工过程的性质。例如，负性情绪导致了决策者的注意广度变小，而积极的情绪状态则使注意广度增加。在一项研究中，研究者要求被试挑选将来工作的同事，负性情绪的被试要比正性情绪的被试更注意目标导向，并且他们在挑选合作者时要花更多的时间，他们更多地考虑将来与合作者如何处好人际关系，并且过多地考虑未来合作者所具有的一些负性特征。与此相对，具有正性情绪的被试挑选合作者的速度非常快，并且较少注意合作者的个人因素（傅健鸥，2011）。

（3）即时情绪对信息加工深度的影响。有研究发现负性情绪能比正性情绪激发更系统的加工过程。在积极情绪下，决策者会觉得一切情况都是好的，而不需要投入过多的注意，在负性情绪下，它会提示决策者目前的情况不理想，需要引起注意。基于这样的假设，许多研究发现，烦躁不安的情绪与警醒和沉思密切相关，而正性情绪则与启发式思维过程联系在一起。如快乐的参与者更倾向于表现出偏差，就像其他系列研究所揭示的那样，一些具有确定性的情绪（如满意和愤怒）导致决策者更多地依赖于启发式的线索，那些具有不确定性的情绪（如担忧和惊讶）导致决策者仔细地审察收集中的信息（傅健鸥，2011）。

二、情绪对认知影响的理论观点

关于情绪对认知的影响，人们从不同角度提出了各种看法，特别是从积极情绪和消极情绪的角度较多，下面就这方面的主要理论作简要的概述。

（一）最佳体验和最佳发展的流模型

关于积极情绪促进认知加工质量的问题，早在20世纪60年代，西卡森特米哈伊（Csikszentmihalyi，1990）和他的同事在研究创造性过程时发现，优秀画家在作画时，往往非常专注，忘记了饥饿、疲劳和不适，然而，一旦完成，会迅速失去艺术创作的兴趣。他分析了这种现象的原因，提出“流”理论，旨在理解这种内在情绪被激发的现象。

大多数象棋选手、登山运动员、舞蹈演员等都把享受快乐作为追求活动的主要动力，西卡森特米哈伊等人对他们进行访谈，发现他们在活动中的内在奖赏非常突出。西卡森特米哈伊把他们在活动中所处的状态叫做“流”状态。这是一种促进学习的最适宜的状态。产生流的条件是：

1．挑战和技能的匹配

“流”理论提出适宜的挑战产生“流”，其中有两个变量：挑战和技能。当挑战淹没技能时（高挑战，低技能），个体担心失败，体验到能力的威胁和焦虑；当技能淹没挑战时（高技能，低挑战），个体感觉厌倦，这时注意分散，产生最小的任务卷入；只有在挑战和技能相匹配时，个体感到任务既能胜任又不是轻而易举的，经过探索而获得的成功使个体体验到自我能力的肯定和自信心的增加。当个体体验到焦虑或厌烦时，个体会调整他的技能和/或挑战，来逃避不好的状态，来重新进入“流”的状态。

2．获得活动进展的快速反馈

个体清晰地知道最接近的目标，能获得关于活动进展的快速反馈。也就是说，“流”是个体投入刚刚能处理的挑战时的主观体验，这时，个体可以通过完成一系列的目标，并获得关于连续加工进展的反馈，根据这种反馈调整自己的行动。这时，个体进入了一种这样的主观状态：专注于目前所做的事情；将行动和意识融合在一起；缺少自我是社会参与者的意识，感到自己能够控制自己的行动，也就是说，因为知道对接下来的事情如何反应，因此感觉到能按照某种规则来处理当前情境；通常感到时间比平时过得快；体验到活动是内在奖赏。当处于

"流"中时，个体会充满了能力。这种状态是动态平衡的，个体进入流后知觉到的活动能力和知觉到的活动机会（如最佳唤醒）之间是平衡的（见图 8－1）。

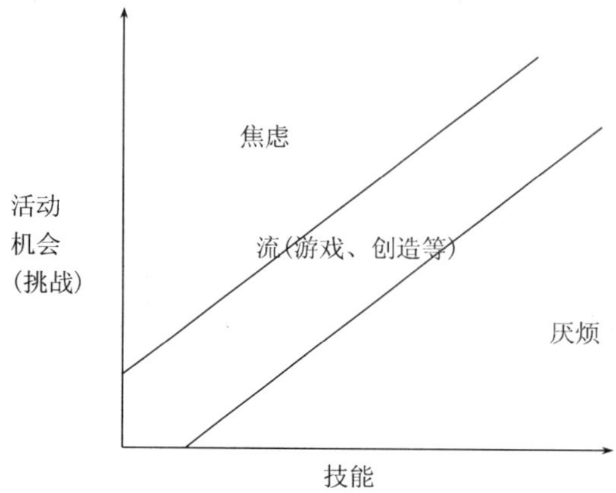

图 8－1　流状态的最初模型（Csikszentmihalyi，1975）

后来，西卡森特米哈伊对最初的模型进行了修改，提出了当代模型（见图 8－2）。当代模型指出，当个体知觉到他的挑战和技能超出活动者的平均水平时，会体验到流；当个体知觉到他的挑战和技能低于活动者的平均水平时，会体验到冷漠；随着个体与活动者的平均挑战水平和技能距离的增加，体验的强度也会增加，就像同心圆一样。根据流模型，体验到流，个体会感觉受到奖赏，对活动的坚持性增强，因此，能促进技能的提高。一些研究也证明，流与学生的成就、创造性活动呈正相关。

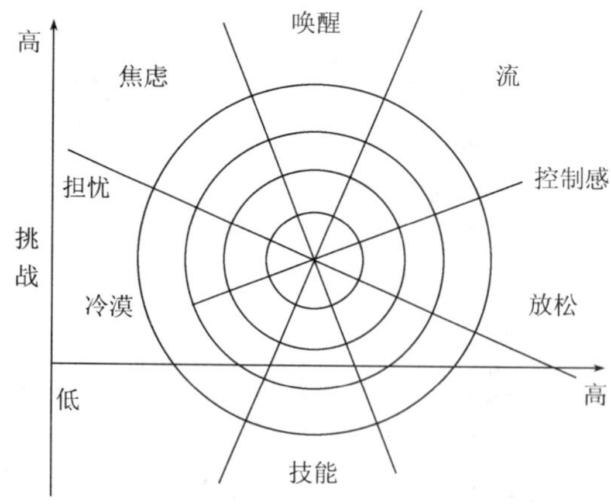

图 8－2　流状态的当代模型（Csikszentmihalyi，1997）

（二）积极情绪的扩展＋塑造的模式

人们一般认为，积极情绪的功能是促进趋近行为或维持活动，弗雷德里克森

(Fredrickson, 2002) 积极情绪的扩展 + 塑造的模式提供了关于积极情绪状态功能的新观点。这个模式认为，一些典型的积极情绪，例如欢乐、兴趣、满意、爱，首先具备扩展个体思维内容的特点。他们通过实验室实验证实，与中性状态相比，个体处于两种不同的积极情绪——欢乐和满足时，扩大了人大脑中思维活动的广度。相比之下，个体处于两种不同的消极情绪——恐惧和愤怒时，同样的思维活动内容就变得狭窄了许多。

同时，积极情绪还具备塑造个体人格资源的特点，这些资源包括生理的、智力的、社会的、心理的。更为重要的是，这种资源非常持久，经常体验积极情绪，将持续增长人格资源，而且会在以后的其他情绪和情境中利用。例如，我们的祖先通过积极情绪建立了他们的人格资源，包括体力的资源（比食肉动物更有力），智力资源（对地形的详尽认知），社会资源（向他人寻求帮助），心理资源（乐观的世界观）。当他们遇到生命的威胁或困扰时，这些资源增加了生存的可能。现在个体建立这样的资源必须是在安全和满足的情景下通过游戏、探索、回味、纳入的过程建立起来。

尽管还不能断定积极情绪有百益而无一害，但扩展 + 塑造模式提供了积极情绪功能的心理学模式，它不仅表明积极情绪在使人们感觉良好，或是提高对生活的主观感受方面有效，同时也能扩展人的习惯性思维，储备他们体力上、智力上、社会性的资源。这个过程，可以帮助人们更快地克服眼前的压力，使他们面对未来的考验时更游刃有余。

(三) 资源分配模式和认知干扰理论

在消极情绪方面，埃利斯和阿什布鲁克（Ellis & Ashbrook, 1988）提出注意和认知干扰模式是具有代表性的。该模式认为，悲伤或任何一种情绪状态的诱发，都会降低一个人分配到记忆任务上的注意资源。这是因为情绪状态促使无关思维提高，这种无关思维与相关的记忆任务相竞争，降低了分配到记忆任务上去的注意，从而损害了任务成绩。埃利斯和阿什布鲁克（1988）认为有两种机制可以用来解释与心境相关的记忆削弱作用：1. 抑郁的人将更多的注意资源分配到了与记忆任务无关的特征上去；2. 抑郁者对他们的心境有更多的想法，这些想法降低了分配到记忆任务上去的认知资源。无论使用哪种机制，注意容量的任何降低都会对记忆任务的操作产生不利影响（Salovey, 1992; Kihlstrom, 1989）。埃利斯—阿什布鲁克模式（1988）强调情绪强度与认知操作效果有关："弱的或温和的心境状态，不可能对操作有太大的影响。当编码的要求相对较高，或心境状态相对较剧烈时，心境或情绪的影响最大。"

【建议参考资料】

1. 许远理，郭德俊. 情绪与认知关系研究发展概况［J］. 心理科学，2004. 27（1）:

241 - 243.

2. 刘烨，付秋芳，傅小兰. 认知与情绪的交互作用［J］. 科学通报，2009，18：2783 - 2796.

3. 李声，丁凤琴. 情绪对认知影响的研究综述［J］. 社会心理科学，2010，25（11 - 12）：179 - 182.

4. 郑庆，许远理，瞿鸿雁. 从认知神经科学角度探析情绪与认知的整合关系［J］. 内江师范学院学报，2011，26（1）：117 - 121.

5. 隋雪，高淑青，王娟. 情绪影响认知实验研究的进展［J］. 辽宁师范大学学报（社会科学版），2010，33（2）：55 - 58.

6. 聂胜昀，马惠霞. 表象与情绪及表象的情绪调节作用的研究［J］. 中国健康心理杂志，2009，17（7）：887 - 889.

7. 艾树，汤超颖. 情绪对创造力影响的研究综述［J］. 管理学报，2011，8（8）：1256 - 1262.

8. 庄锦英. 情绪与决策的关系［J］. 心理科学进展，2003，11（4）：423 - 431.

【问题与思考】

1. 情绪与认知关系争论的代表人物是谁？争论的焦点是什么？
2. 简述霍夫曼的认知调节情绪理论。
3. 认知对情绪的影响表现在哪些方面？
4. 情绪对认知的影响表现在哪些方面？
5. 简述最佳体验和最佳发展的流模型。
6. 举例说明情绪与认知的交互与相倚的关系。
7. 你认为情绪与认知的关系是怎样的？为什么？

第九章 情绪与人格

【本章提要】

情绪和人格作为心理现象中的重要组成成分，它们之间相互联系，相互影响。情绪在人格中具有独特的作用，它不仅是人格的重要组成成分和人格差异的主要表现（感情风格），也是人格的形成与改变的组织者和调节者，还是人格倾向性或人格特征转变成具体行动的催化剂。就情绪和智力关系看，智力是情绪产生的必要前提，情绪对智力具有调节和组织作用，情绪是智力转化为人格特征的必经环节。就情绪和动机关系看，情绪可以转化成动机而发挥其动力作用，而动机也会通过需要、诱因、动机强度等对情绪产生不同方面的影响，情绪转化为动机之后，在活动中表现出来，并在活动中达到整合，影响活动效率。

【学习重点】

1. 了解情绪在人格中的地位和作用。
2. 理解情绪与智力的关系。
3. 掌握情绪与动机的关系。

【重要术语】

人格　人格倾向性　人格心理特征　理想　信念　价值观　气质　性格　自我　感情风格　智力　情绪智力

第一节 情绪与人格

一、人格概述

（一）人格含义

人格是一种复杂的心理现象，不同的研究者对其含义有着不同的理解。奥尔波特（Gordon W. Allport，1937）认为人格是个体心理物理系统中的动力组织，决定一个人对环境独特的适应方式；卡特尔（Cattell，1950）认为人格是个人在特定情境中对行为的预测者；黄希庭（2002）认为人格是个体在行为上的内部倾向，它表现为个体适应环境时在能力、情绪、需要、动机、兴趣、态度、价值观、气质、性格和体质等方面的结合，是具有动力一致性和连续性的自我，是个体在社会化过程中形成的给人以特色的心身组织。

人格定义的多样性，反映了人格内涵的丰富性。我们认为，人格是一个人的思想、情感及行为的特有模式，这个独特模式包含了一个人区别于他人的稳定而统一的心理品质（彭聃龄，2005），如人的理想信念、价值观、需要、动机、兴趣、能力、性格、气质、自我等。

（二）人格的结构

人格由三个部分构成：人格倾向性、人格特征和自我。人格倾向性是以人的需要为基础的动力系统，以积极性和选择性为特征，是人格结构中最活跃的因素，它是一个人活动的基本动力（孔克勤，叶奕乾，杨秀君，2004）。人格倾向性决定着人对现实的态度和人对认识活动对象的趋向和选择。人格倾向性主要包括需要、动机、兴趣、理想、信念和价值观。人格心理特征是指在人的行为活动中，经常稳定地表现出来的心理特征，是人格结构中的另一个组成部分。人格心理特征是诸多心理活动错综复杂的结合，最能反映个人心理面貌的独特性，体现的是个体的差异，它包括能力、气质和性格。自我（self）是指一个人对自己所有方面的认知，是一个独特的、持久的同一身份的我（黄希庭，2002）。自我在人格中占有重要地位，对人格各个成分起着调节作用，制约着人格结构中各个成分、各个部分之间形成内在的、同一的、完整的人格，决定着人们的思想、情感和行为的一致性。图9－1勾勒了人格结构的构成成分。

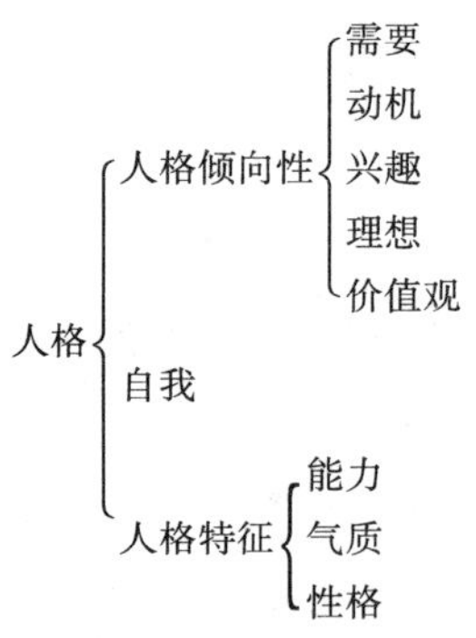

图9－1　人格的构成

二、情绪与人格的关系

情绪与人格关系十分密切，无论是人格倾向性、人格特征还是自我都体现着情绪的特点和作用。情绪影响着人格的形成和人格的表现方式，在人格中具有独特的作用。

（一）情绪与人格倾向性

人格倾向性是人格中最活跃的成分，是人格中的动力系统。人格倾向性包括需要、动机、兴趣、理想、信念和价值观等，其中，需要反映的是个体内在需求，动机、理想和信念等都是需要的表现形式，理想、信念和价值观在人格倾向性这一动力系统中位于较高层次，起着统领的作用；动机则是在理想信念的统领下，把个体的内在需求转变为内在行为的推动力。

1. 情绪与理想、信念

理想和信念是人格倾向性中具有统领作用的重要成分。理想是指个人对未来有可能实现的奋斗目标的向往和追求。理想中的奋斗目标是人积极向往和追求的对象，它体现着个人的愿望，并指向未来。理想一旦形成，就成为鼓舞人们前行的巨大动力。

信念指人们在一定认识基础上确立的、对某种思想或事物坚信不疑并身体力行的认知、情感和意志的综合统一体，表现为在认识上坚信其正确性，在情绪上认可和接纳它，在意志上采取某种行动意向。一旦确立了某种信念，个体就会变得充满信心，情绪乐观，行动积极。信念是理想变成现实的信心和决心，是理想转变成行动的催化剂。

情绪和理想、信念之间是相互影响相互制约的关系。首先，理想、信念调控着情绪。理想和信念在人格倾向性中位于较高层次，调控着情绪的认知评价、情绪体验强度和情绪的表达方式。如一个人有着为人民服务的理想和信念，那么他就会热爱人民，关心人民，为人民利益而奉献自己，一旦自己做了对人民有益的事情，就会欢欣鼓舞，情绪高涨；在实现为人民服务理想的过程中即使遇到阻碍，他也会克服困难，调节自己的困惑、沮丧或者焦虑情绪，实现自己的理想。其次，情绪是人的理想、信念转变成行动力的润滑剂。情绪具有动力作用，在有些情况下情绪本身就可以充当动机，激发出人的理想和信念，并激励人们将理想信念落实到具体行动上。如一名敬业的教师饱含着对教育事业和学生的热爱，在这种热情的激励下会一心扑在工作上。再次，情绪体验是理想、信念的构成成分。信念中包含着情绪体验的成分，被认为是知、情、意的高度统一（孔克勤，叶奕乾，2004）。个体一旦确立了某种理想信念，就会在情绪情感上接纳自己的理想和信念，带着坚定性和自信心去守护心中的理想信念，而有了情绪情感的支撑，其理想信念会更加坚定，并转变成个体的行为。

2. 情绪与价值观

价值观（values）是人们关于事物具有不同价值（对个人或对社会的重要性与意义）的看法、观点或观念体系。它是人格中的核心成分，具有动机性、规范性、评价性和禁止性等功能，是行动和态度的指导（杨宜音，1998）。价值观通过价值目标、价值选择和价值评价深刻地影响着人们的学习和生活活动。价值观规定着人们对信息内容的“选择性注意、选择性理解、选择性接受”，价值取向则对信息的接收、过滤、认同起着导向和动力作用。

罗基奇（Rokeach，1973）将价值观分为终极性价值观和工具性价值观。施瓦茨在罗基奇的价值观问卷基础上开发了“施瓦茨价值观量表”（1992），将价值观分成保守性—开放性、自我提升—自我超越两个维度四分区十个类型：保守价值观包括传统、遵从、安全等因子；开放价值观包括自我定向、刺激等因子；自我超越价值观包括大同主义和仁爱因子，即希望由利己转为利他行为的意向；自我提升价值观包括权力和成就因子，即扩大个人利益的动机；享乐主义指追求生理上的满足和愉悦，通常认为是包含了开放和自我提升两种成分。在我国，黄希庭把价值观划分为十大类，即人生价值观、政治价值观、道德价值观、人际价值观、职业价值观、审美价值观、宗教价值观、自我价值观、婚恋价值观和幸福价值观。

已有研究表明，情绪与价值观之间是双向关系。关于价值观和道德情绪之间关系的研究发现：自我超越和保守的价值观更多地产生亲社会行为，与道德情绪有正相关；自我提升和开放的价值观较为强调个人利益和独立，与道德情绪之间呈负相关。情绪和价值观之间的双向关系表现在以下几个方面。

首先，情绪趋向可能会影响价值优先性。黄希庭等人（1994）认为：“人们的一切行为，无不是在追求幸福”，并将价值观界定为“人们区分好坏、美丑、益损、正确与错误，符合或违背自己意愿的观念系统，它通常是充满情感的，并为人的正当行为提供充分理由。”这表明，个体情绪趋向影响价值优先性，即个体拥有的情绪会影响其价值选择。因为移情、内疚、羞愧的早期形式在婴幼儿时期就可以观察到（Barrett，1998；Hoffman，2000），而价值观是在青少年时期才形成，主要与抽象思维能力有关，似乎情绪趋向在价值观之前形成，这并不是说特定的价值观就来源于特定的情绪趋向，但意味着某一情绪趋向可能会影响一个人的价值优先性。

其次，价值观可能也会诱发相应的情绪。罗基奇（Rokeach，1973）认为价值观是个体超我和理想自我的成分，如果自己所坚信的价值观被违背，会引起个体产生内疚、羞愧、自我贬低等情绪。只有树立正确的人生观、价值观和世界观才能有健康的情绪，高尚的情操，以及对学习、工作的热情。周恩来总理在少年时就曾立下“为中华之崛起而读书”的雄心壮志，埋头苦读。

再次，情绪是价值观形成的必要环节。刘新庚（2011）在关于社会主义核心价值观的研究中认为，个体对某种价值观进行内化，要通过接收、反应、认同、组织和内化五个方面。接收过程中要求个体意识到刺激并对其产生良好感觉；反应阶段要求个体对刺激感兴趣，并对其作出积极的反应（服从、跟随、参与等）；认同阶段要求个体对情感刺激的价值表示初步的信心，并愿意为其付出；组织阶段要求个体将情感刺激纳入自己的核心价值体系中，并强化它的价值；内化阶段要求个体将情感刺激的价值融合为自己的行为和信仰，并成为一种生活方式。这也就是说，价值观的形成要求个体在认知基础上产生相应的情感过程。

3. 情绪与需要

需要是有机体内部的某种缺乏或不平衡状态，它表现出有机体的生存和发展对于客观条件的依赖性，是有机体活动的积极性源泉（黄希庭，2007）。例如，水分的缺乏会使人产生喝水的需要；生命财产得不到保障会使人产生安全的需要；孤独会使人产生交往的需要。需要的满足依赖于客观条件，没有对象的需要、不指向任何事物的需要都是不存在的。需要和人的活动紧密联系，是人活动的动力，推动着人朝着一定的方向追求，以求得需要的满足。

情绪与需要的关系表现在以下两个方面：第一，需要是情绪产生的前提，需要决定着情绪的性质，是不同类型情绪转换的“扳机”。情绪本身是人对客观事物与人的需求之间关系的反映。凡是能满足已激起的需要或能促进这种需要得到满足的事物，便会引起肯定的情绪，如满意、愉快、喜爱、赞叹等；相反，凡是不能满足这种需要或可能妨碍这种需要得到满足的事物，便会引起否定的情绪，如不满意、苦闷、哀伤、憎恨等。不同的需要满足情况会使人产生不同的情绪体验。需要被满足时会产生愉快的情绪体验；需要被剥夺则会产生悲伤的情绪体验；自己认为应该得到满足的需要未被满足时，会产生愤怒的情绪体验，如一名努力工作的员工本以为会拿到奖金，可实际上却没有得到，他会产生愤怒的情绪；当需要没有被满足，而你又无力改变这种状况时，便会产生沮丧情绪；被你视为重要的需要将被满足或刚被满足时会产生振奋的情绪体验；等等。第二，情绪是需要满足的催化剂。如一个感到口渴的人会产生饮水的需要，而在急迫心情的作用下，个体的饮水需要会更加迫切，从而激发出个体寻找水源的行为，以满足其口渴的需要；一名学生有着求知的需要，在迫切追寻知识这种感情驱动下，这名学生原有的认知需要得到放大，从而会更加努力地去学习，掌握更多的知识。

（二）情绪与人格特征

1. 情绪与性格

（1）性格的含义

性格是人格特征的重要方面。性格是指个人在对现实的态度和相应行为方式中表现出来的稳定而有核心意义的心理特征。由于性格特点与社会道德有关，性格本身有好坏之分。在人格特征中，性格是一种与社会评价关系最密切的人格特征。人的性格并不是一朝一夕形成的，但一旦形成就会比较稳定，并贯穿于个体的全部行动之中。例如，一个人在待人处世中总是表现出热情奔放、豪爽无拘、坚毅果断、深谋远虑、见义勇为的特征，那么这些特征就组成了这个人的性格。

性格是具有核心意义的人格特征，最能表现出人格差异。例如，文学家总能抓住一个人最本质的性格特征作为典型加以描绘，为读者展现出生动鲜明、栩栩如生的人物。罗贯中笔下的刘备、关羽、张飞，鲁迅笔下的阿 Q，莎士比亚笔下的哈姆雷特等，都是作者抓住人物的性格特征加以形象化而创造出的典型人物。

（2）性格中的情绪特征

性格特征是指性格不同方面的特征，它主要有四个方面的特征：性格的态度特征、性格的意志特征、性格的情绪特征和性格的理智特征。性格的情绪特征是指个人受情绪影响或控制情绪程度的特点。性格的情绪特征包括情绪活动的强度、稳定性、持久性和主导心境四个方面。

情绪活动的强度特征指的是个体受情绪影响的程度和情绪受意志控制的程度。例如，有的人情绪体验比较微弱，容易用意志控制住情绪，而有的人情绪体验比较强烈，难以用意志控制。

情绪活动的稳定性表现为个体情绪的起伏和波动程度。例如，有人情绪比较平静，对情绪的控制也比较容易；有人情绪容易冲动，对情绪的控制也比较困难；再如，有的人无论在成功或失败时情绪都比较平静，有的人成功时则欣喜若狂，有的人失败时则垂头丧气。

情绪活动的持久性特征指个体情绪保持时间的长短。例如，有的人情绪活动持续的时间长，对工作和学习有深刻的影响；有的人情绪活动持续的时间短，对工作和学习影响也小。

情绪活动的主导心境特征指不同的主导心境在一个人身上表现的程度。例如，有的人经常处于愉快心境之中，有的人则经常处于忧伤心境之中；有人受主导心境支配的时间长（主导心境的稳定性大）；有人受主导心境支配的时间短（主导心境的稳定性小）。

（3）情绪在性格形成中的作用

在个体的性格形成中，情绪的作用必不可少。情绪对性格形成的作用主要表现在情绪的组织和调节作用两方面。一方面，情绪对性格的形成起着组织作用。情绪具有组织功能，这种作用集中表现为积极情绪的协调作用和消极情绪的破坏、瓦解作用。长期生活在抑郁、压抑或恐惧情绪状态下的人性格古怪，与人交往能力差，不受欢迎；相反，生活在快乐、愉悦氛围中的个体会形成良好的性格，热情、积极，人际交往能力强。另一方面，情绪对性格的形成起着调节作用。情绪的功能之一是适应，对生活中每一个重要事件，人类都进化了一种与此相应的适应性情绪反应。在日常生活中，当个体遇到使其难受的事情时，会通过一定的情绪调节降低其难受程度，以此来适应变化的生活。情绪调节能力强的个体往往会形成乐观、开朗的性格；而情绪调节能力差的个体经常会因为一些小事耿耿于怀，闷闷不乐，久而久之会形成沉闷、压抑的性格。

2. 情绪与气质

（1）气质的含义

气质是表现在心理活动和外部动作的强度、速度、灵活性与指向性等方面的一种稳定的心理特征，也就是我们通常所说的脾气或秉性。与性格不同，人的气质差异是先天形成的，受神经系统活动类型的特性所制约。气质会影响到个体活动的速度、强度等动力性方面的特征，具有稳定性。具有某种气质特征的人，在内容完全不同的活动中会显示出同样性质的动力特点（孔克勤，叶奕乾，杨秀君，2004）。例如，一名学生每逢考试时就兴奋激动，等待朋友时坐立不安，参加比赛前沉不住气，回答老师的提问时常常是老师的问题还没有完整地表达出来就抢先回答，可见这名学生具有情绪冲动的气质特点。

（2）气质中情绪特征

1935 年巴甫洛夫在其《人和动物的高级神经活动的一般类型》一文中，根据神经过程的强度、均衡性和灵活性，把人和动物的高级神经活动类型划分为四种：兴奋型、活泼型、安静型和抑制型。与之相对应的是四种气质类型：多血质、胆汁质、黏液质和抑郁质。不同气质类型的个体表现出不同的情绪特点。

多血质的人情绪兴奋性高，外部表现明显，反应速度快而灵活。表现为情绪变化迅速，对人对事易发生情绪反应。但情绪不稳定，心境变换较快，随意反应性强，有着很大的可塑性。

典型胆汁质的人情绪兴奋性很高，但抑制能力差，反应速度快但冲动性强，情绪体验强烈，情绪产生迅速且带有爆发式特点。感受性低而耐受性高，情绪表达非常明显，表情丰富。

黏液质的人情绪兴奋性比较低，反应速度慢，情感比较稳定，情绪起伏性不大，也不易激动，但当情绪一旦被引起，就会变得稳固而深刻，比如生活中有些人不轻易动怒，但一旦发起火来就非常厉害，并且不容易平静下来。情绪表达不明显，喜怒不形于色。

抑郁质的人同样情绪兴奋性很低，不过他们对情绪体验很深刻。他们反应不灵活，情绪表达也很不丰富。多愁善感，情绪体验深刻而持续时间长。沉静、易相处、人缘好、办事稳妥可靠。

（3）情绪在气质中的作用

情绪是气质的核心和关键特征。第一，情绪是气质形成的前提。西方一些心理学家认为气质是个体习惯性的情绪反应。孔克勤等人（2004）指出，冯特（Wundt）等人曾把情绪反应作为划分气质类型的依据；沃伦（Warren）把气质定义为“个体在感情上的一般性质”。现在研究气质的方法之一就是在标准化的紧张情境中测量人的情绪反应，并对测量结果进行统计分析（简明不列颠百科全书，1986）。第二，情绪性被认为是气质的亚结构之一。涅贝利岑（Небылицын，1984）认为，气质结构中有两种基本成分：活动性和情绪性。这两种基本成分的神经生理学基础是前脑两个相互作用的亚系统：一个亚系统是额叶—网状结构复合体，这个复合体承担着睡眠—清醒连续体的各种激活状态动力学的任务；另一个亚系统是额叶—边缘结构复合体，这个复合体是情绪体验的本体。罗萨诺夫（Русалов，1985）同意涅贝利岑的观点，认为积极性和情绪性是气质的两种亚结构。他进一步指出，积极性包括动力性、可塑性和速度。

（三）情绪与自我

1. 自我的含义

关于“自我”心理学研究者还没有一致的看法。詹姆斯（James，1890）认为，自我是经验我（empirical me），是我的一切的总和，包括四个组成部分：物质自我、社会自我、精神自我和纯自我，他于1980年提出自我有两个不同的方面：主体我（I）和客体我（me）。“主体我”是执行者，负责控制冲动、计划未来等；“客体我”作为被观察和感知的对象，表征在人们的自我概念中。罗宾斯（Robins，1999）等人认为，有关自我的所有定义可以归结为两类基本的现象：一类是正在进行的自我觉知（self – awareness），另一类是稳定的心理表征。自我觉知是意识的特定形式，对象是自我。例如，我能觉察到我正在欣赏风景，但是，当我意识到我认为风景很美丽时，我的意识便成为自我意识。罗杰斯（Rogers，1959）认为，每个人都以一种独特的方式看待世界，这种知觉构成个人的现象场，它包括有意识的知觉和无意识的知觉。俞国良（2007）认为，在心理学上，自我（self）指的是一个人对自己所有方面的认知，是一个独特的、持久的同一身份的我。如个体对自己的认知是“我是一个女孩”，其中的“我”是独一无二的，并且在不同时间不同地点都是具有同一身份的，在家里我是女孩，在学校我也是女孩。

2. 自我中的情绪特征

（1）自我差异与情绪的产生

希金斯（Higgins，1987）将自我分为现实自我（actual self）、理想自我（ideal self）和应该自我（ought self）。现实自我指个体对自己现实状况和实际行为的看法。理想自我是指个体希望达到的完善的自我形象。应该自我指个体认为自己应该的自我形象。罗杰斯（Rogers，1959）指出，个体的现实自我（即个体对自己的表征）可能与个体的理想自我（即个体愿意成为的表征）之间存在着不一致。同样，现实自我可能与应该自我（即个体认为其应该成为的表征）之间也存在着不一致。

希金斯指出自我类型中的这些差异会引起特定的情绪，见表9 – 1。现实自我和理想自我之间的差别会使人产生沮丧感，如不满意和失望等；现实自我和应该自我之间的差别引起忧虑感，如恐惧和烦恼。如果这些情感体验较强烈，个体就会改变对事物的消极看法，来缩小不同的自我之间的差别。例如，没有当选为班长的高中生感到自己被别人拒绝，认为没有人喜欢自己，他会希望自己有很多朋友来减少这种不良情绪体验。

表 9－1 自我差异类型与相应的情绪

自我差异类型	诱发的情感	例子
现实的/自己的 vs 理想的/自己的	失望、不满意	我感觉沮丧，因为我不像自己认为的那样有吸引力。
现实的/自己的 vs 理想的/他人的	羞愧、窘迫	我感到羞愧，因为我不能成为父母希望我成为的人。
现实的/自己的 vs 应该的/自己的	内疚、自我蔑视	我恨自己，因为我应该有更多的意志力。
现实的/自己的 vs 应该的/他人的	恐惧、被威胁	我害怕家长对我发怒，因为我对工作不像他们认为我应该的那么努力。

材料来源：郭德俊．动机心理学：理论与实践［M］．北京：人民教育出版社，2005：328.

由此可见，个体不同类型的自我之间的不一致体现出不同的情绪特征，情绪的类型和强度由不同自我之间的差别情况而定。不同的自我之间差别越大，个体体验到的情绪强度也越强烈。

（2）自我中的情绪特征

按照“知情意”的划分标准，自我也可以划分为自我认知、自我体验和自我控制。自我认知（self－knowledge）乃是主观的我对客观的我的认知与评价，包括自我感觉、自我观察、自我分析、自我评价。自我体验（self－experience）是指个体在自我认知基础上而产生的情感体验，如自尊、自信、自卑、内疚、自责、自豪、自我欣赏等。自我调节（self－regulations）乃是个体自己对自身行为和心理活动的自我调整和控制，主要包括自主、自立、自制、自我监督、自我控制、自我教育等。其中自我控制和自我教育是自我调节中最主要的方面。

在自我中，自我体验是最能体现自我的情绪特征的部分。自我体验反映的是主体需要与客观现实之间的关系，客观现实满足了主体需要，就会产生积极肯定的自我体验，表现为自我满足，否则就会产生消极否定的自我体验，表现为自我责备。由于主体需要与客观现实之间关系的复杂性，导致实际生活中与个体自我体验相联系的情感和态度也是十分复杂的。有些学生由于自我认识不客观，当遇到学习困难、大学生活不适应等问题时会产生自卑、退缩的心理；有些学生对自己的缺点或短处不能自我接纳而产生烦恼、焦虑；另一些学生由于家境优越和学习能力突出而滋生出骄傲、自负的心理等。相关研究表明，高自尊者比其他类型自尊的被试有更积极的认知风格的偏好和更少的消极情感反应（田录梅，2010）。

3. 情绪在自我中的作用

情绪与自我的关系主要表现在如下方面。

情绪是自我形成与发展的有效途径。如前所述，不同类型自我中的差别引起特定的情绪。当现实自我和应该自我之间的差异引起个体的恐惧、烦恼和忧虑感时，个体会通过调整自己的标准或努力行动来缩小现实自我和应该自我之间的差别，促进自我的形成与发展。例如，一名高中生由于学习不够努力而成绩较差，他会产生因没有努力学习所导致的内疚感，这种内疚感驱使他在以后的学习中发愤图强，实现从现实自我到应该自我的转化。

情绪能够促进自我认知。萨洛维（Salovey，1992）在一项研究中发现，处于正性情绪和负性情绪中的人，其自我倾注程度明显比处于中性情绪的人要高。即处于某种情绪状态的个体会更加关注自己，对自己的洞察和理解程度较高，更有利于自我认知。

情绪对自我体验有积极或消极影响。个体经历的事件所具有的正面或负面的情感使人们对自己的过去产生不同的认知，对过去的认知又促使个体产生积极或消极的情绪体验，这会影响到个体的自我体验（如自尊）。黄希庭等人（吕厚超，黄希庭，2008）的研究表明，对过去事件有着积极情绪体验的个体自尊程度较高，而对过去事件有着消极情绪体验的个体自尊程度较低。

三、情绪在人格中的地位和作用

（一）情绪是人格的重要组成成分

1. 情绪特征与人格构成

不论在人格倾向性、人格特征还是自我中，情绪都是重要的组成成分。在人格倾向性中，情绪体验是信念的构成成分；在人格特征中情绪既是性格的组成成分，也是气质的构成成分；在自我中情绪体验也是自我体验的重要内容和组成部分。

2. 情绪特质与人格维度

普拉切克（Plutchik，1970）认为，“如果把人格特质确定在人际关系这个范畴之内，那么在人格特质与复合情绪之间，应当说没有什么区别”。这意味着人格特质中包含着情绪特质。

艾森克（Eysenck，1947）用因素分析法确定了人格的三个基本维度：内—外倾性、神经质—稳定性和精神质，见表 9－2。艾森克人格维度是分层次性的，包括特质、类型、习惯反应和特殊反应四级水平。在不同的人格维度或类型中都表现出了情绪的特质或特性。例如，个体的活泼愉快、情绪冲动、爱发脾气等特质通过内部联系而抽象出来组成外倾性这种人格维度；个体极度焦虑、喜怒无常、容易激动等特质通过内部联系形成神经质这种人格维度。

表 9－2　艾森克人格维度及特点

人格维度	特点
外倾—内倾	外倾者表现为情绪冲动并难以控制、情绪稳定性差、爱交际、追求刺激、粗心大意、爱发脾气 内倾者表现为情绪稳定、不爱社交、不喜欢刺激、深思熟虑、极少发脾气
神经质—稳定性	情绪不稳定者表现为高焦虑、喜怒无常、容易激动 情绪稳定者表现为情绪反应轻微而缓慢、容易恢复平静、不易焦虑、稳定温和、易自我控制
精神质	高精神质者表现为倔强固执、凶残蛮横、铁石心肠 低精神质者表现为温柔平缓

3．情绪特点与人格类型

不同的情绪特点组成了不同的人格类型。在类型理论中，弗里德曼和罗森曼（Friedman & Rosenman，1974）将人格分为 A 型人格、B 型人格和 C 型人格。在这三种人格类型中，体现出明显的、不同的情绪特点。例如，A 型人格的个体急躁而缺乏耐性。他们的成就欲高，上进心强，有苦干精神，时间紧迫感强，富有竞争意识，生活常处于紧张状态，社会适应性差，属于不安定型人格。这类个体的情绪强度大，容易激动、紧张等，稳定性和持久性较差，喜怒形于色。B 型人格的个体不温不火，举止稳当，对工作和生活的满足感强，喜欢慢步调的生活节奏，这类个体情绪活动强度较小，稳定性和持久性较强，不易激动，情绪平稳。C 型人格的个体克制压抑，不表现出负性情绪，特别是对愤怒的压抑，喜欢生闷气，尽量回避各种冲突；与别人过分合作，原谅一些不该原谅的行为，对别人过分耐心，屈从于权威；生活和工作中没有主见和目标，不确定性多，有孤独感或失助感。由此可见，不同的情绪特点表现于不同的人格类型之中。

（二）情绪是人格形成与改变的调节者

情绪是人格形成的基础和前提。情绪是人格形成的必要条件，完整的人格形成离不开情绪。近年来，以汤姆金森、艾克曼、伊扎德为代表的一些心理学家提出了人格的基本情绪理论。基本情绪理论认为，人格中存在普遍的基础性的基本情绪，这些基本情绪具有适应性，并在表现上存在着个别差异。情绪在人格形成过程中的适应性表现为：基本情绪通过向外界环境发出信号信息，使个体调整行为，与外部环境相适应。例如，前言语阶段的婴儿对看护者微笑并建立起大大提升生存机会的依恋，有利于婴儿对外界环境的适应，并有利于其自身的成长。在人格的形成过程中，由于有了情绪的参与，又使不同个体的人格特征存在着个体差异。受生理和生活经验的影响，个体在特定情绪表现的频率和强度上存在差异。由于每个人情绪表现的频率和强度不同，因此每种情绪以相对不同的方式影响个体的思维和行动，而特定的情绪有助于形成特定的人格。豆宏健等人

(2005) 认为，兴趣、快乐等情绪与外倾特质有关，而悲伤、蔑视、害怕等情绪与神经质特质有关。因此，从人格的适应性和差异性来看，人格的完整离不开情绪，情绪作为基础或前提在人格的形成中发挥着作用。

情绪调节着人格的形成与改变。从人格形成和发展的内部机制看，情绪调节着人格的形成。人格形成的早期是一种被动的发展过程，当在这个过程中产生困难和阻碍时，个体就会产生焦虑，焦虑激发个体的应对机制。随着个体的成长，个体认识到过去形成的人格在社会适应和个体生存中产生困难和不良反应，然后自我就会从新环境中探索解决的方法，收集建构良好适应人格的元素，通过组合、应用、反馈、调整和再应用固定下来，替代原来的适应不良的人格，形成新的人格。长期生活在抑郁、压抑或恐惧下的个体，其人格发展不健全；相反，生活在快乐、愉悦氛围中的个体会形成良好而健康的人格，人格倾向性、人格特征和自我之间和谐统一。

此外，情绪调节着个体的行为方式，使个体行为反应带有情绪色彩。例如，多血质的个体情感变化迅速，在工作中行事风风火火，一气呵成，易急躁、冲动；而黏液质的个体在工作中则中规中矩，慢条斯理，这类个体无论是在工作还是休闲活动中，都会情绪平稳，不紧不慢。

（三）感情风格是人格差异的主要表现

1. 感情风格的含义

感情风格（affective style）是戴维森（Davidson）人等在 1992 年提出的，用来解释情绪系统的个体差异，指个体在情绪反应与情绪调节方面表现出的稳定的、一致性差异，包括个体对情绪事件引发的情绪反应的个别或整体性调整、具有稳定性的心境和情绪反应差异等（王振宏，郭德俊，2005）。

2. 感情风格的特点

感情风格使人们在情绪体验、情绪反应、生理反应、情绪调节和表达上都存在差异。

感情风格不同的人对于情绪体验的强弱程度存在着差异。在生活中，有些人对一些情绪刺激的情绪体验深刻，而另外一些人的情绪体验则比较微弱。比如有的人面对愤怒情境会暴跳如雷，而有的人则认为那没有什么大不了的；有的人遇到悲伤情境会深感痛苦，而有的人则没有那么深程度的痛苦体验。

面对同一刺激情境，不同的人在不同时间中产生不同的反应。比如面对愤怒情境，有的人可以很快地体验到愤怒的感受；而有的人则反应比较迟缓，体验到愤怒的感受比较慢。这种差异就是情绪反应的时间特性之一，反映了个体情绪反应具有时间上不同的敏感性。不仅如此，感情风格不同的个体情绪反应持续时间也不同。某些情绪反应被引发之后，有的个体持续时间短，能很快恢复，而有的个体持续时间长，恢复较慢。比如有的人面对打击恢复得较快，而有的人则久久陷在悲伤痛苦的情绪中。

面对同一刺激情境时，不仅人们的情绪体验不同，在生理反应方面也因人而异。个体的前额皮层、前额扣带回和杏仁核与感情风格有着密切联系。左右前额皮层基线激活具有不对称性，这种不对称性使不同的人对情绪刺激的反应不同，并且和人们的感情风格联系密切，是感情风格皮层部位的神经基础。另外，这种前额皮层基线激活的不对称性还和情绪障碍密切相关。抑郁症患者表现出左侧前额皮层激活降低，而焦虑症患者如社交恐惧症者表现出右侧前额皮层激活增强（王振宏，郭德俊，2005）。前扣带皮层机能的不同会导致感情风格的不同，这一点得到许多有关情感紊乱患者的实证研究支持。研究发现，焦虑症患者和恐怖症患者的当前状态与期望的动机、情感结果发生冲突时，会产生更强的前扣带皮层的情感次级区激活；与焦虑症患者和恐怖症患者相反，抑郁症患者对当前状态与期望的动机、情感结果发生冲突的情境不敏感（王振宏，郭德俊，2005）。许多研究也关注了杏仁核功能差异与感情风格的关系，尤其是与负性情绪的关系。研究表明，右侧杏仁核葡萄糖代谢高的人在生活中更加容易体验到负性情绪（Mervaala & Drevets，2000，2001）。

情绪调节和情绪表达同样是感情风格的重要成分。情绪调节（emotion - regulation）指的是个体为完成目标而进行的监控、评估和修正情绪反应的内在与外在过程。情绪调节的过程是一个放大、削弱或维持情绪反应强度的过程，比如，我们通过情绪调节抑制不适应的情绪反应，维持积极的情绪，离开厌恶的情绪情境等。从这个意义上讲，情绪调节能力的不同是人们情绪系统不同的重要体现，正如戴维森（Davidson，1992）所认为的，情绪调节是感情风格的一个关键成分。情绪表达是情绪发生时相伴随的外在表现，也就是通常我们所说的表情动作，包括面部表情、姿态表情和语调表情。表情是情绪活动特有的外部表现，是人际交往的重要工具，也是研究情绪的重要客观指标。情绪表达非常复杂，情绪表达的个体差异也非常显著，比如有些人的情绪明显具有外显性，喜怒哀乐溢于言表，而有的人则不轻易表达自己的情绪。在现实生活中，当我们面临各种情绪事件或情绪刺激时，情绪反应因人而异，这种差异为随后的情绪反应和其他心理活动提供了一个重要的背景或前提。

总而言之，情绪与人格之间关系密切，情绪是人格形成与发展的基础和前提，也是人格形成与改变的重要调节者，同时情绪还是人格构成的重要成分，感情风格是人格差异的主要表现。

第二节　情绪与智力

以往人们认为，一个人能否在人生中取得成功，智力水平是最重要的，也就是说，智商越高，取得成就的概率也就越高。但是，现在的心理学家普遍认为，一个人能否取得成功，是与其情绪智力水平的高低有很大关联的，情绪智力在其中所起的作用，有时甚至超过智力水平。

一、智力概述

（一）传统智力的含义

关于传统智力的含义，心理学家给出了很多不同的观点。斯皮尔曼（Spearman，1904，1923）认为，智力是一种普遍而概括的能力。比奈和西蒙（Binet & Simon，1905）认为，智力是正确进行理解、判断和推理的能力。推孟（Terman，1916）认为，智力是形成概念，并且抓住其重要性的能力，也就是所谓的抽象思维的能力。桑代克（Thorndike，1921）认为，智力是从真理或事实角度产生良好反应的能力。韦克斯勒（Wechsler，1939）认为，智力是个体有目的地行动，理性地思考以及有效地应付环境的总体能力。皮亚杰（Piaget，1972）认为，智力是总括性的术语，指用来适应物理和社会环境的认知结构组织和平衡的高级形式。

从上述不同研究者的观点看，传统智力的侧重点主要是围绕着个体的认知能力，它包括记忆力、观察力、注意力、想象力和思维能力等，其中又以抽象思维能力为核心。

（二）传统智力的结构

心理学家对传统智力的构成提出了很多主张，主要概括为以下几种观点。

斯皮尔曼（C. Spearman，1863—1945）的二因素理论。斯皮尔曼认为，人的智力由两种因素组成：一种是一般因素（general factor），简称G因素；一种是特殊因素（specific factor），简称S因素。G因素是人的基本心理潜能（能量），是人人都拥有的，只不过量值不同，它体现在各种活动之中，是决定一个人智力高低的主要因素。

瑟斯顿（L. Thurstone，1887—1955）的群因素理论。瑟斯顿于1938年提出了群因素理论（primary abilities）。他认为，个体的智力可以分为几种基本能力因素，这些基本能力因素的不同搭配便构成每一个人的智力整体。瑟斯顿提出了七种共同的基本能力，包括语词理解（V），语词流畅（W），数字运算（N），空间关系（S），联想记忆（M），知觉速度（P）以及一般推理（R）。

吉尔福特（J. Guilford，1897—1987）的结构理论。吉尔福特于1959年提出了智力三维结构模型理论，他否认传统智力有普遍因素G的存在。他认为智力结构应从操作、内容、产物三个维度去考虑，智力活动就是人在头脑里加工（操作过程）客观对象（内容），产生知识（产物）的过程。智力的第一个维度是操作（operations），即智力活动过程，包括认知、记忆、分散思维、聚合思维、评价五个因素；第二个维度是内容（contents），即智力活动的内容，包括图形、符号、语义、行为四个因素；第三个维度是产品（products），即智力活动的结果，包括单元、门类、关系、系统、转换、蕴含六个因素。把这三个变项组合起来，有 4×6×5=120 种基本能力构成。吉尔福特把这些构想设计成立方体模型，共有 120 个立方块，每一个立方块代表一种独特的智力因素。吉尔福特的三维智力结构（three dimension structure of intelligence）模型同时考虑到智力活动的内容、过程和产品，这对于推动智力结构的深层次研究起到了重要的作用。

（三）多元智力理论

传统的智力偏重于人的认知能力，其潜在的理念是智力是一元的，是一种单一的整合的能力，这样就窄化了人类的智力。为此，当代著名的心理学家加德纳（H. Gardner，1943—）认为，智力的内涵是多元的，它由七种相对独立的智力成分构成。于是在 1983 年加德纳提出了多元智力理论（multiple – intelligence theory）。在多元智力理论的框架下，存在着相对独立的七种智力成分。

1. 言语智力（linguistic intelligence）：主要是指听、说、读、写的能力。表现为个人能够顺利而高效地利用语言描述事件、表达思想并与人交流的能力。2. 音乐智力（musical – rhythmic intelligence）：主要是指感受、辨别、记忆、改变和表达音乐的能力，表现为个人对音乐包括节奏、音调、音色和旋律的敏感以及通过作曲、演奏和歌唱等表达音乐的能力。3. 逻辑数学智力（logical – mathematical intelligence）：主要是指运算和推理的能力，表现为对事物间各种关系如类比、对比、因果和逻辑等关系的敏感以及通过数理运算和逻辑推理等进行思维的能力。4. 空间智力（visual – spatial intelligence）：主要是指感受、辨别、记忆、改变物体的空间关系并借此表达思想和情感的能力，表现为对线条、形状、结构、色彩和空间关系的敏感以及通过平面图形和立体造型将它们表现出来的能力。5. 身体运动智力（bodily – kinesthetic intelligence）：主要是指运用四肢和躯干的能力，表现为能够较好地控制自己的身体，对事件能够作出恰当的身体反应以及善于利用身体语言来表达自己的思想和情感的能力。6. 自知智力（self-questioning intelligence）：主要是指认识、洞察和反省自身的能力，表现为能够正确地意识和评价自身的情绪、动机、欲望、个性、意志，并在正确的自我意识和自我评价的基础上形成自尊、自律和自制的能力。7. 人际智力（interpersonal intelligence）：主要是指与人相处和交往的能力，表现为觉察、体验他人情绪、情感和意图并据此作出适宜反应的能力。

根据加德纳的理论，每个个体都同时拥有相对独立的七种智能，但是每一种智能在生活中是相互联系、有机组合的，这样就构成每一个人独特的智力特点。加德纳的多元智力理论改变了传统单一的智力结构理论，拓宽了智力的概念。尤其是其“自知智力”和“人际智力”的提出，是情绪智力的雏形，为后来情绪智力的出现奠定了基础。

二、情绪智力概述

（一）研究渊源

1988 年以色列的巴昂在博士论文中首次使用“情商”（emotional quotient，EQ）这一术语。1989 年格林斯潘（Greenspan）在《学习与教育》一书中撰写“情绪智力”一章，提出了包括生物智力、认知智力和情绪智力 3 个方面的智力综合模型。1990 年萨洛维和迈耶（Salovey & Mayer）在《想象、认知与人格》杂志上发表论文《情绪智力》，文中正式提出情绪智力的定义，并且提出一个情绪智力的框架，并讨论如何对情绪进行有效控制，如何将情绪、情感应用于动机引发、计划制订等领域的问题。通常认为这篇文章是情绪智力理论的正式开始。1995 年戈尔曼（Goleman）出版了《情绪智力》一书，使情绪智力这一概念风靡世界。1997 年巴昂提出情绪智力是影响人应付环境需要和压力的一系列情绪的、人格的和人际能力的总和。之后，巴昂从更加综合和实证的角度阐述了情绪智力的概念，认为情绪智力包含个体的内部成分、人际成分、适应性成分、压力管理能力和一般心境。

（二）情绪智力的主要理论

随着情绪智力研究的逐渐深入，各种情绪智力的理论也大量涌现。其中，萨洛维和迈耶、戈尔曼以及巴昂的情绪智力理论影响较大。

1．萨洛维和迈耶情绪智力理论

1990 年，美国心理学家萨洛维和迈耶首次正式使用情绪智力这一概念来描述对成功至关重要的情绪特征，同时也提出三个维度十因素的情绪智力结构模型（许远理，2008），如图 9－2。

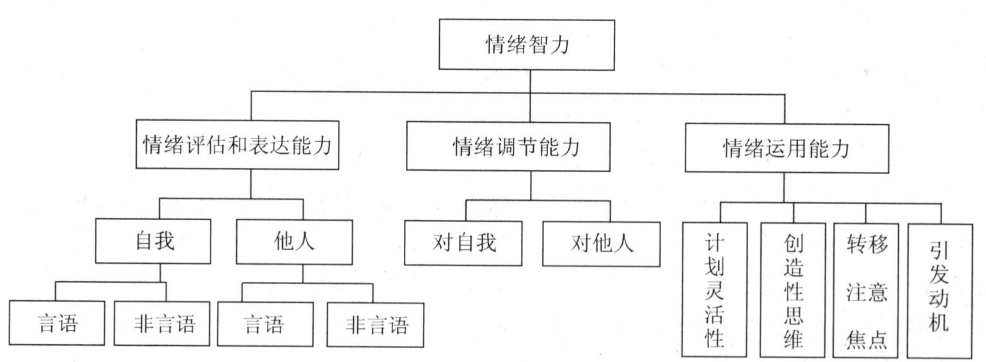

图 9－2　情绪智力结构模型

这个模型在心理学家中产生了很大的影响，同时也引发了不小的争议。后来，萨洛维和迈耶不断对其理论进行修正，2000 年，他们强调将情绪智力定义为“准确地觉察、评价和表达情绪的能力；接近并产生感情以促进思维的能力；理解情绪及情绪知识的能力；以及调节情绪以帮助情绪和智力发展的能力”。在此基础上，确定了情绪智力的四个维度和11个因素：（1）感知表达情绪的能力，包括感知自己情绪、感知他人情绪、表达情绪3个因素；（2）情绪促进思维的能力，包括情绪引导注意、情绪引导思维、情绪影响问题解决3个因素；（3）理解情绪的能力，包括理解情绪意义、理解复杂情绪、认识情绪转换3个因素；（4）管理情绪的能力，包括管理自己情绪和管理他人情绪2个因素。

在多年研究分析的基础上，萨洛维和迈耶于1997年编制了多因素情绪智力量表（The Multifactor Emotional Intelligence Scale，MEIS）。该量表由四个分量表构成，分别对应着情绪智力的四个维度的内容。

2. 戈尔曼情绪智力理论

1995年，美国著名心理学家戈尔曼在《Emotional Intelligence》一书中较系统地论述了情绪智力的内涵、生理机制、对成功的影响及情绪智力的培养等问题，初步形成了他自己的情绪智力理论体系和基本观点。戈尔曼将情绪智力界定为五个方面25种成分，因此也称为五因素理论。

（1）自我觉察，包括情绪觉察、准确的自我觉察和自信；（2）自我调节，包括自我控制、可信赖度、责任心、适应能力和创新能力；（3）动机，包括成就驱动、承诺、主动性和乐观精神；（4）同情心，包括理解他人、促进他人成长、服务定向、平衡差异及政治觉察；（5）社会技巧，包括影响力、交流能力、冲突管理能力、领导能力、促使改变能力、巩固能力、合作能力、组成团队的能力。

戈尔曼等人根据其情绪智力理论于1998年编制了情绪胜任力量表（Emotional Intelligence Inventory，ECI）。

3. 巴昂情绪智力理论

巴昂通过多年的研究和实践提出了自己对情绪智力的定义：情绪智力是“一系列影响个人成功应对环境需求和压力的非认知能力、胜任力和技能”。

1997年，他提出了自己的情绪智力模型，将情绪智力界定为五个维度15种相关成分，如图9－3所示。

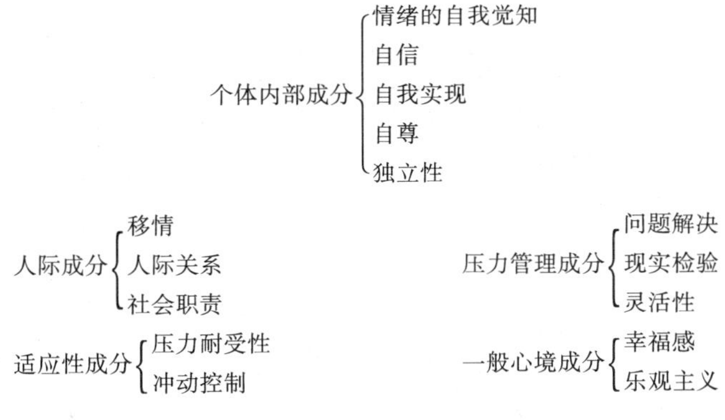

图9－3 巴昂情绪智力的5个维度

2000 年，巴昂又对 15 种成分作了进一步的解释（许远理，2008）。

（1）自尊——知道，理解，接受，而且尊重自己的能力；（2）情绪的自我觉知——认识和理解个人情绪的能力；（3）自信——表达情感、信念、思维，并以非破坏性的方式防卫个人权利的能力；（4）独立性——一个人在思维与活动中避免情绪依赖中的自我指导和自我控制的能力；（5）自我实现——了解个人的潜能，做自己想要做的事情，喜欢做并且能够做的能力；（6）移情——知道、理解和评价其他人情感的能力；（7）社会职责——展示自己作为个体所在社会团体中的合作、贡献和建设性成员的能力；（8）人际关系——建立和保持相互满意关系的能力；（9）压力耐受性——承受不利事件的、压力大的情境的能力，通过积极地、正面地应对压力而没有“崩溃”的强烈情绪；（10）冲动控制——抵抗或延迟冲动，内驱力或者诱惑行动的能力以及控制个人情绪的能力；（11）现实检验——评价什么是内在的和主观的经验及什么是外在的和客观存在之间的一致的能力；（12）灵活性——调节情感、思维和行为去改变情境和条件的能力；（13）问题解决——不仅包括识别和弄清楚个人和社会问题，并且包括产生和潜在地实施有效解决办法的能力；（14）乐观主义——面对不幸着眼于生活更明亮的一方面，保持一种积极态度的能力；（15）幸福感——对自己生活感到满意，欣赏自己和其他人以及表达肯定情绪的能力。

1997 年，巴昂编制了《Bar-on 情商量表》(Bar-on Emotional Quotient Inventory, EQ-i)，这是世界上第一个测量情绪智力的标准化量表，而且得到了广泛的应用。

萨洛维和迈耶的情绪智力模型侧重于能力取向，而巴昂和戈尔曼的情绪智力模型则侧重于混合取向。能力模型取向指的是能力的情绪智力，混合模型取向是指特质的情绪智力，属于人格领域。我们更倾向于将情绪智力模型定义为能力模型，认为情绪智力是认知和识别自己及他人的情绪，并且对这些情绪进行调节和控制的能力。

（三）情绪智力的性质

关于情绪智力的定义，学界目前还没有一个一致的观点。萨洛维和迈耶（1990）认为，情绪智力是指个体监控自己及他人的情绪和情感，并识别、利用这些信息指导自己的思想和行为的能力；戈尔曼（1995）将情绪智力界定为，认识自己情绪的能力、妥善管理自己情绪的能力、自我激励的能力、理解他人情绪的能力和人际关系管理的能力；巴昂（1997）提出，情绪智力是影响个体有效应对环境需要和压力的一系列非认知的实际能力、潜在能力和技巧。我国学者也提出了自己的观点，吴雯芳（1995）提出，情绪智力是人们调节情绪和控制情绪的能力；许远理等人（2004）认为，情绪智力是加工和处理情绪及情绪信息的能力；卢家楣（2005）把情绪智力界定为“人成功完成情感活动所需的个性心理特征”。

虽然关于情绪智力的定义不尽相同，但是可以看出，心理学家普遍认为情绪智力的对象是情绪，并且情绪智力是属于能力的一种。据此，我们认为情绪智力是一个人适应环境要求的一系列情绪能力，这些情绪能力应该包括情绪认知能力、情绪理解能力和情绪调节能力。其中，情绪认知能力是指对自我情绪觉察和他人情绪评估的能力；情绪理解能力是指对自我和他人的情绪状态与过程进行推测和解释的能力；情绪调节能力是指个体有意识地和自愿地管理和改变自己或他人情绪的能力（J. J. Gross & R. W. Levenson，1995）。

三、情绪与智力的关系

情绪和智力都是个体心理现象的重要组成部分，但是二者既有区别也有联系。

（一）情绪与智力之间的区别

1. 从二者的性质来看，传统智力是能力的组成成分，属于人格心理内容；情绪属于心理过程。如果提到一个人的智力，人们通常会想到聪慧、逻辑推理能力强等词语；如果提到一个人的情绪，人们通常会想到高兴、悲伤、难过、快乐等词语。

2. 从对活动的影响看，智力对活动任务的完成具有直接性，情绪对活动任务的完成具有间接性，情绪通过影响智力间接地影响活动任务的完成。例如，老师课堂授课，不仅需要良好的情绪，更需要相应的智力活动。如果老师授课没有相应的智力活动，那么即使拥有再好的情绪，也不可能完成授课的任务。良好的情绪必须通过影响智力活动，才能对授课任务产生影响，而智力活动则直接影响授课任务的完成。

（二）情绪与智力的联系

情绪和智力之间虽然存在着区别，但二者之间并不是相互割裂的，而是相互依赖、相互整合的关系，具体表现为以下两点。

1. 智力是情绪产生的必要前提。情绪的产生不是客观的刺激物直接引起的，而是由个体对客观刺激物的认知评价决定的，认知评价是指个体对刺激的性质、程度作出评判，同时也估计个体可动用的应对刺激的资源。认知评价属于智力活动，它主要与智力中的思维能力有关，其中涉及到对刺激情境（客观对象）的分析、综合、概括、抽象、比较、具体化和系统化等一系列过程。刺激情境并不直接决定情绪的性质，从刺激出现到情绪产生要经过对刺激的估量和评价，即：刺激情境—认知评价—情绪产生。例如，面对一只关在动物园里的老虎，你的认知评价系统认为老虎在笼子里关着，不会对你产生任何危险，此时面对老虎你不会产生害怕的情绪；而在野外面对一只老虎时，你的认知系统会评价为危险，从而使你产生害怕的情绪。

2. 情绪对智力具有调节和指导作用。情绪和人的需要是密切相关的，凡满足了主体需要的对象，主体就会对它产生肯定的情绪体验，乐意选择它，反之，则会产生否定的体验，极力回避它。皮亚杰在晚年曾指出：感情决定着对情境是接近还是回避的倾向，从而影响人的智能朝着什么方向和方面去发挥，这种现象反过来必然影响知识的获得。也就是说，情绪会影响着你对知识的选择。在现实生活中，常有这样的情景：你的数学学得很好，而你的英语就学得很差。因为你喜欢数学的那种逻辑推理，而不喜欢英语单词的记忆和复述。许多研究也证明情绪对于智力的影响作用。例如，阿什比（Ashby，1999）的研究证明，积极情绪能提高认知的灵活性，借助于情境信息的广泛联系促进问题的创造性解决。普罗布斯特（Probst，2007）的研究认为高指向性的情绪（如愤怒、喜悦、自豪）比低指向性的情绪（如害怕）更能促进个体的创造力表现，无指向性的情绪如冷漠或者悲伤等可能会降低个体创造力的表现。

四、情绪与情绪智力的关系

（一）情绪与情绪智力的区别

1. 从二者的性质来看，情绪属于心理过程，情绪智力是能力的组成部分，属于人格心理内容。情绪智力是指识别和觉察自己以及他人情绪，并且能够调节和指导情绪的能力，情绪智力是能力的组成部分，而情绪并不属于能力。例如，调节自己情绪的能力属于情绪智力，而不属于情绪；高兴的情绪并不属于情绪智力的范畴。

2. 从二者的内涵和外延上来说，情绪智力是情绪的组成部分。情绪包含情绪智力，情绪智力在情绪的范围内。情绪智力这一概念是从情绪延伸出来的，情绪智力是对情绪的认知和操控，情绪智力的对象是情绪。如果没有情绪这一概念，情绪智力也就不复存在。

（二）情绪与情绪智力的联系

前文提到，情绪智力是一个人适应环境要求的一系列情绪能力，这些情绪能力应该包括情绪认知能力、情绪理解能力和情绪调节能力。通过定义我们可以看出，情绪智力的操作对象是情绪，情绪智力通过操纵情绪来调节其他心理活动；情绪智力的目标或者结果也是调节自身的情绪，从而提高自身的适应能力。反过来，情绪智力是情绪的一个构成成分。

另外，情绪智力是一种能力，情绪是一种心理活动的过程，情绪智力是体验人在智力操作加工过程中的情绪。总之，情绪与情绪智力二者之间是相互作用、相互影响的。

五、情绪在智力中的地位与作用

1. 情绪体验是智力转化为人格特征的必经途径。智力是一种能力，而智力转变成相对稳定的人格特征需要通过情绪的调节作用。例如，一个人擅长机械记忆，遇到需要意义记忆的学习内容时，他就很厌烦和回避，这种厌烦的情绪驱使他喜欢选择与自己惯用记忆方式（机械记忆）相一致的记忆，长此以往，他就逐渐形成了擅长机械记忆的能力特征。

2. 情绪对智力产生促进或者阻碍的作用。这主要体现在情绪的动机功能这一方面。情绪是动机的源泉之一，是动机系统的组成部分，它能够激活人的活动，提高人的活动效率。一般来说，正性的情绪，如愉快、兴奋能增强人的活动，驱使人积极地行动；负性的情绪，如悲伤、痛苦能减弱人的活动，阻抑人的行为。有研究表明（叶仁敏，1989），测验焦虑与学业成绩之间存在着显著的负相关。也就是说，测验焦虑的水平越高，学业成绩越低。这里，所谓测验焦虑是指被试在测验前和测验时产生的紧张、忧虑和恐惧的情绪。

3. 情绪对于智力活动具有组织作用。情绪是独立的心理过程，有自己的产生和发展过程。它是大脑内部的一个检测系统，组织其他心理活动的进行。这种组织作用主要表现为，正性情绪对智力活动的协调作用和负性情绪对智力活动的破坏、瓦解作用。大量的研究也证明了这一观点。例如，科瑞格等人（Kraiger et al，1989）研究发现，正性情绪提高了人们寻求问题解决方式的努力度，在谈判任务中使双方更容易达到自己所满意的结果。这个研究表明，在正性情绪下的人更容易看到新的可能性，对双方的利益得失问题更能够进行创造性的思考和灵活的推理。在智力的注意力这一方面，弗雷德里克森等人（Fredrickson & Branigan，2001）运用整体—局部性知觉加工任务来评估被试在不同情绪状态下的注意范围，发现在两种正性情绪状态下的被试比中性状态下的被试拓宽了注意的范围。

总而言之，情绪对于智力活动的良好进行起到了举足轻重的作用。人们应该正确对待情绪，良好地利用情绪来提高智力活动的水平和结果。

第三节 情绪与动机

一、动机概述

（一）动机的含义

关于动机概念的界定有三类观点：第一类是内在动因，如动机是“推动人们行为的内在力量”、“激励人们去完成行为的主观原因”、“动机是个体的内在过程，行为是这种内在过程的结果”；第二类是外在诱因，如“为实现一个特定的目的而行动的原因”；第三类是中介调节过程，如“能引起、维持一个人的活动，并将该活动导向某一目标，以满足个体某种需要的念头、愿望和理想等”、“一种由需要所推动，达到一定目标的行为动力，它起着激起、调节、维持和停止行动的作用”。据此，我们可以把动机定义为：由某种需要所引起的直接推动个体活动、维持已引起活动并使该活动朝向某一目标以满足需要的内部心理倾向。如有的学生认为知识很重要（知识价值观）进而努力学习，有的学生是因为对某一内容感兴趣而学习，有的学生是为了报答父母的养育之恩而努力学习，也有的学生是为了将来找到一份称心如意的工作而学习等，这里“知识价值观”、“学习兴趣”、“报答父母的养育之恩”等都是从事学习活动的内在动力或原因，即学习动机。

（二）动机的功能

动机的主要功能有激活功能、指向功能、维持和调整功能。

1. 激活功能

动机作为个体能动性的一个主要方面，具有发动行为的作用。动机可以激活个体的某种活动，使个体由静止状态转入到活动状态，驱使个体产生某种行为。比如个体为了消除饥饿而进行进食活动，为了摆脱孤独而进行交友活动，学生为了取得优秀成绩而努力学习，员工为了取得他人赞扬而努力工作等。动机激活力量的强弱，是由动机的性质和强度决定的。一般认为，中等强度的动机最有利于活动的开展和完成。

2. 指向功能

动机不仅能激活行为，也能使个体的行为指向一定的目标或对象。比如，在学习动机的支配下，学生们去自习室学习；在工作动机的支配下，员工努力工作；在休息动机的支配下，个体会去公园、影院等娱乐场所进行休闲活动。因此，动机不同，人们活动的指向性也随之不同。

动机的指向功能在个体的行为中不断发挥着作用，动机是个体行为的持续推动力。动机首先指向某个目标，个体通过行为使该目标得以实现，动机对该目标的指向作用也就随之停止，但动机的指向性并没有消失，而是指向另一个目标，引导个体再朝向另一个目标行动。如此循环往复，直到实现个体的最终目标。

3. 维持和调整功能

动机的维持功能表现在个体活动的坚持性上。当动机激发了某种活动后，个体能否将这种活动坚持进行下去，同样要受到动机的支配和调节。动机的维持功能主要取决于个体的活动是否与其预期的目标一致。如果个体的活动和个体预期的目标一致，那么这种活动就会在动机的维持下进行下去，如果个体的活动和预期的目标不一致，那么个体的动机就会发挥调整作用，调整个体的活动。

二、情绪的动力作用

情绪具有动力作用，在一定的情况下能够充当动机。强烈的情绪体验能够驱动个体产生行为。例如，某人在路途中感到口渴，在此过程中产生的急迫、焦躁的强烈情绪体验会促使其尽快寻找水源，此时急迫、焦躁的情绪就成为了内在动因，寻找水源就是其外在行为表现。由此可见，情绪到达一定强度之后，会驱动个体产生行为，此时，情绪就成为了个体行为的内在动因，实现了情绪到动机的转变。关于情绪的动力作用，我们从以下三方面来进行分析。

（一）情绪的内驱力作用

早期动机理论学家认为，动机的基本来源是内驱力（冯忠良，2000）。内驱力是与有机体的生理需要或生物本能相联系的、驱使有机体去进行活动的内部动力。情绪动机理论的代表人之一汤姆金森（Tomkinson，1981）认为，驱使我们去行动以满足需要的动机，不仅出自我们的生物本能，而且出自我们的心理本能。情绪就是一种能够激发起某种行为的心理本能。情绪放大器理论认为，引起活动的内驱力的信号需要一种放大的媒介，才能激活有机体去行动，起这种放大作用的就是情绪。情绪与内驱力相比具有更大的驱动性，人完全可以离开内驱力的信号而被各种情绪激励起来去行动。例如，人们在缺水的情况下，就会有补充水分的生理需要，这种生理驱力可能没有足够强大的力量推动人们去行动，而此时人们产生的恐慌感和急迫感则会放大和增强内驱力，使之成为行为的强大动力。内驱力为我们的行为提供动力，而情绪将这种内驱力的作用放大也会成为行为的强大推动力。

不过，情绪与内驱力的动力作用有所不同，情绪的内驱力作用比内驱力本身更加灵活和普遍。内驱力的关键作用仅仅是为维持生命提供信息，它严格按照生物节律发生，整个系统的活动是专门化和固定化的；而情绪相比之下就灵活多了，它无论在发生的时间、对象和强度上，还是在各种情绪的相互补充或抵消上，都比内驱力具有更大的灵活性和自由度。举例来说，我们必须遵循固定的时间节律呼吸和饮食，但显然不必在固定的时间发生愤怒或悲伤；任何食物都能满足我们解决饥饿的生理需要，但情绪却能让我们喜欢吃某种食物而不喜欢吃另一种食物。从这个角度讲，情绪比内驱力的动机作用范围更广，影响更灵活。

（二）情绪体验的动力作用

情绪体验是指情绪发生时的主观感。情绪发生时并非一定会产生意识到的情绪体验，但主观体验是构成情绪不可或缺的组成部分。

情绪体验的动力作用可以从情绪体验的监测作用上来体现。普里布拉姆（Pribram，1970）提出情绪体验是一部“监视器”。他认为，体验是一种感受状态，它在脑中持续存在，具有监测自身的功能。情绪体验所携带的感受色调（愤怒、害怕、快乐等）反映着环境事件对机体的意义，也影响着神经激活水平，双方的结合在脑中维持的状态可影响其他心理过程，这就出现了感情体验的监测作用。例如，“一朝被蛇咬，十年怕井绳”，这就是说，某人在某一天被蛇咬了，时过境迁，若干年之后当初的疼痛和恐惧早已不复存在，可此人发展到连井绳都会害怕，类似于蛇的东西都会使他恐惧。用情绪体验的监测作用来解释就是，被蛇咬所引起的情绪体验，包括恐惧、痛苦、烦恼等情绪体验的持续存在，能够激活被蛇咬的记忆痕迹和痛觉，是人的感受状态（体验）对所起的监测作用过度敏感所致。这也就是说，感情性的感受功能持续地起着动机的作用（孟昭兰，2010）。

（三）情绪状态的动力作用

情绪状态是指在某种事件或情境影响下，人在一定时间里表现出的某种情绪。情绪状态的表现形式很多，例如心境、激情和应激等。在这里我们以心境为例探讨情绪状态的动力作用。

心境是一种比较微弱、持久、具有渲染性的情绪状态。我们通常讲“人逢喜事精神爽”，这种被喜事所引起的愉快心情按其强度来说并不强烈，但这种情绪状态并不在事件过后立即消失，往往会持续一段时间。心境具有弥散性和长期性。心境的弥散性是指当人具有了某种心境时，这种心境表现出的态度体验会朝向周围的一切事物。在舒畅的心情下，人们对事物产生欢快的情绪体验，甚至觉得连花草树木都在微笑。而悲伤心情则会使人感到凡事枯燥乏味，悲凉忧伤。

心境具有动力性，可以激发并维持个体行为，对个体的活动效率、创造力等均有影响。积极向上、乐观的心境可以提高人的活动效率，增强信心，使人对未来充满希望，有益于健康（彭聃龄，2003）。研究表明，心境对创造力有明显的影响，激活心境个体的创造力高于未激活心境个体，即愉快、生气、害怕心境中的个体的创造力高于放松、悲伤心境中的个体（张晶，张景焕，2010）。此外，另有研究表明，当目标达成需要克服竞争性动机和进行自我控制的时候，目标可能不足以激发相应的行为，在这种情况下，积极心境会增加人们对长期目标的坚持性（钟丽丹，2009）。也就是说，当个体动机不能充分激发和维持个体行为时，积极心境在某种情况下可以帮助个体进行动机的维持。

三、动机对情绪的影响

情绪与动机的作用是相互的，反过来，动机对情绪也产生影响。

（一）需要/诱因对情绪的影响

正如前文我们介绍的，动机分为内部动机和外部动机，引发个体内部动机的是内在需要，而引发个体外部动机的是外在诱因。就诱因对情绪的影响而言，诱因不仅能诱发出动机，同样也能对情绪产生影响。诱因指能够引起个体动机并满足个体需要的外在刺激。有研究表明，提供荣誉和使用晋升制度可以提高员工的自尊心、自我肯定感和光荣感，从而提高其工作动机（李红，杜永春，杨艳翎，2004）。不仅工作中的诱因对个体情绪产生影响，学习中的诱因也会对个体的情绪产生影响。研究表明，在教学过程中，教师的表扬可使学生产生积极的情绪体验（任彩霞，2004）。

（二）动机强度对情绪的影响

不同强度的动机也会对情绪产生影响。在日常生活中，动机过强或过弱都会影响个体的情绪。例如，动机过强的个体在活动中会觉得压力过大，从而产生焦虑，而动机过弱的个体则认为即将进行的活动与自己关系不大，进而变得冷漠。

（三）动机对个体情绪体验的影响

动机同样影响着个体的情绪体验。麦克兰德和阿特金森（McClelland & Atkinson）认为，个体的成就动机包括追求成功和避免失败两种倾向，相关研究表明，成就动机与个体情绪体验密切相关，追求成功的人能更多地体验到积极情绪而较少体验到消极情绪，避免失败的人则相反，他们较多体验到消极情绪而较少体验到积极情绪（范兴华，2006）。

四、情绪与动机的相互作用

情绪具有动力作用，动机对情绪也产生着影响。情绪与动机是相互影响和相互转化的。

（一）情绪与学习内驱力

奥苏贝尔将学习动机分为认知内驱力、自我提高的内驱力以及附属内驱力。他认为，学生众多的学习行为都可以用这三方面的内驱力来加以解释。当然，随着儿童年龄的增长，这三种成分在个体身上的比重会有所改变。情绪与学习内驱力也是相互影响相互转化的。

一方面，情绪是认知内驱力的来源。认知内驱力是了解与理解知识、阐述与解决问题的需要。在学习活动中，学生具有认识和理解周围环境的需要，它驱使个体独立地思考有一定难度的课题，乐于从事智力活动，并试图合理地解决问题。好奇和兴趣作为情绪，是认知内驱力的来源。有些心理学家认为，认知内驱力多半是从好奇的倾向如探究、操作、领会以及应付环境等有关的心理素质中派生出来的（冯忠良，2000）。不过，作为认知内驱力之起源的好奇倾向，在最初只有潜在的而非真实的动机性质，既没有明确的目的，也无特定的内容和方向。要使潜在的动机成为能起作用的推动行为的力量，必须通过实践活动。个体在活动中，通过多次产生成功的情绪体验，有利于确定明确的学习目的和方向，并产生进一步获得满足的愿望。

另一方面，自我提高内驱力和附属内驱力是通过情绪而发挥作用的。自我提高的内驱力是指个体因自己的胜任能力或工作能力赢得相应地位的需要。自我提高的内驱力与认知内驱力不同，它不是直接指向学习任务和学习目标，而是指向在集体和他人心目中赢得怎样的地位。也就是说，一个人所赢得地位的高低是与他的学业成就和能力水平相对应的。成就的大小决定着所赢得地位的高低，进而也决定着人们自尊心的强弱。自我提高内驱力通过使个体产生自尊等情绪而产生作用，如个体为了满足其自尊、在同伴中赢得较高地位而努力学习等。

附属内驱力是指学生为了保持长者们（教师、家长等）和同伴们的赞许或认可而表现出来的一种搞好学习、做好工作的需要。这种需要不是指向学习任务和学习目标，也不是指向自我地位的提高，而是指向对长者和同伴在感情上的依附。为了保持与长者亲密的、受宠爱的感情关系，学生会有意识地使自己的行为符合长者们的要求和期望，以便获得与保持长者的赞许和认可。与长者保持良好关系、受到长者和同伴的认可，会使个体产生满足和自尊等情绪，并会因此努力学习，附属内驱力通过激发个体满足和自尊等情绪体验而发挥作用。

（二）情绪与成就动机

情绪与成就动机是相互影响相互制约的。在成就目标理论中，德维克（Dweck，1980）发现具有同等能力的儿童在失败情境或挑战性任务面前存在两种不同的动机模式：一种是无助模式（helplessness），另一种是掌握模式（mastery－oriented）。具有学习目标的个体关注自身能力的提高与知识的掌握，因而在学习过程中易形成掌握模式；而具有成绩目标的个体更多地关注自己的能力和他人的评价，易形成无助模式。他通过一系列实验研究表明，两种动机模式在认知、情感和行为方面表现出不同的特点，如表9－3所示。

表9－3　两种动机模式在认知、情感和行为方面的不同特点

智力概念	成就目标	动机模式	特征表现
智力是后天培养的，可以变化的	学习目标	掌握模式	认知：关心“如何提高自己的能力”，关心学习的过程。对成败进行努力和策略归因。 情感：面对失败焦虑程度适中。 行为：敢于面对挑战性任务，对困难坚持性高。
智力是天生的，是固定不变的	成绩目标	无助模式	认知：关心“自己的能力是否充分”，关心对能力的评价结果，对成败进行能力归因。 情感：面对失败易产生高焦虑。 行为：不敢面对挑战性任务，对困难坚持性低。

材料来源：郭德俊．中小学课堂教学的动机设计与情绪调节［M］．北京：首都师范大学出版社，2002：107．

掌握模式的个体认为智力是后天培养并可以变化的，面对失败和困难，他们倾向于将其理解为学习过程的一部分，焦虑程度适中。而无助模式的个体认为智力是天生的、固定不变的，失败就意味着能力的不足，容易导致焦虑、羞耻感等消极情绪的产生。由此可见，成就动机影响个体的情绪。

此外，情绪通过影响成就动机的激发水平实现着二者的转化。掌握模式的学生面对失败产生的适度焦虑情绪可作为激发动机的源泉，可使他们在今后的学习过程中敢于面对挑战性任务，对困难有较高的坚持性，此时，情绪就转化成为了成就动机；而无助模式的学生在失败时会产生高度焦虑，不敢面对挑战性任务，对困难坚持性低。

（三）情绪与归因

情绪与动机相互转化还体现在情绪与归因的相互影响上。韦纳的成就归因理论认为，人们倾向于将活动成败的原因归结为六个方面：能力（评估自己是否胜任此项工作）、努力程度（自己在此项工作是否尽力）、工作难度（判断该项工作对自己的难易程度）、运气（这项工作成败是否取决于机遇与幸运）、身心状态（如心境）和外界环境（如他人帮助、偏见等）。上述六个因素可归结为三个维度：1. 内在性（因素来源）：按成败的原因是来自个体内部或外部环境因素划分的。内因即个人内在的原因，如人格、品质、动机、态度等；外因包括个人之外的所有原因，如环境因素、运气、任务难度等。2. 稳定性：是指归因的原因因素随时间或情境是否变化。如能力是稳定的，而努力则是可以通过人的意志而改变的。3. 可控性：指原因因素是否能由个人意志控制。根据这几个维度，韦纳提出两维归因模式（见图 9－4）。

	内控	外控
稳定性	能力	任务难度
不稳定性	努力	运气

图 9－4 韦纳两维归因模式（彭聃龄，2003）

韦纳认为，如果新结果和过去结果不同，人们一般会归因于不稳定的因素，如努力和运气；如果新结果与过去结果一致，人们会归因于稳定的因素，如能力和任务难度。

不同的归因会使人产生不同的情绪反应。如果把成就行为归结于内部原因，个体在成功时就会感到满意和自豪，在失败时会感到内疚和羞愧。但是，如果把成就行为归结为外部原因，无论成功还是失败个体都不会有强烈的情绪反应。个体由于不同归因而产生的不同情绪反应具体如表 9－4 所示。

情绪与归因的关系不仅体现在归因使人产生情绪反应，而且还体现在情绪反应是后继行为的动因。韦纳认为，归因不是一个独立的过程，它是行为后果与后继行为之间的中介认识过程，对行为后果所做的归因会影响到对下次结果的预期及情绪反应，而预期和情绪反应又成为后继行为的动因（如图 9－5）。

表9-4 不同归因产生的情绪反应

归因	情绪反应
	成功结果
能力	自信（胜任感）
一时努力	激动
持久努力	放松、镇定
个性	提高自尊感
他人的努力	感激
运气	惊讶
	失败结果
能力	无信心
努力（一时的、持久的）	内疚、羞愧
个性	屈从忍受
他人的努力	气愤、怨恨
运气	惊讶

材料来源：郭德俊．动机心理学：理论与实践［M］．北京：人民教育出版社，2005：143，

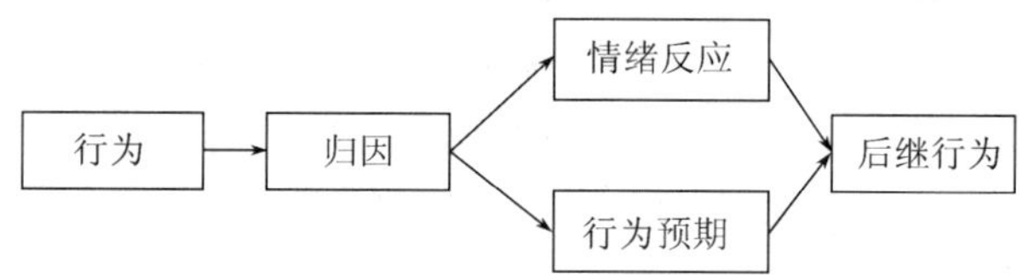

图9-5 韦纳的简明动机归因模式图（郭德俊，2005）

综上所述，归因使人产生情绪反应，而情绪反应又是后继行为的动因。例如，一名学生考试失利了，他对此进行归因，认为是由于自己学习不够努力，就会产生内疚、羞愧等情绪反应，而这些情绪会使个体在接下来的学习过程中更加努力学习，以在下次考试中取得好成绩。

（四）情绪、动机与活动

情绪与动机的联系集中体现在个体的活动中，二者在活动中达到整合，并均对活动效率产生影响。

情绪与动机均有动力性，情绪的动力性集中体现在情绪的内驱力作用、情绪体验的动力作用和情绪状态的动力作用。而动机的动力性是指动机能激发、维持、调节和支配行为的强度。情绪在一定条件下才转变成动机。个体通过产生强烈的情绪体验，将动机的动力性放大，此时情绪就成为了个体行为的内在动因，并通过个体一定的外在行为表现出来。此时，动机和情绪在个体的活动中达到整合和统一。例如，某人在路上看到一位老人提着重物蹒跚前行，此时他会认为老

人很辛苦、很需要帮助，于是产生了强烈的同情，这种强烈的情绪体验成为其内在动因，驱使他去帮助老人提东西。此时，同情这种情绪体验和道德动机在个体的亲社会行为中达到整合。

情绪唤醒和动机对活动效率产生的影响很类似，都可以用耶克斯—多德森定律来解释。一般来说，学习动机与学习活动效果之间是一致的，活动效果取决于动机的强度和方向，强烈的学习动机和明确的学习目标能驱使人努力学习，取得良好的学习效果。但动机与学习效果的关系并不总是一致的，有时学习动机越强学习效果越差。从情绪体验对个体学习效率的影响看，耶克斯—多德森定律解释了情绪唤醒水平与个体认知操作效果之间的关系（郭德俊，2005）。根据该定律，情绪唤醒水平与个体认知操作效果呈倒 U 型曲线关系，过强或过弱的情绪均会使学习效率降低，适中的情绪强度最有利于学习。因此，当我们进行认知操作活动时，为了保持较高效率，情绪强度不宜过高或过低，而应该保持适中的水平。

综上，情绪的动力作用集中表现在情绪的内驱力作用、情绪体验和情绪状态的动力作用等方面，而动机对情绪也会产生影响，需要和诱因、动机强度等对情绪产生不同方面的影响。情绪和不同动机之间可以相互转化，这主要体现在四个方面：情绪与内外部动机、情绪与学习内驱力、情绪与成就动机、情绪追求与学习动机。此外，情绪与动机相互转化还体现在情绪与归因的相互影响上。不同归因使个体产生不同情绪，而情绪又称为后继活动的动因。情绪转化为动机之后，在个体活动中表现出来，此时情绪与动机在活动中达到整合，并均对个体活动效率产生影响。

【建议参考资料】

1. 涅贝利岑. 人的神经系统基本特性是个性的神经生理学基础［M］//斯米尔诺夫. 心理的自然科学基础. 李翼鹏，译. 北京：科学出版社，1984.

2. 许远理. 情绪智力三维结构理论［M］. 北京：中国社会科学出版社，2008.

3. 黄希庭. 心理学导论［M］. 北京：人民教育出版社，2007.

【问题与思考】

1. 举例说明情绪在人格中的地位和作用。
2. 情绪与智力有着怎样的关系？
3. 论述关于情绪智力的理论。
4. 情绪与动机有着怎样的联系？
5. 下面是高一学生李雷的日记：

“今天我经历了愉快而又奇妙的一天，也是我高中生活的第一天。我对新的校园生活既满怀憧憬又心存忐忑。我特意起了个大早，吃完早饭就迫不及待地走出了家门。

但是出乎意料的是，新学期是以一场意外迎接我的。我走在空无一人的小巷中，突然不知从什么地方冲出来一只看似非常凶恶的流浪狗。我吓了一大跳，立马以惊人的反应速度迅速逃离了小巷。看来高中生活会有很多意外的挑战啊。

到了学校，见到了很多新同学。我稍微有些局促，但还是微笑着和大家打招呼，努力平复自己不安的情绪，我很希望尽快融入新的班集体。然而事与愿违的是，我刚到了新的班级就和同学吵了一架。事情的过程是这样的：我急匆匆地向我的座位走去，不小心碰倒了一个男生的水杯，热水烫到了我，我很生气，责怪起那个男生没有把自己的杯子放好，而他竟然一点儿歉意也没有，反而和我发生了争执，吵得面红耳赤。考虑到这是新学期的第一天，我没有再追究。

我很烦闷，为什么我的新学期会是这样？难道是我人品不好？可是我为什么要计较这些琐事呢？回到家我考虑了很多。高中是非常关键的学习阶段，我应该集中精力学习。虽然未来的学习生活充满了挑战，我很有压力，但我一定会好好学习，我相信我一定会成功。加油，李雷!”

请从情绪与人格关系的角度对李雷的行为变化进行分析。

第十章　情绪与社会生活

【本章提要】

情绪是人的重要心理机能，它不仅对人的智力发展和个性的形成有着重要的影响，而且对人的社会生活也产生至关重要的作用。情绪与人们道德行为的形成有着密切的关系，道德情感是品德结构的重要组成部分，是个体道德形成和发展的重要方面，它对人的道德认识和道德行为具有强大的激发和推动力量，它促使人积极接受道德教育、掌握道德知识、形成道德信念等。工作过程中充满了情绪，情绪是组织生活中不可忽视的一部分。如情绪智力、职业压力等对工作行为都有重要的影响。情绪对教学有着重要的影响，在教学过程中，认知与情绪协调交互作用，能够使师生处于最佳学习状态，从而取得好的教学效果。运动竞赛的特点决定了参赛者会产生丰富、强烈、多变的情绪体验。往往表现出振奋、陶醉、焦虑、激愤、悔恨以及高级社会性情感体验等。所以在竞赛运动中调控好运动员情绪的强度、频率等，促使运动员达到最佳竞技状态，才能取得优异的成绩。情绪对身心健康有重大的影响。良好的情绪对人的身心健康有着积极的意义，能够增强免疫系统的功能，提高主观幸福感，并能预防疾病等，而不良的情绪对人的身心健康危害极大，不仅降低生活质量，影响学习和生活，而且易导致各种身心疾患。

【学习重点】

1. 了解道德情绪是道德行为的重要组成部分，是道德观念和道德行为形成的动力。
2. 了解情绪对个体和组织工作行为的重要影响。
3. 熟悉交融教学模式与情绪调节教学模式的特点。
4. 了解调控好运动员情绪的重要性。
5. 了解良好情绪对人身心健康的积极意义和不良情绪对人身心健康的危害。

【重要术语】

道德情绪　情绪智力　职业压力　情绪体验效能　运动应激　积极情绪　消极情绪　不良情绪　焦虑　抑郁

情绪是人的重要心理机能，它不仅对人的智力发展和个性的形成有着重要的影响，而且对人的社会生活也产生至关重要的作用。在这一章我们将就情绪对人们的道德、工作行为、教学、运动及健康所产生的影响进行概述。

第一节　情绪与道德

情绪与人们道德行为的形成有着密切的关系，道德情感是品德结构的重要组成部分，是个体道德形成和发展的重要方面，它对人的道德认识和道德行为具有强大的激发和推动力量，它促使人积极接受道德教育、掌握道德知识、形成道德信念等。20 世纪 70 年代末以来，许多心理学家都十分关注道德情绪在个人道德发展过程中的作用，如弗洛伊德、斯金纳、霍夫曼等。艾森伯格（Eisenberg，2000）提出了道德情绪的概念，把道德情绪定义为“自我意识的情绪”，个体对自我的理解和评价是这些情绪的主要成分，包括移情、内疚、羞耻、共情、尴尬、自豪等高层次的情绪，这些情绪具有驱动道德行为的功能，影响着个体道德行为的发展和道德品格的形成。

一、情绪与道德的理论观点

关于情绪与道德的关系，心理学家早就有论述，如弗洛伊德、斯金纳、霍夫曼等都提出了不同的看法。

（一）弗洛伊德的观点

奥地利心理学家弗洛伊德（S. Freud，1930）对道德的论述是从精神分析的观点出发的，它的核心概念是良心和个体与社会相互作用过程中伴随的紧张，这种紧张来源于个体心理与生理的需求和个体种系之间的不协调性，即本我和社会规范之间的矛盾。

他强调儿童早期与父母的情感联结对其道德发展有着重要的影响。他认为，来自父母社会化的要求对儿童来说是一种压力。因为儿童早期，本我占据统治地位，而本我遵循快乐原则，这带来了儿童对父母的不满情绪。同时，儿童由于父母的惩罚或害怕失去父母之爱而产生焦虑。弗洛伊德把这种焦虑称之为道德性焦虑（moral anxiety），是自我对罪恶感和羞耻感的体验。其产生原因是人们害怕因为自己的行为或思想不符合自我理想的标准而受到良心的惩罚。为减少这种焦虑，儿童按照父母的道德标准和价值观来规范自己的行为。这个过程实质上是一种“自居作用或认同作用”（identification）。“所谓自居作用实质上是一种无意识的模仿，它是儿童因害怕父母的惩罚或害怕失去父母之爱而去吸收父母的各种特征，包括道德标准和价值观。”也就是说，儿童以父母为社会的代表，从而把外在的道德规则内化到自己的人格结构中去，逐步形成超我或良心。当儿童为满足本能的需要违反了道德规则，超我就采用内疚感来惩罚自己，儿童为避免这种惩罚，就必须按照社会道德规则行事。总之，弗洛伊德强调自居作用是道德观念的获得机制，强调把焦虑、内疚作为儿童抑制需要、冲动和遵守道德价值的基本动机。所以，弗洛伊德认为，儿童对父母的自居作用是儿童获得道德观念的机制，焦虑、恐惧、内疚、良心是他解释儿童道德发展的关键词。

（二）斯金纳的观点

20 世纪 70 年代初，斯金纳（ B. F. Skinner，1971）从操作性条件反射理论观点出发，论述道德发展的机制，进而论述了情绪与道德的关系。首先他认为道德是群体中的人们想出的一种彼此制约的方法。“当个体的行为方式为群体所接受时，他将受到赞美、支持和爱戴。当他的行为不为人们所接受时，他将遭受批评、责难、谴责或者惩罚。在第一种情况下，群体称他为‘好人’，第二种情况，称之为‘坏人’。”同时，他认为行为本身并无好坏之分，而是由于受到一系列附加意外事件的强化而赋予其好坏的。

道德行为是与群体大多数人的期望一致的，带有社会性，有助于适应社会关系，这类行为是通过语词强化（如好坏，对错等）而在社会中被广泛接受。在日常生活中，不良行为受到惩罚，多次之后，个体就形成了不良行为和惩罚、恐惧、焦虑的联结。斯金纳认为儿童道德行为习惯的形成是为了避免惩罚。在以往的经历中，个体形成了不良行为与紧随其后的惩罚，以及由惩罚引起的厌恶情绪如恐惧、焦虑等的联结，而且次数越多这种不良行为与厌恶情绪的联结越紧密。个体为免受惩罚，更重要的是回避惩罚的焦虑和恐惧等厌恶性情绪，就会抑制不良行为，采取道德行为。行为经多次重复，形成道德习惯。斯金纳运用不良行为、惩罚与恐惧、焦虑的联结来解释儿童道德发展过程。

（三）霍夫曼的观点

霍夫曼（M. L. Hoffman，1976）从信息加工观点出发，认为移情（empathy）在道德发展中起首要作用。他认为移情是一种对他人境遇的适当情感反应，而不是对自身境遇的反应，这种情感反应不一定和他人的情感状态完全相同。他从情感作用于个体使之产生具有道德意义的行为动机的角度探讨移情，这样的移情就是道德移情，或移情性道德感（empathic moral effect）。他指出道德移情对个体的道德发展有重要功能：移情倾向可以加强个体具有的公正道德价值取向或者关爱道德价值取向；在面临道德冲突时，唤起的移情可激活道德原则，而影响道德判断；移情水平的高低影响着道德动机，进而决定了个体能否作出正确的道德抉择并完成道德行为。

霍夫曼通过实验，研究了移情与儿童内疚感（guilty）发展之间的关系，提出了儿童内疚感的唤起可能是以移情为中介而产生，这个假设还有待进一步研究。在后来的研究中，霍夫曼试图确定移情反应和道德行为发生的情境。另外，他认为移情也与同情、对伤害他人的人感到愤怒或有攻击倾向、内疚和公正感相联系。在他看来，关怀与公正的道德原则是以移情为中介而发生作用的。霍夫曼的移情观点是把进化而来的情绪和个体内化的社会道德准则、价值观念等内容融合在一起，他认为“特定社会的道德准则和价值观念是个人动机系统的一部分”。虽然他的观点试图融合所有这些要素，但移情还是影响道德发展过程的首要因素。也就是说，在他的观点中，道德情绪是处于首要地位的。

弗洛伊德和斯金纳的理论在对道德的具体解释方式上是有差别的，但他们都认为情绪是道德获得的基础，在形成道德行为的过程中，厌恶性情绪（aversive emotion）对道德内化和道德行为维持起着核心作用。个体的道德是受某种心理冲动驱使的，不同的是弗洛伊德认为内化的良心或超我驱动行为，而行为主义认为习惯驱动行为。相对而言，霍夫曼的道德发展观则更为全面，解释力更强。他从信息加工观点出发，运用移情对儿童为什么避免做出不良行为和为什么会表现出亲社会行为的原因进行了解释。霍夫曼在对儿童移情进行了系统的研究后，提出了移情对亲社会行为的推动作用，从而在理论上解释了亲社会行为的心理机制。

二、道德情绪

20 世纪 70 年代末以来，一些心理学家开始重新审视道德情绪在个体道德发展中的作用（侯晓晖，2008）。如 70 年代末期，德国康斯坦兹大学的林德（Lind）在柯尔伯格道德理论的基础上提出了道德行为与发展的双面理论，该理论突出了道德情绪的地位，强调道德情绪是一种重要的道德视角，涉及个体所拥有的道德观念、价值观和道德态度等方面（罗乐，2010）。

道德情绪是个体根据一定的道德标准评价自己或他人的行为和思想时所产生的一种情绪体验（周详，杨治良，郝雁丽，2007），它是一种复合情绪，主要包括厌恶、移情、内疚、羞耻、共情、尴尬、自豪等。道德情绪既能促进个体道德行为和道德品格的发展，同时也能阻断不道德行为的产生和发展（Eisenberg，2000；刘国雄，方富熹，2001；Jones & Fitness，2008）。从内涵上来说，个体违背道德规范时产生的情绪如羞耻、内疚，或遵守道德规范时所产生的情绪如自豪，都可被称为道德情绪（Haidt，2003；Tangney，Stuewig & Mashek，2007）。

在道德情绪研究领域，心理学家早期较多关注负性情绪，如害羞、内疚和困窘等，随着积极心理学的兴起，研究者们开始将目光转移到一些积极情绪，如自豪和感戴等。从过去的一些研究来看，道德情绪是道德形成机制的重要组成部分，它在个体的道德准则和道德行为中起着调节作用（Krebs，2008）。积极的自豪和感戴等能激励个体尽量做社会认可的事，即所谓的好人好事，而消极的内疚感和羞耻感等也可以迫使个体停止那些不道德的行为（Tangney et al，2007）。道德情绪的这种调节作用具体表现为四个方面（Huebner，Dwyer & Hauser，2008）：第一，不道德行为会导致个体产生耻辱、羞耻、愤怒或厌恶等道德情绪

(Nichols, 2002)；第二，道德情绪会导致个体产生行为改变（Haidt, 2001），例如厌恶情绪会使个体尽量避免做令他人受伤害的不道德行为（Moll et al, 2005），而内疚则可能导致自我惩罚（Nelissen & Zeelenberg, 2009），即对不道德行为的一种自我否认；第三，道德情绪强烈地影响着道德判断（Tangney et al, 2007），个体能够根据预期的情绪反应来调整自己的实际行为，因而道德情绪具有一定的道德行为预见性，这种预见性主要来自于个体自身过去类似事件的经验；第四，从道德行为的起源来看，个体早期的道德行为一定包含有某种情感动机（Gallese, 2003）。

关于道德情绪的种类，第二章中已有详细论述，在此不再赘述。

三、道德情绪影响下的典型行为

在道德情绪影响下人类会产生某些典型行为，主要包括道德洁净行为和道德补偿行为。

（一）道德洁净行为

随着人类文明的不断进步，人类开始超越对原始不洁物品的厌恶，转向于厌恶个体所产生的不道德的身体行为。不道德行为同样能引起厌恶情绪体验，厌恶情绪反过来也能阻止可能发生的不道德行为，这一循环机制提高了个体的道德适应性（Jones & Fitness, 2008）。在道德的这一进化过程中，人类逐渐形成了某种特定的文化模型，如那些充满欲望的个体常被判断为品质恶劣并和肮脏联系在一起而受到厌恶，而善于控制欲望的行为或个体则被看做品质高尚而和纯洁联系在一起（Haidt, 2006），这样人类就把道德和洁净行为进行了关联。霍伯格（Horberg）等人证明了厌恶情绪与洁净行为有着特殊的联系，与悲伤等情绪相比，厌恶情绪的唤起能显著增加个体对违反洁净行为的谴责（Horberg, Oveis, Keltner et al, 2009）。有研究证明，当个体处于厌恶情绪状态时，注意的早期阶段会更多地朝向代表洁净意义的图片（Vogt et al, 2011）。还有研究指出，不道德的情绪体验会使个体倾向于偏爱身体洁净，从而产生更多的洁净行为，如一项发表在《科学》杂志上的研究发现，如果让个体回忆自身之前的不道德行为，个体在单词补笔任务中就会更多地使用有洁净意义的单词，在物品偏好选择中也会更渴望获得与清洁有关的物品如肥皂、洗手液等（Zhong & Liljenquist, 2006）。反之，如果个体经历了洁净行为之后，个体的道德判断准则也会因此发生一定的变化，如对他人的不道德行为会因此变得更宽容（Schnall et al, 2008）。另外，有研究发现洁净行为并不一定就是发生在真实的不道德行为之后，如果创建一个虚拟的远程不道德行为情境，当个体目击了这个虚拟情境之后，也会倾向于进行身体洁净（Segovia et al, 2009）。总之，个体在经历自身或他人真实或虚拟的不道德行为后，都渴望知觉或实际接触与洁净有关的概念和物体，这些研究结果从多个角度证实了身体与洁净行为存在着一定的联系，更可能是一种内隐联系。

（二）道德补偿行为

人们在私人或公共场合都会非常注重自我的道德形象，以此来获得自我的内部价值平衡（Mazar & Ariely，2008）。而不道德行为会使人们对自我价值的知觉产生负面影响并产生负性情绪体验，进而威胁个体的道德同一性和内部自我价值平衡，处于这种状态的个体会倾向于通过其他途径来重新找回失去的平衡，即出现道德补偿行为。当个体出现了不道德行为之后，会意识到这种行为威胁了个体的自我形象，这一意识促使个体开始有意或无意地增加自己的道德行为来重塑道德自我形象（Jordan，Mullen & Murnighan，2010；Tetlock，Kristel，Elson et al，2000）。反之，当个体觉得自己的道德形象很高大时，就会减少道德行为，如减少捐钱的数量或减少做志愿者行为的次数，有时甚至可能增加不道德行为。所以补偿行为的根本目的是为了修复不满意的自我道德形象。在一些特殊的情况下，补偿行为还可能以自我惩罚的形式出现，特别是当个体没有机会对自己的过错行为进行弥补时，个体就会用自我惩罚的方式来修复道德自我形象。也就是说当个体的行为违反了道德标准时，为了平衡个体的自我道德价值，个体采取了自我惩罚的方式（Nelissen et al，2009）。另外，有研究表明群体内个体的不道德行为会促进整个群体成员的利他行为，从而弥补所造成的损失和伤害，而对群体外成员的不道德行为却熟视无睹（Gino，Gu & Zhong，2009）。所以有人说，道德已经成为协调和促进集体生活的一种行为标准（Janoff - Bulman，Sheikh & Hepp，2009）。

第二节　情绪与工作行为

工作过程中充满了情绪，情绪是组织生活中不可忽视的一部分。长期以来，人们认为情绪是理性的对立面，很少重视工作场所的情绪问题。直到 20 世纪 80 年代后，工作中的情绪问题才受到重视。在这一节我们将从工作中重要的情绪现象，如情绪智力、情绪工作、职业压力等方面，说明情绪对工作行为的影响。

一、情绪智力与工作行为

萨洛维与迈耶（Salovey & Mayer，1990）于 20 世纪 90 年代提出了情绪智力的概念并将其定义为“正确、有效处理情绪信息的能力，这些信息与情绪识别、情绪构建、情绪调节控制相关”。他们将情绪智力定义为一种能力，包含四级能力，即情绪的知觉与表达能力、情绪对思维的促进能力、对情绪的理解能力和对情绪的调控能力。一级能力最基本也最先发展，四级能力比较成熟，到后期才能得到发展。戈尔曼（Goleman）提出情绪智力的结构是：自我感知、自我调节、自我激励、社会感知和社会技能。可见，情绪智力是关于个体感知并管理自身和他人情绪及意图的能力。在情绪智力与个体成功关系的研究中，戈尔曼认为情绪智力在个人成功中发挥着无可替代的作用，他甚至认为个人成功的 80% 应该归功于情商，而智商只有 20% 的贡献。

（一）情绪智力与领导力

领导力是指一种影响群体实现目标的能力。戈尔曼认为卓越领导与平庸领导之间的差别在于能否有清楚的情绪自我意识（Bass，1988）。也就是说领导必须对下属的情绪敏感，理解他们的感受，这就需要领导对他们展示同情。同时，领导必须具有激发下属情绪的能力，以使他们认同领导者的观点。研究表明，具有情绪智力的领导会积极运用领导力调节自己和下属的情绪，并能使用情绪信息进行决策，以达到富有创造性的积极的结果。这样的领导者可以清楚地表达团队的目标，向下属传递热情，使其达成信任、一致与合作（Ashkanasy，2002）。迈耶与萨洛维也指出情绪智力是领导力的重要催化剂（2001）。

麦克兰德（McClelland，1998）在对全球饮食业公司部门经理的研究中也发现，具有高情绪智力的经理创造的年利润超过预定利润 15%—20%，而低情绪智力的经理则差了 15%—20%。在对保险业领导的研究中，验证了情绪智力在领导有效性中起到重要作用。

（二）情绪智力与员工行为

情绪智力对员工的组织忠诚、工作满意度、离职比率和工作绩效都有重要的影响。员工的情绪智力对工作满意度和组织忠诚的影响，是通过员工正确地认识自己和他人的情绪而实现的。情绪智力高的员工能准确地认识自己和他人的情绪并作出反应，善于与人沟通，能有效地调节和管理自己的情绪，进而可以改善和增进与同事和上级的人际关系，为自己营造一个更加和谐的工作环境，从而提高工作满意度和组织忠诚度。我国学者王叶飞、蔡太生和邓黎（2010）对 264 名中国企业员工进行调查，结果发现情绪智力与工作满意度呈显著正相关，情绪智力通过组织公平感间接影响外部工作满意度，对内部工作满意度则有直接影响，也可以通过组织公平感间接影响内部工作满意度。

关于情绪智力与离职的关系，麦克兰德在一家大型饮料公司使用传统的方法招聘部门经理，结果在两年内有 50% 的人离职。后来公司改进了招聘方法和程序，要求招聘的人员具有主动性、自信心、领导力等情绪能力，结果这一批人两年内只有 6% 离职。说明情绪智力与离职是负相关的。

考虑到员工的情绪智力对工作绩效的影响，可以通过调整员工的状态使其更加理性地投入工作。高情绪智力的员工，善于控制自己的情绪并进行自我激励，相对于低情绪智力的员工，他们较少将不愉快的情绪带入工作中，在遭遇挫折时，有更强的承受能力，并能鼓励自己将工作做得更好。许多研究证实了这一点，一项研究对 103 名销售员进行调查，发现他们的情绪智力与销售业绩呈正相关（Rozell，Pellijohn，Stephen et al，2006）。我国学者余琼和袁登华（2008）对我国东莞、天津和成都30个企业的640名员工进行调查，也发现员工的情绪智力对他们的任务绩效和情境绩效都有显著的正向影响。

二、情绪工作与工作行为

情绪工作（emotional work）这个概念是由美国心理学家豪斯彻尔德（Hochschild，1979）提出的，她在对空姐的工作进行观察时，发现微笑、热情、体贴是她们重要的工作内容，微笑服务是她们用来获取报酬的工具，由此她提出像空姐一样在工作中要努力调控自己的情绪表现，使之与组织需要的情绪行为相一致的工作就是情绪工作。如教师、护士、收银员、理发师等都是典型的情绪性工作。同时，管理者也都需要压抑某些情绪表现，而表现另外一些情绪，所以管理工作也具有情绪工作的特点。有人还提出，所有劳动都要接待人，都要不同程度地调节、控制自己的情绪，所以几乎所有的工作都具有情绪性工作的成分。

事实上，在日常的工作中，员工若能在工作中正确地运用情绪，组织的效益就好。例如，英国航空公司的广告中只有一张微笑的脸和一个标题："当你微笑时，世界的人与你一起微笑"，反映出现代组织的一种认识，具有感染力的微笑是企业竞争优势的来源。在日常生活中，人们在待人接物时，也需要根据他人的需要和场景来调整自己的情绪表现，如在朋友的婚礼上，你即使有非常难过的事情，也要表现出高兴的样子。所以情绪工作强调的是控制情绪在适当的时候作出相应的情绪表现。

因为情绪性工作能给组织带来效益，所以企业往往采取警告、解雇、晋升或加薪等方式控制员工情绪的表达。这样组织就经常要求服务人员表现热情、愉快等积极情绪，而要求司法人员表现严肃、愤怒、厌恶等消极情绪。例如，在迪士尼的员工手册中规定：员工与顾客一直保持目光接触和微笑，问候和欢迎每一位客人，向每一位客人说"谢谢"，处理抱怨时要表现出耐心和诚实。由此可见情绪工作具有很明确的目的性，是为了获取报酬而进行的劳动。同时，情绪工作也不一定通过面部表情来实现，也可以通过身体行为来实现，如手势、着装等。

三、职业压力与工作行为

最早提出压力概念的是塞里（Selye，1974），他认为压力是身体对于任何朝向它的要求的非特异性应答。他强调积极与消极事件都能导致有益或有害的压力反应，压力是不可避免的，它不仅能引起人们的紧张，也可能带来积极的结果，同时，没有压力就不会有行动的要求，生活就没有挑战，不可能开拓新的领域。所以每个人都要面临来自外界环境和个体内部需求的压力，个体必须解决这些问题，从而生存下去并兴旺起来。

在工作场所中发生的压力现象称为工作压力或职业压力，它是工作要求超出了个体应对能力时所产生的感觉，这种感觉是一种应激，应激是情绪的重要形态，是个体遇到环境刺激所产生的反应模式，当刺激事件打破有机体的平衡和负荷能力，或超过了个体的能力所及时，就会体现为压力。所以在英文中压力与应激是同一个词 stress。职业压力引发的结果有两方面：一方面压力是挑战，它催人奋进，适度的应激水平可使人注意力集中、思维反应敏捷、机体活力增强而提高工作效率，降低误解的发生，有利于个体积极主动地适应环境；另一方面压力过度则给人带来苦恼，产生焦虑、心悸、神经衰弱、消化不良、沮丧、注意力不集中、自我评价过低、工作效率差，对个体身心健康带来很大的损害。北京易普公司（2010）对我国各类组织 14 123 名员工的调查表明，有 58% 的员工感到职业压力是相当大的。因此，减轻员工的压力和心理负担成为人们关注的重要问题，应对与压力管理也就成为人们研究的热点。

应对（coping）亦被称为应付，是指有能力或成功地应付环境挑战或处理问题。心理学家根据自己的理论，不断更新其内涵。近年来人们比较一致的看法是：应对是个体面对压力情境或事件时，调动自身内部或社会资源对该情境或事件作出认知调节和行为努力的动态过程（肖计划，1992）。不同的人面对压力有不同的应对方式，有人积极采取应对，有人则回避。例如，面对失业的压力，有的人失业后更加努力学习，提高自己的技能，准备应聘新的工作；而有的人则抱怨社会和企业不公平，甚至吃喝嫖赌，麻木自己。所以，我们要积极应对压力，就要进行压力管理，压力管理是在压力产生前或产生后，个体主动采取合理的方式，缓解或消除压力的活动，包括压力诊断和压力缓解。压力诊断即是评估压力有多大，了解自己压力的反应，即身体反应和情绪反应，身体反应是肌肉紧张和慢性病；情绪反应是焦虑和抑郁。同时还要了解自己惯用的应对方式。压力缓解主要有两方面，一方面从压力源上处理问题，另一方面通过处理压力反应，缓解情绪、行为和生理上的问题，如放松肌肉训练、情绪管理训练、时间管理和健康行为的培养等。

第三节 情绪与教学

教学过程是学校促进学生增长知识、发展智力和形成个性的重要渠道，情绪对认知有着重要的影响，情绪情感参与教学对取得良好的教学效果起着重要的作用。探讨在教学过程中，认知与情绪如何协调地发挥作用，以形成学习的最佳状态，使学生乐学好学，是学校提高教学质量的重要方面，也是心理学家和教育学家长期关注的问题。

一、认知与情绪关系认识的演变对教学的影响

在第八章中我们论述的人们对认知与情绪关系认识的演变过程，直接或间接

地影响着教学的观念、教学的过程和教学的质量。传统心理学中，由于理性主义的影响，人们倾向于把认知看做理性的，而把情绪看做非理性的，认为情绪与认知是对立的，从紊乱、瓦解、冲动、不理智等消极意义上来解释情绪对认知的影响，把情绪看做认知的伴随物或从属现象。在这种认知与情绪对立观念的影响下，教学理论和教学实践中就形成了“重知轻情”、“知识本位”的教学观念。

20 世纪 60 年代以来，随着情绪进化论的兴起，从进化的角度看，情绪是有机体力求应付和控制生存环境的心理衍生物，是增强有机体生存和适应环境的心理工具。因此，人们开始研究情绪对认知的唤起、组织、激励和调节作用，结果表明，情绪的每次发生和发展、变化和转化、加强或减弱、存在或消失，都是十分具体而生动的操作过程，而且，这个过程的进行，不是任意的、无方向的或无选择的，而是使人更适宜地生活，更便于完成某种活动，有利于认识外界和应答反应（乔建中，2003）。近年来，随着感情神经科学的发展，越来越多的证据说明情绪与认知既不是对立的，也不是独立的，而是相互有机整合地调控着人的心理活动。同时，随着教育改革的深入发展和对智力测量的反思，“非智力因素”、“多元智力”、“情绪智力”等心理学理论相继产生。

在这些理论的影响下，“情感性教学”、“愉快教育”、“以情优教”等教学理论和实践研究不断涌现，对教学方式、教学矛盾有了新的认识。新的教学理论将教学作为社会过程来理解，强调教与学是教师与学生在社会交往中形成的一种合作的交互关系，“对话”是教学活动的重要特点。现代教学研究表明，教学过程不仅是认知加工的过程，也是情感加工的过程，是师生双方在认知和情绪两方面同时进行交互作用的过程。由此，有学者对教学基本矛盾提出了知情统一的新论（卢家楣，2004），即教学基本矛盾主要体现在认知和情绪两个方面。前者是教学要求与学生已有认知水平之间的矛盾，具体表现为“能不能”学习的问题；后者是教学要求与学生当时的学习需求的矛盾，具体表现为“愿不愿”学习的问题。对教学基本矛盾的新认识，要求我们从认知与情绪两个方面去把握“教”与“学”的相互关系及其规律，并从知情和谐统一的角度建构相应的教学理论和教学模式，使学生真正成为学习的主体，变“要我学”为“我要学”，从而产生一些认知与情绪相互交融的教学模式（乔建中，2005），如知情交融教学模式和情绪调节教学模式等。

二、知情交融教学模式

（一）知情交融教学模式的理论基础

1. 认知与情绪是统一的整体

认知与情绪作为统一体，既可能相互促进，也可能相互抵消，因而人类信息加工的效果取决于二者之间相互关系的性质和水平。同样，教学活动的顺利进行和教学目标的有效实现有赖于知情交融良性互动关系的建立。知情交融教学模式就是期望通过创设一定的“人—环境”教学条件，使学生的认知与情绪活动在积极互动的基础上协调统一、良性循环，产生知情互促的和谐心理状态，从而在激发学生的学习热情、调动学生的学习主动性的同时，促进学生对教学内容的接受、感悟和掌握（乔建中，2006）。

2. 学习是意义的建构

奥苏贝尔提出的“有意义的学习”，是指学生有积极学习的心向，能主动将教学内容中的新知识和新观念，与自身认知结构中原有的适当知识和观念发生相互作用，使旧知识和旧观念得到改造、新知识和新观念获得实际意义的过程（乔建中，1998）。因此，有意义学习实际上从不同的角度反映了教学的两个基本矛盾，即学生是否具有同化教材所需的认知结构，反映“能不能”学习的问题，以及学生是否具有掌握教材所需的学习心向，反映“愿不愿”学习的问题。这为我们从学习机制的层面建构知情交融教学模式提供了理论依据（乔建中，1998）。

（二）“寓教于趣”是知情交融的基本机制

“寓教于趣”是激发学习动机和学习主动性的心理基础，也是知情交融的基本心理机制。兴趣作为人力求认识某种事物或从事某项活动的心理倾向，具有认知和情绪双重特征（乔建中，2001）。从认知特征来看，兴趣表现为人对认识某种事物或从事某种活动的选择倾向和主动探究的态度，即人一旦对某事物产生了兴趣，不仅会优先予以注意，而且会积极探究其原理或规律。从情绪特征来看，兴趣伴随着愉悦、舒畅、满意等情绪体验，即人在从事感兴趣的活动时会觉得“乐在其中”。而且，兴趣作为一种内在动机，对学生学习的动力影响比外在动机稳定且持久。尽管学生的学习可以由多种动机所引发，但是未必都能发展成兴趣；而一旦产生了兴趣，必然有与之相应的内在动机伴随。因此，激发和培养学习兴趣，常常是内在学习动机形成与发展的心理基础（乔建中，2005）。

（三）知情交融教学模式的基本构成

1. 结构方式

教学是由教学目标、学生、教师、教学内容、教学方法与管理五个内在因素所组成的系统。教学过程是师生之间以教学内容为媒介，以教学方法为手段，以教学管理为保证，为实现教学目标而形成的有机整体。其中的五个内在因素既是相对独立的子系统，又是为实现共同目标而协调一致的相互依存、相互作用的整体结构。教学过程的理想结构方式，即从教学的理想目标出发，运用教育心理学理论，调整教学系统的结构方式，使之得以产生既定的理想功能，使之成为为实现知情交融教学目标而组织、计划和调控教学活动的方法论体系，即知情交融教学模式（见图 10－1）。

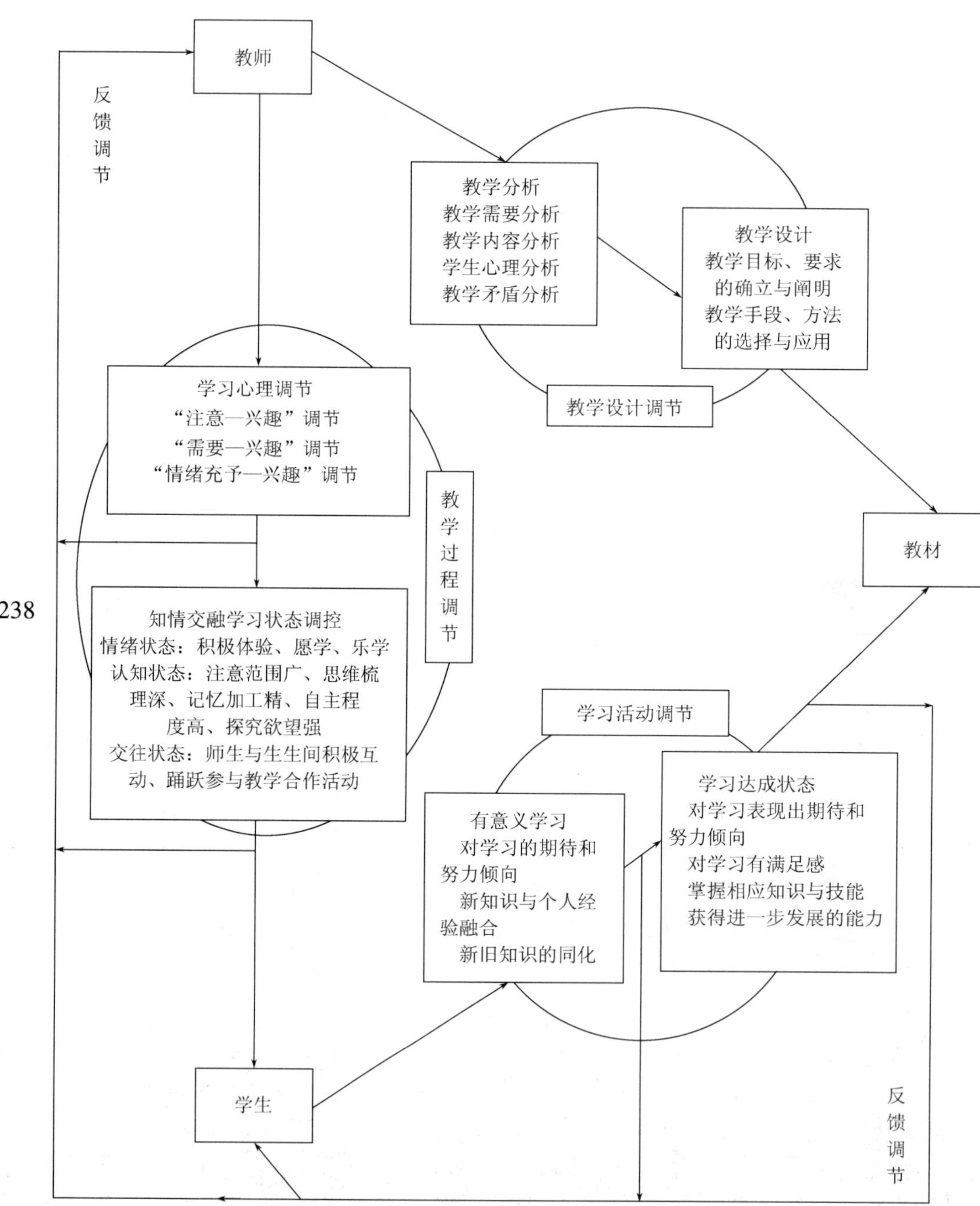

图 10－1　知情交融教学模式的结构示意图（乔建中，2006）

2. 操作要领

知情交融教学模式的操作包括“教学设计调节”、“教学过程调节”和“学习活动调节”三个方面。这里主要围绕“学习心理调节”的方法，介绍实施知情交融教学模式的一些操作要领。

(1)“注意—兴趣”调节

“注意—兴趣”调节是指在教学过程中，首先通过对教学内容的生动化、悬念化处理，使教学过程本身对学生产生吸引力，进而通过对教学内容与学生已有知识、观念结构的相关性的揭示或引导，引发学生对教学内容与自身关系的关注，使学生的注意力从过程向结果演进，从而产生思索和探究的学习兴趣。

(2)“需要—兴趣”调节

“需要—兴趣”调节就是针对学生的基本需要及其内在联系，从学习的价值性、难度的合理性、反馈的及时性、评价的发展性等方面对教学过程进行综合优化，使教学过程成为满足学生基本需要并促进其需要进一步发展的过程，从一方面促使学生对从事当前的学习活动产生积极的心理倾向（即兴趣），能从认知和情绪两个方面对学习活动产生积极互动与意义建构，另一方面促使学生对学习本身产生积极的态度，亦即使学生对于学习具有稳定而持久的兴趣，并使其伴随学习的认知和情绪活动之间形成相对稳定的良性互动关系。

(3)“情绪充予—兴趣”调节

情绪充予是特定事件与情绪活动在相互作用过程中形成的一种条件性联系，具体表现为该事件被情绪化地定性，以致其再现时可以引发相应的情绪活动及其反馈结果（R. S. Lazarus，1991）。“情绪充予—兴趣”调节就是利用教学内容和过程中的情绪资源，以及通过教学结果和评价的情绪强化，使学生对教学内容和过程形成积极的情绪充予，从而促使学生对相应教学活动产生稳定的兴趣和态度，以及与之相应的知情交融学习状态（乔建中，2006）。

3. 功能目标

功能目标是指知情交融教学模式的运用所能产生的实际教学效能及其标准。在一个教学单元或一节课中，其主要体现在以下四个方面。

第一，情绪状态。对教学内容和方式感兴趣，对学习内容表现出明显的期待和努力倾向，并赋予学习一种满足和享乐的性质；能从积极的方面体验到学习对于自己的主观意义，更多地把学习看做是一种促使自己不断发展、不断提高的过程，更多地突出现在的学习与今后的学习和工作之间的联系；在完成既定教学活动之后，还有进一步学习的愿望。

第二，认知状态。有积极把握所学知识的心理倾向，不仅积极汲取这些知识，而且主动探求其原理和规律；信息加工活动多采用交替、网络式策略，注意范围广阔，能从多方面、多角度去搜寻提示线索和意义特征，能够发现新、旧知识和观念之间的联系与区别，因而能较多地进行简化性重组与转换；对学习内容有较多的归纳和梳理，能灵活运用定理和公式，因而其记忆也表现出更多的再编码和精细加工；期望学习具有开拓性和挑战性，并常常以跃跃欲试的心态对待学习中的难题。

第三，参与交往状态。与老师和同学有积极、适宜的信息互动和交流，能够积极呼应，参与提问、讨论、实验等教学合作活动；有尊重、民主、平等的教学合作气氛，学生愿意公开表达个人的见解、展示自己的才能。

第四，学习达成状态。每个学生都能够各尽所能、各展其长，在原有基础上得到一定的收获和提高，有某种成功的满足感；掌握了必要的基本知识与技能，能够应用所学知识正确地解释和解决教学任务中所规定的问题；获得了进一步发展的能力，能够在自主活动中用自己的语言、方法对所学知识以及蕴涵其中的思想方法进行梳理、归纳和表述，并能用其解决变式问题，从而对后续学习拥有信心。

三、情绪调节教学模式

（一）情绪调节教学模式的含义及理论基础

情绪调节教学模式是指：教师在一定教学目标指引下，通过管理和调节学生的情绪，引导和发挥课堂中学生的主要情绪对教学活动的积极作用，为学生的学习提供最佳情绪状态，从而调动学生学习的积极性。情绪调节教学模式的理论基础是人本主义学习观和情绪心理学。人本主义关注个人的情感、价值观和态度体系在学习中的作用。罗杰斯建议教师帮助学生促进“有意义”的学习，即包含了“价值”和“情绪”的色彩，涉及到整个人，而不单单是“认知”成分的参与。情绪心理学的研究表明，情绪对认知活动起到组织或瓦解的作用。另外，情绪与人格也有密切的关系，情绪心理学家伊扎德提出，在人格结构和动机系统中，情绪是核心的动力和组织力量。近年来，心理学家对情绪调节进行了较深入的研究，认为情绪调节是个体对情绪及其相互联系的行为调整和运作的过程，也就是个体管理和改变自己或他人情绪的过程。在这个过程中，通过一定的策略和机制，能使情绪在生理活动、主观体验等方面发生一定的变化。情绪调节可以帮助人们发挥正情绪的积极作用，避免消极情绪的负面影响（Eisenberg & Fabes，1992）。

（二）课堂中的主要情绪及其整合

1. 课堂中的主要情绪

在课堂教学中最基本的情绪因素有好奇、兴趣、愉快和焦虑（陈艳玲，田宝，郭德俊，2000）。好奇是一种以认知为基础的情绪，当学生知觉到他们知识存在不足时就会产生好奇（Loewenstein，1994）。好奇是由新异刺激引起的一种生理唤醒水平或认知冲突的探究倾向。在好奇的驱动下，学生会努力同化和顺应信息，优化已有的认知结构。有关研究指出，当人们对事物感到好奇时，往往是创造性思维与创造性想象迸发的时候。兴趣是主要的积极情绪之一，是个体力求认识、探求某种事物的心理倾向。兴趣分为个体兴趣和情景兴趣。个体兴趣是学生自身带入课堂的兴趣；情景兴趣是学生在一个特殊的情景中，参加一种特殊活动时体验到的兴趣。当个体的需求、能力、技能与某种活动提供的机会、挑战和要求匹配时，便产生了兴趣。愉快是一种积极情绪，是人或事物符合个体当前优势需要时的一种主观体验，愉快是幸福的最主要因素。愉快具有情境性和波动性。愉快主要来源于对需要的满足和个体实现的体验；特定的、可辨别的活动结构为个体体验愉快提供背景。愉快在体验程度上有强弱之分，过分或强烈的愉快情绪会减缓思维，过低或过弱的愉快情绪会抑制思维。愉快在层次上也有高低之分。感官上的愉悦是低层次的；从探索、创造、孜孜不倦的学习中获得的，与求知欲、创造欲等高级需要相联系的愉快是高层次的，这种好学、乐学的情感是镶嵌在人的个性结构之中，在具体的情境中能以情绪形式表现于外。低层次的愉快可以转化为高层次的好学情感，高层次的情感形成后又制约一个人在具体情境中的情绪体验（卢家楣，1993）。焦虑是一种消极情绪，是没有明确对象的恐惧或担忧。学习焦虑产生于学生不能应付成就情境的自我知觉，即当学生感觉到不能胜任，同时又体验到成绩的要求和压力时就产生焦虑，这种心理状态主要相伴以紧张和恐惧情绪，并有明显的生理表现（如失眠、出汗），还会出现一些行为表现（如逃避、自责、自卑等）。焦虑与学习效率的关系呈倒 U 形曲线，即一般来讲，中等程度的焦虑有助于提高学习效率，过低的焦虑水平使个体不能排除情境中无关因素的干扰，因而个体对有关线索的检测是缓慢而不准确的；过高的焦虑使个体注意变得狭窄，注意的转移力降低，不能检测情境中的重要线索。

2. 课堂中主要情绪的整合

课堂中出现的情绪不是单一的，而是由愉快、好奇、兴趣、焦虑等基本情绪组成的复杂的情绪，只有将这些情绪合理整合才能对教学过程中学生的学习起到积极的推动作用。一般来说，这四种情绪中，好奇和兴趣对学习主要起积极作用；愉快和焦虑是在适宜水平上对学习起促进作用，过低过高反而阻碍学习。因此，四种主要情绪的不同组合也会对学习产生不同的效果，例如，兴趣和愉快可以相互伴随、相互促进，由于兴趣本身就包含快乐，在取得阶段性成果后体验到的快乐又能增强兴趣；在兴趣活动中也伴随一定的焦虑，适度的焦虑使个体具有趋近目标的倾向，过高或过低的焦虑就会产生逃避目标的倾向。

在斯皮尔伯格和斯塔尔（Spielberger & Starr，1994）的理论基础上，陈艳玲、田宝、郭德俊等人提出了课堂情绪的整合模型（如图 10－2 所示）。该模型描绘了随着教室唤醒程度的不断增强，四种情绪的变化曲线以及学生在特定区域的行为表现。由图可知，教室中容纳的信息量、刺激和挑战性三者组合引起的对学生的唤醒强度决定了学生课堂中四种主要情绪的感觉程度，情绪组合的特殊模式又引起了学生接近和回避的倾向。在A区产生多样化的探索，这种探索是一种追求刺激的行为，但缺乏目标定向。在B区产生特定的探索，这是一种人们常使用的降低从紧张和恐惧朝向愉快的奖赏情绪兴奋性的目标定向的探求过程。因此，B区是课堂学习的最佳心理状态。在C区，好奇保持高水平，焦虑进一步增强，这时是负的享乐调（不愉快），产生回避反应，这时要根据教学要求调节情绪反应使其达到适当水平。如何把课堂唤醒调整在适宜水平（B区），就是情绪调节教学模式需要解决的问题。

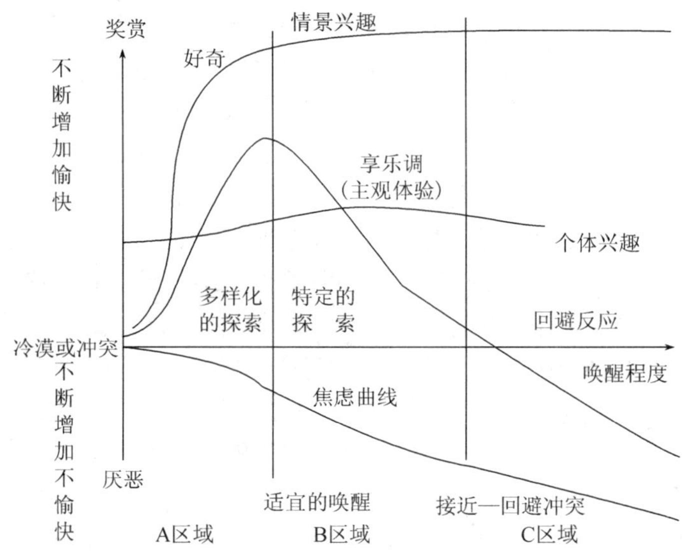

图10－2 教室的唤醒程度与学生好奇、焦虑、愉快和兴趣四种情绪的反应（陈艳玲，田宝，郭德俊，2000）

3. 情绪调节教学模式

情绪调节教学模式（见图10－3）是关于教学中情感动力性的教学设计，即发挥主要情绪在教学中的动力作用的一种模式化图解。这一模式强调好奇、兴趣、愉快和焦虑对学生的动力性作用，即这些情绪对认知的积极影响。在这一模式中，课堂刺激因素主要有教师特点、学生特点、教学内容和教学环境，在这些因素中教师起重要作用。教师根据教学目标结合课堂因素的特点调节学生的情绪，发挥其积极作用，促进学生知识技能的学习和情意的发展。

在教学过程中，教师依据学生的生理唤醒、认知评价和人格特征这三个主要方面的特点灵活采取策略来诱发调节学生的情绪，主要通过创设情景引发学生的学习兴趣，创设愉快的情景使学生在一种良好的心境中导入学习；通过设疑定标

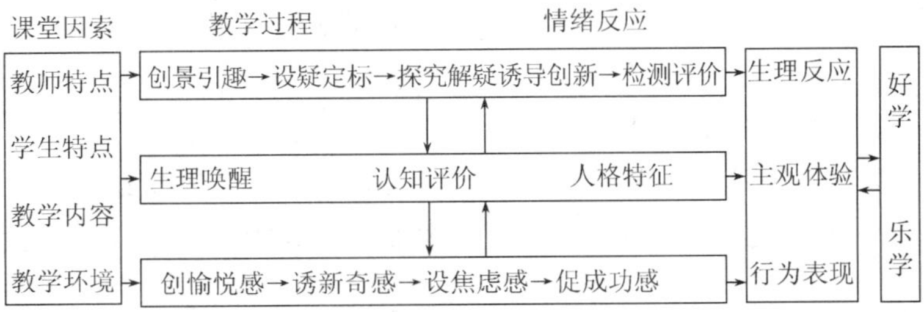

课堂因素　教学过程　情绪反应

教师特点、学生特点、教学内容、教学环境 → 创景引趣→设疑定标→探究解疑诱导创新→检测评价 → 生理反应

生理唤醒　认知评价　人格特征 → 主观体验 ⇄ 好学、乐学

创愉悦感→诱新奇感→设焦虑感→促成功感 → 行为表现

图 10－3　情绪调节教学模式图（陈艳玲，田宝，郭德俊，2000）

使学生产生新奇感，诱发学习的需要，指向学习的任务，引导他们进行探索；通过探究解疑使学生产生适度的焦虑和兴趣，进行积极的艰苦的认知活动，获得新知识并诱导创新；通过适度的检测评价使学生产生成功感、满足感和自豪感，并体会学习的艰苦和乐趣。在教学过程中，教师的诱发策略、学生的特点、学生的情绪三者是互相联系、互相促进、并行于课堂教学之中的，这既是教师调节学生情绪促进教学的过程，也是学生积极配合教师、师生互动的过程。学生的情绪表现有生理反应、主观体验、行为表现三个方面，学生良好的情绪长期贯穿于课堂学习之中会促使学生形成好学、乐学的积极学习情感从而培养学生健全的人格。

第四节　情绪与运动竞赛

一、运动竞赛的特点

运动竞赛是竞技体育的集中体现，具有比赛结果的不确定性、社会价值的功利性和紧张激烈的竞争性等特点。

运动竞赛的形式多种多样，有个人项目或集体项目，有格斗类或克服障碍类项目等，但都必须赛出结果。比赛结果的出其不意使体育竞赛显示出无穷的魅力和无限的生命力。由于比赛结果取决于多种因素的较量，既有技术、战术、身体和心理因素的纵横交错，又有天时、地利、人和的复杂搭配。虽然它主要取决于实力，但“实力”却是动态的、变化的，所以，比赛结果可能与“预测”大相径庭，可能得于转瞬之间、失于一念之差。这种不确定性给运动竞赛带来勃勃生机，它鼓励参与者去争夺，去拼杀，勇于上进，夺取胜利。

由于比赛结果直接产生于对抗，有严格的比赛规程和胜负标准，结果不容置辩。当场实践、马上排名次等使得社会功利的显示很直接。尤其是国际比赛，涉及的范围大、社会反响强烈，牵动着亿万群众的心，激起人们浓烈的情感波澜，成为表达国家实力和民族情感的重大社会事件。

竞争是体育运动的属性，但竞争的激烈程度却随着竞技运动技术水平的提高而越来越大。近年来，国际上各项运动成绩越来越高，在速度、难度、准确度上越来越接近于人体生理机能的极限，为了增加竞争的激烈性和观赏性，某些项目修改了比赛规则和得分标准，使比赛越来越呈现紧张激烈的特点。

二、运动员参赛的情绪体验

运动竞赛特点决定了参赛者将产生丰富、强烈、多变的情绪体验，他们往往表现出振奋、陶醉、紧张、焦虑、激愤、悔恨以及高级社会性情感体验等（刘淑慧，2005）。

振奋（hearten）情绪的体验大多是在运动竞赛规格较高，具有挑战性，或随竞赛形势的激化而对自己有利时产生的。也就是运动员在面临比赛时，有积极参赛欲望而没有过多担忧和不安，往往表现为精神饱满，力量增强、乐观面对、身心协调。这是一种增力性情绪，有助于运动员充分发挥运动潜力。

焦虑（anxiety）是当运动员面对大型而具有重大社会意义的比赛时，感到对手实力强大，本身的技术水平有差距或赛前准备不足，比赛经验欠缺或应对能力较差，又特别想赢时产生的程度不等的紧张、担心、不安、惧怕、惊恐等体验，严重时会给比赛带来消极影响。

陶醉（inebriation）是在比赛酣战状态下，运动员着迷地投入到竞赛情境中而感受到的强烈情绪体验。如在球类比赛中，战术变化极快，在势均力敌、比分接近或交替上升时，运动员完全沉浸在比赛中，密切注视对手的一切活动，能适时果断地采取行动。

激愤（wrathful）是在比赛形势严峻、获胜欲望受阻时，运动员表现出爆发的、被激惹的强烈情绪体验。竞争对手过激的言词、表情或运动表现“刺痛”了我方，在进攻态势上对我方屡屡构成威胁时易产生对对手的激愤情绪；裁判不公、偏袒对方，使我方处于不利局势时，可能产生指向裁判或相关方面的激愤情绪。

悔恨（compunction）是对个人在比赛中不应有的疏忽、失误或失败的结局感到懊悔时产生的情绪体验，与自责、自罪心理相联系，在大多情况下为消极的情绪感受。

高级社会性情感体验是在比赛结果直接满足了运动员的道德需要或其道德需要没有得到满足时，感受到的对个人、集体、国家、民族的荣辱感，使人产生热爱、欣慰、尊严、荣誉或羞愧、内疚、难过、痛苦等丰富体验，对群体、国家萌发义务感、责任感、认同感、友谊感等，也是运动员的道德感体验。

运动员参赛也伴有对认识活动成就的追求和兴趣需要的满足，他们关注自己已有的技术水平是否得到充分展现，对对手实力水平与战术打法的判断是否准确，对比赛中情境性、偶发性、挑战性问题是否适时恰当有效地解决，此时便产生与探索追求、问题解决相联系的情感体验，如对比赛场景、对手、规则利用的好奇心与新异感，对竞赛活动中初步成就的欣慰愉悦的体验，在不利局势下，对遇到问题的怀疑与惊讶，对比赛方案未能奏效的不安感，对自己打法的坚信不移，对错失良机的惋惜，对取得巨大成功的欢喜与自豪，都是竞赛活动中理性思维的情感体验。

体育运动中运动员主要通过形体动作表达对运动成绩的追求，他们对美的追求主要表现在形体美、节律美等方面。在激烈竞争和激动人心的情景下，运动员若能通过技术淋漓尽致地表达出形体美、韵律美、匀称美和谐调美，他们就会产生肯定、满意、愉悦、倾慕的情感和运动美的享受。

三、情绪体验的效能

强烈、多变的情绪对运动员的心理活动和比赛进程有着十分深刻的影响，以及重要的适应、动机、组织和信号功能（刘淑慧，2005）。

振奋情绪以及适度紧张焦虑可引起一系列的生理反应、躯体反应和认知反应。生理反应如中枢神经兴奋性变化、物质代谢过程加强、心跳加快、血压升高、血糖水平的改变，躯体行为变化如肌肉紧张度的改变、运动反应和协调能力提高，认知反应如注意集中、思维敏捷等，均有利于比赛所需要的机体能量动员，促进能量释放从而提高竞赛活动效率，是情绪适应功能的积极反应；反之，运动员过度紧张焦虑或处于过分愤怒之中，也可能出现肌肉发硬或颤抖、思维紊乱、意识狭窄、注意分散、运动协调能力下降等不良适应状态，说明运动竞赛情绪是运动员心理活动的晴雨计，直接影响运动员的竞赛状态，使其提高或降低竞赛中的生理适应和社会适应水平。

情绪是基本的动机系统，起着动机的作用（Izard，1977；Tommkins，1962），即情绪和情感的作用在于它的动力性。一个运动员，有了对体育运动由衷的热爱，有强烈的为国争光的爱国主义情感和集体荣誉感，不但能在比赛中顶住压力，更能作出极限努力去争取胜利。说明情感对人的行为有巨大的推动、控制和调节作用，是一种自我监督的力量，可使人保持良好行为，并制止过失行为。同时，运动员比赛中适度的情绪兴奋和积极增力的情绪体验，使其身心处于活动的最佳状态，进而激励其有效完成比赛任务。

情绪作为脑内的一个监测系统，对其他心理活动具有组织的作用。运动振奋情绪、运动竞争情绪、运动陶醉情绪和适度体验能够帮助其组织良好的注意状态，全神贯注于比赛中，密切注意自己的运动表现，在对抗性项目中，能及时审视对手的一切活动，判断准确、决策果断、反应恰当。说明人的积极体验和感受对正在进行着的认识过程起到评价和监督的作用（Pribram，1970）。而当运动员产生懦弱、沮丧、怯场、悲观、愤怒的情绪体验时，他们的行为会明显地表现出技术动作拘谨、僵硬或失调，竞赛战术行为被破坏甚至产生过激的攻击性行为，体现出情绪对行为的瓦解作用。

情绪和情感在人际间具有传递信息，沟通思想的功能。在体育比赛中，这种功能表现更为明显，作用十分突出。教练员与运动员之间往往通过表情了解对方的态度和感受：教练员表情镇静自若或点头或微笑，运动员明白“教练员对我比赛有信心”；运动员表情呆滞、动作拘谨，教练员知道“可叫暂停，调节放松一下队员情绪”。通过表情（手势、语调变化）传递技战术配合的要求和信息，既包括场上运动员之间的沟通，也包括教练员对运动员的要求，传递适当的运动指令。竞赛中鲜明的情绪表达造成队员之间情绪的共鸣，直接影响比赛态势和场上氛围。足球运动员进球的一刹那，在场上狂奔跳跃，队友之间相拥相抱的热烈场面，是增强队员之间凝聚力、提高团体战斗力的第一心理力量。通过情绪所传递的信息影响对方的心理和技术表现，我方镇定自信的表情，队员之间默契配合的手势、动作，相互鼓励的喊叫，都会增加对手的急躁情绪，给对手以心理负担，瓦解对方的战斗力。

四、竞赛情绪变化与运动表现

（一）唤醒与运动表现

耶克斯—多德森定律（Yerkes - Dodson law）认为，在竞技体育中，运动成绩与运动员的情绪激活水平呈倒 U 形曲线关系。当运动员的情绪激活水平最低时，运动成绩也最低；随着情绪激活水平的提高，运动成绩也提高，当情绪激活水平达到一定高度时，运动成绩最高；但激活水平继续升高时，运动成绩则开始下降，当情绪激活水平最高时，运动成绩最低。

有研究者通过对 145 名中学篮球队员进行竞赛环境下的测试，对倒 U 形假说进行了检验。研究者让被试在每场比赛即将开始之前填写状态—特质焦虑量表。每个队员的表现由教练员根据一般运动能力和处理各种情况的能力在赛后作出评价，由此获得了唤醒连续体的五个区分点。运动表现的结果给予倒 U 形假说以明确的支持：在适中的唤醒条件下，运动员的表现最佳，稍低或稍高唤醒条件下的表现一般，非常低或非常高唤醒条件下的表现最差（Klavora，1978）。

（二）焦虑与比赛发挥

研究者发现不论是特质焦虑还是状态焦虑，对于运动竞赛中技术水平的发挥都具有重要的影响，从而提出了各种观点。

哈迪和法基（Hardy & Fazey，1987）提出了解释生理唤醒、认知焦虑和操作成绩之间复杂关系的三维突变模型。他们认为当认知焦虑较低时，操作成绩与生理唤醒的关系类似于平滑的倒 U 形曲线。当认知焦虑较高时，过高的生理唤醒将导致突变性反应，使操作成绩下降。认知焦虑对操作成绩起决定性作用。哈迪本人曾以女子篮球运动员为被试对该模型进行检验，结果支持了根据该模型提出的假设。

马滕斯（Martens，1982）提出将运动竞赛焦虑分为认知状态焦虑、躯体状态焦虑和状态自信心三个方面的多维焦虑理论。认知状态焦虑是指在竞赛时或竞赛前后即刻存在的主观上所认知到的某种危险，或对威胁情境的担忧。它是由对自己能力的消极评价或比赛结果的消极期望引起的焦虑，主要有担忧和失败。躯体状态焦虑是指在竞赛时或竞赛前后存在的对自主神经系统的激活或唤醒状态的情绪体验。它是直接由自主神经系统的唤醒所表现的焦虑，通过心率加快、呼吸短促、手心冰凉而潮湿、胃部不舒服、头脑不清晰或者肌肉紧张感的提高而表现出来。状态自信心是指在竞赛时或竞赛前后，运动员对自己的运动行为所抱有的能否取得成功的信念。

由于仅仅通过测量焦虑水平的强度来研究焦虑与运动成绩之间的关系，各研究所得的结果不尽相同。于是，琼斯和斯万在多维焦虑理论的基础上，提出一种有关竞赛焦虑的强度、方向、频率的观点（Jones & Swain，1992，1993）。该观点主要认为，以往只测量竞赛焦虑的强度，不能全面了解竞赛焦虑的实际情况。他们认为运动员不但在竞赛焦虑体验的强度上具有差异，而且在方向和频率上也具有差异，并认为后两种差异更为重要，与体育成绩和运动水平的关系更为密切。

五、运动应激与应对

比赛对运动员来说是典型的应激情境。运动员都必须面对激烈竞争的压力，即应激。过度应激往往是在某种较强的刺激作用下发生。如激烈的大型比赛就足以使较多运动员产生过度应激。对运动应激的应对技术是指对消极应激的控制技术，实质上就是对应激成因的积极恰当控制。一般有以下三方面应激控制的训练方法。

（一）环境刺激的控制

首先，减少环境的不确定因素。使运动员明确本人应达到的标准和注意事项等；通过与教练员更好地交往使运动员心情坦然，心中有数。其次，降低环境的重要性。不定死比赛中的名次指标；正确解释训练与比赛的关键，不以比赛名次来评价运动员的身价。再次，逐渐加大心理负荷的训练，提高运动员对难度情境的适应力。

（二）认知应激的控制

消极性思维是产生破坏性应激的内部原因。取胜或失败的运动员在强烈刺激情境下，均可能产生消极思维，区别在于前者能够以积极的认知克服消极认知。对于从认知上克服应激反应而言，大多数运动员能降低实际的焦虑水平。用调节运动员焦虑水平的方法控制应激，一般有助于促使运动员达到最佳竞技状态。

（三）身体应激的控制

指对影响运动效能的消极身体应激进行调控，一般习惯于理解为中等生理激活水平最适宜，对过高、过低的激活水平都需要控制。在竞赛进行中的情绪稳定性的训练，应激应付能力的锻炼，坚韧、毅力和体育道德的培养，对于体育教育——除锻炼体能和运动技巧外——都是重要的任务。

第五节　情绪与健康

我们在日常生活和工作中，无论做什么事都带有情感色彩。成功的时候，会感到喜悦；失去宝贵的东西时，会感到惋惜；如果愿望不能实现，则会失望甚至愤怒；进入一个陌生的环境时，会感到不安甚至产生恐惧等。这些喜悦、悲哀、愤怒、恐惧等情绪活动，都会引起一系列的生理变化。人体是一个整体，人的健康与情绪有密切关系。人的肌肉、心率、血压、呼吸、代谢和体温等方面会随着情绪的改变而变化，因此，情绪对身心健康有重大的影响。

现代医学和心理学的研究成果表明，情绪不仅对人的心理健康有影响，且对人的身体健康也有直接的影响。一个人若心情愉快舒畅，生活态度乐观豁达，则人体免疫功能活跃旺盛，可减少疾病感染的机会。俄国生理学家、诺贝尔奖获得者巴甫洛夫说："愉快可以使你对生命的每一跳动，对于生活的每一印象易于感受，不论躯体和精神上的愉悦都是如此，可使身体发展、健康。"由此可见，良好的情绪对人的身心健康有着积极的意义，不良的情绪对人的身心健康危害极大，不仅降低生活质量，影响学习和生活，而且易导致各种身心疾患。在这一节我们将简要地介绍情绪与免疫系统、积极情绪与心理适应、消极情绪与身心疾病等。

一、情绪与免疫系统

近年来许多研究发现，情绪状态及其所伴随的生理反应直接影响免疫系统的功能。积极的情绪状态会增强免疫系统的功能，而消极的情绪状态则减弱免疫系统的功能。

（一）分泌型情绪与免疫球蛋白 A

分泌型免疫球蛋白 A（S-IgA）是抵御感冒的抗体。斯通等人研究发现，情绪状态与唾液中分泌型免疫球蛋白 A（S-IgA）的分泌有直接关系，积极的情绪状态可以增强 S-IgA 的分泌并提高免疫反应水平，而消极的情绪状态则减弱 S-IgA 的分泌并降低免疫反应水平（升降幅度在 10—40IU/ml）（A. A. Stone et al, 1996）。纳波特人为地诱发情绪状态也对被试的免疫系统的功能产生了影响。他们让女大学生观看了两段录像，一段是幽默的，另一段是悲哀的，结果发现：观看了幽默的录像后，被试的免疫系统活动得到增强（如 S-IgA 水平升高）；而看了悲哀的录像后，被试的免疫系统活动受到抑制（如 S-IgA 水平下降）。另外，纳波特等人的研究还发现，人们免疫系统功能的基线水平与其应对日常问题的情绪活动方式之间存在着明显的相关。那些经常运用幽默作为应对方式的人，健康问题较少；而那些经常运用哭喊作为应对方式的人，健康问题就较多（S. M. Labott & R. B. Martin，1990）。

（二）情绪与疾病的易感性

科恩等人通过大量的研究证明，消极情绪状态会提高人们对疾病的易感性。在一个实验中，他们将420名被试系统地安置于有5种呼吸病毒的情境中，并单独或成对地隔离7天。结果表明，病毒感染率及临床感冒率与消极情绪指标的上升呈显著相关（分别为0.33和0.27）（Cohen et al，1995）。其中，所测量的25名被试"上感症状"的总体评估，由实验前的0.63上升为实验后的19.09。这说明，那些处于消极情绪状态的被试比处于积极情绪状态的被试更容易感染病毒，并患上更严重的疾病（S. Cohen et al，1995）。

（三）情绪宣泄与免疫系统功能

情绪宣泄对免疫系统功能的积极影响突出，情绪宣泄能够增强抗体和自然杀伤细胞（NK）的活动水平。有研究发现，通过书写或讲述来宣泄痛苦情绪的被试，不仅EBV（人类疱疹病毒）抗体和自然杀伤细胞的活动水平显著优于控制组被试，而且自尊感和适应性明显增强（B. A. Esterling et al，1994）。情绪宣泄能够影响T淋巴细胞的数量和增殖反应。路德格道夫等人的研究结果显示，对压力性事件的情绪宣泄，能够影响HIV－阳性患者的免疫功能。这些患者在知晓自己患病的最初几周，焦虑和逃避反应明显增强，T细胞增殖反应减弱，血液中CD4（辅助性）T细胞比率下降；在随后的几周，经过情绪宣泄的指导和实践，免疫功能有显著改善（S. K. Lutgendorf et al，1997）。皮特里等人以40名乙肝抗体阴性的医学院学生为被试，考察了情绪宣泄对免疫反应的影响。研究发现，在注射乙肝疫苗后，所有被试都对疫苗产生了免疫反应，但是情绪宣泄组被试的CD4（辅助性）T细胞数量和淋巴细胞总数量明显多于控制组被试，且CD8（抑制性）T细胞数量明显少于控制组被试（K. J. Petrie et al，1995）。

（四）情绪压抑与免疫系统功能

与情绪宣泄所带来的免疫系统功能的积极变化相反，一味地压抑创伤或压力事件所引发的消极情绪体验，会导致免疫系统功能的降低，因而会产生不可预料的严重后果。如艾森伯格等人对61名艾滋病病毒阳性女患者的研究发现，患者越是压抑情绪（使用的压抑性词汇越多），其CD4（辅助性）T细胞的活动水平就越弱，即机体免疫功能就越低（E. I. Eisenberger et al，2003）。其内在机制是消极情绪体验与压抑的应对方式对免疫系统的双重负面作用：消极情绪体验本身引发了免疫系统的消极变化，而且压抑的情绪应对方式又导致了免疫系统功能的进一步降低。

二、积极情绪与心理适应

积极的情绪能提高大脑皮层的张力，通过神经生理机制，保持机体内外环境的平衡与协调，积极的情绪能使人的大脑处于最佳活动状态，能充分发挥有机体的潜能，提高活动效率，使人精力充沛，食欲旺盛，睡眠安稳，充满生机与活力，从而增强对疾病的抵抗能力。

（一）积极情绪能够提高主观幸福感

积极情绪扩展了心理活动空间，扩展了个体的瞬间思维活动序列，而心理活动空间的扩展增加了个体对于后来有意义事件的接受性，进而增加了体验积极情绪的机会和可能性。积极情绪体验不仅促进了挑战的应对，缓解了消极情绪，而且积极情绪的反复体验还增加了个体的心理弹性，提高了社会关系的质量，能够增进个体的主观幸福感。大量的有关压力与应对的研究发现（J. T. Moskowitz et al，2001；S. Folkman，2000），积极情绪促进了以问题为中心的应对策略的运用，而以问题为中心的应对策略能够促进压力的有效解决，进一步提高积极情绪的水平，促进主观幸福感。“情绪体验取样法”研究也表明，在日常生活中报告的积极情绪或心境高于消极情绪的个体具有更高的心理弹性，更有活力，生活得更幸福。

国内外许多科学研究都表明：长寿老人的最大特点之一，就是具有乐观情绪。良好的情绪能增进人体的健康，延长人的寿命。我国有名的长寿地区——广西巴马瑶族自治县，60%以上老人的性格开朗乐观，从容温和，急躁易怒者仅占7%左右。长寿人中没有发现性格孤僻忧郁的。苏联医学博士别伊林对一些活到80岁以上的人进行了调查，提出“你是否认为自己是个乐观者和富有人生乐趣的人”的询问，结果96%的人回答是肯定的。因此可以说，长寿的人多半是具有良好性格的乐观者。

同时，积极情绪的表达能够促进心理健康。研究认为，所有积极情绪共享的一种表情符号即杜兴式微笑——嘴角上翘并伴有眼周肌肉收缩。科尔特纳等人的研究发现在对死去的同伴进行描述时，杜兴式微笑的人和非杜兴式微笑的人相比，前者报告的消极情绪和压力较少，愤怒更少；同时他们报告的积极情绪较多，特别是喜欢更多（D. Keltner，G. A. Bonanno，1997）。研究结果表明，杜兴式微笑减少了人的痛苦，而且使人能够更好地调整自己。哈克等人在对女性情绪的研究中发现，20—21岁时照片上有较多杜兴式微笑的女性，在30年后感到更多的幸福（L. A. Harker & D. Keltner，2001）。许多研究也表明情绪表达对健康有显著的促进功能，特别是把积极情绪的内容写下来时，如运用积极情绪词汇记录比较温和的压力和创伤，有利于个体面对创伤和压力，使个体感受到更多的积极气氛和更少的抑郁心境。

（二）积极情绪对疾病的预防作用

积极情绪对疾病的预防作用，主要表现在提高人的免疫系统的功能上。在对主观幸福感、笑和幽默的研究中发现，人的主观幸福体验能够通过影响人的免疫系统来影响人的身体健康，一个主观幸福感体验强的人，其免疫系统的工作也更为有效，更能确保人的身体健康。笑能增加人的积极情绪（J. Bachorowski et al，2001）并有助于免疫系统功能的改善，更重要的是，这种免疫系统功能的改善是通过积极情绪的主观体验来调节的，尤其是对于老人（D. L. Mahony et al，2002）。与笑相联系的幽默更多地被视为一种认知结构。经常使用幽默来应对压力的人更容易有积极心境（K. Dillon，B. Minchoff，K. H. Baker et al，1985）。研究发现，积极情绪对于心血管疾病的预防具有重要的影响。乐观的、焦虑少的成人比悲观的、焦虑的成人表现出更低的不稳定血压（ambulatory blood pressure）和更多的积极心境（positive mood）（K. A. Räikkönen et al，1999）。个体如果和父母一起生活在温暖和亲密的关系中，35 年以后，即中年时诊断出疾病减少（如冠心动脉疾病、高血压、溃疡、酗酒）（L. G. Russek et al，1997）。大量的医学研究也显示了积极情绪对于疾病的预防能力，坚强、乐观、自信和冷静地对待疾病，可以通过大脑对丘脑、胸腺的调节，影响体内植物神经和内分泌的功能，增加细胞免疫、体液免疫和体内其他功能，从而增强体内抵抗疾病的能力。在情绪与癌症的大量实践中都证明了积极情绪不仅能有效预防癌症的发生，而且对于癌症的治疗以及降低复发率都有很明显的作用。阿弗莱克等人通过访谈研究发现，在心脏病人第一次心脏病突发时，如果想到了生命的意义，改变了他们的生活方式，变得能够乐观生活，后来心脏病发作的次数大大降低（G. Affleck et al，1987）。

（三）积极情绪有利于身体康复

研究发现积极情绪对于疾病的预防和治愈起着重大的作用。乐观和希望对于健康非常重要，在心脏移植手术后，积极的期望预示着更佳的健康（B. Leedham et al，1995）。外科手术和其他疾病之后也发现乐观者比悲观者恢复得更快（T. E. Fitzgerald，H. Tenn，G. Affleck et al，1993）。在对失去配偶者的研究中发现，能发现生活意义，有积极情绪的人更能战胜以后的困难，生活的时间更长（S. E. Taylor et al，2000）。还有一些对幸存者的研究也表明了积极情绪在促进康复中的作用。比如，团体心理治疗项目就显示了社会和积极的情感支持对患有乳腺癌的女性有多种效果：降低焦虑和抑郁，延长存活时间和降低复发率（D. Spiegel，1998）。此外在疾病治疗当中众所周知的一个现象是当主要的病症消失之后，并不意味着完全的康复，疾病的复发率很高。法瓦（G. A. Fava，1999）针对这一现象，在这一时期完成了一个“健康治疗”，主要是增加参与者对日常生活积极方面的认识。两年的治疗表明参加治疗的人比接受正常医学治疗的人表现出了更低的复发率。这从另一方面说明了积极情绪也是一种认知现象，因而可以从认知改变的方向去影响健康。

三、消极情绪与身心健康

（一）消极情绪的适度反应是有益的

焦虑、忧愁、恐惧、愤怒等不愉快的情绪只要适当，也是正常而有益的。个体在适度的焦虑情绪之下，大脑和神经系统的张力增加，思考能力亢进，反应速度加快，因而能提高工作效率和学习效果。人们常说，生于忧患，死于安乐。革命者要忧国忧民，先天下之忧而忧，这说明忧愁也有好的一面。过分的恐惧固然反常，但对一切都不知惧怕，也是不正常的。适度的惧怕可使人们小心警觉，避免危险，预防失败。恐惧使个体进入紧张激动状态，由于交感神经兴奋，肾上腺分泌增加，呼吸、心跳、脉搏加快加强，血压、血糖和血中含氧量升高，血液循环加快，把大量营养输向大脑和肌肉组织，血小板较平时增加很多，因之血液较易凝固，而消化器官的活动将会减低，甚至完全停止，这种应激反应的作用，使身体有较多的能量来应付当前的危险。人在发怒时也有类似反应，面对敌人的挑衅，革命战士义愤填膺，“天兵怒气冲霄汉，横扫千军如卷席”。对这种积极的怒，不但不要遏制，相反还要激发。对坏人坏事就是要敢怒、敢言、敢斗争。麻木不仁，无动于衷是不好的。

（二）不良情绪的危害

现代医学研究结果表明，情绪的变化能直接影响人体内的各种生理活动，不良的情绪状态会给人的身体健康带来不良的后果。俄国生理学家巴甫洛夫早就指出“一切顽固沉重的忧郁和焦虑，足以给疾病大开方便之门”。

所谓不良情绪是指过于强烈的情绪反应和持久性的消极情绪，它们对于人的健康和社会适应都是有害的。过于强烈的情绪反应使大脑皮层的高级心智活动，如推理、辨别等受到抑制，使认识范围缩小，不能正确评价自己行动的意义及后果，自制力降低，引起正常行为的瓦解，并使工作和学习效率降低。因情绪激动而失去理智的现象，在日常生活中是屡见不鲜的。好些学生平时成绩不错，到了考试时，由于过分紧张，成绩反而降低。有些运动员在重大比赛中，也常常因心情紧张而临场发挥不好。过度的精神紧张还可能引起超限抑制，一个人吓得呆住或气得说不出话来就是这种表现。在盛怒之下引起心脏病发作而突然死亡的事例，在临床上也时有所闻。即使高兴的情绪也需要适度，“乐极生悲”并不是耸人听闻。心肌梗塞患者大笑时容易发生意外，重症高血压病人过度兴奋可能诱发脑溢血。《儒林外史》中屡试不第的穷书生范进，在突然听到自己中了举人的消息后，喜极发疯，患了癫狂病。

当人在焦虑、忧愁、悲伤、惊恐、愤怒、痛苦时，会发生一系列生理变化，这是正常现象，当情绪反应终了时，生理方面又将恢复平静。通常此类变化为时短暂，没有什么不良的影响，但若情绪作用的时间延续下去，生理方面的变化也将延长。久而久之，就会通过神经机制和化学机制引起心血管系统、消化系统、泌尿生殖系统、呼吸系统、内分泌系统等各种躯体疾病。美国生理学教授亨利认为失望、悲伤之类的消极情绪作用于大脑海马状突起部分，能刺激人体内的垂体—肾上腺—皮质网络。像皮质醇这种调节人体新陈代谢功能所必需的激素，会由于肾上腺的刺激而超量分泌。如果这种超量分泌过于频繁或持续时间过长，免疫机制便会失常，抵御疾病的能力便会降低，这样，类风湿性关节炎和严重的肌肉无力症之类的自身免疫疾病就有可能乘机发作。愤怒、急躁，或者由于经济和职位感受威胁而产生的不安情绪作用于大脑，能刺激肾上腺—髓质体系。肾上腺内部的髓质会释放出一种名叫儿茶酚胺的化学物质，这类化学物质会加速心搏速度，使血压和血液中游离脂肪酸的水平升高。这种刺激超过了正常的速度，而且时间过长和次数过多，就会引起偏头疼、高血压，甚至冠心病和中风。据美国耶鲁大学医学院报告，在所有门诊病人中，属于情绪紧张而患病的占76%。这些病人因为长期陷于某种情绪状态，对那种紧张心情已经习以为常，所以往往把注意集中到身体的症状上，而不觉得它和情绪有关。

（三）消极情绪与心理疾病

紧张、焦虑和恐惧等消极情绪长期存在，而个人心理适应力差，又不能及时疏导、缓解就容易引起相应的心理疾病。日常生活中常见的心理疾病主要有焦虑症和情感症。

焦虑症主要有泛焦虑症、恐惧症和强迫症。泛焦虑症是由于个体对于信息十分敏感，对任何信息反复加工，即使大多数人认为没有危险，不必为此担忧的事情，他们也会感到对自己产生危害，结果怕这怕那，天天处在警戒状态之中，总觉得不幸的事时时可能发生，使自己陷于焦虑与恐惧之中不能自拔。恐惧症是个体对正常情况下不具任何伤害性事物的恐惧。如有人看到一朵红花而恐惧，有人因怕蛇而不敢出门，有人怕登高等。对于恐惧形成的原因，精神分析的观点认为可能是在童年时，心理受到伤害而压抑到潜意识中，成年后遇到某一情景使其情绪陷入恐惧；行为主义的观点认为可能是因某次惊恐事件而形成的条件反射。强迫症是焦虑症的一种。患有此病的患者总是被一种入侵式的思维所困扰，在生活中反复出现强迫观念及强迫行为，使患者感到不安、恐慌或担心，而进行某种重复行为。患者自知力完好，知道这样是没有必要的，甚至很痛苦，却无法摆脱。

情感症主要是抑郁症，抑郁症是一种以情感低落、兴趣减退、思维迟缓、言语动作减少为特点的心理疾病。患者一般主观上感到强烈的悲伤和忧郁，阻碍其正常生活和社会交往。常伴有相应的思维和行为改变、没有信心，重症抑郁有自杀倾向。引起抑郁症的因素包括遗传因素、体质因素和精神因素等。

（四）消极情绪与生理疾病

消极的不良情绪状态，如恐怖、焦虑、愤怒等会使肾上腺素皮质类固醇等内分泌激素增加，因而造成人的心率加快、血管收缩、血压升高、呼吸加深、胃肠蠕动减慢等。这些不良情绪如果持续时间过长或长期受到压抑而得不到宣泄，就会使人的整个心理状态失去平衡，体内生理生化过程就难以恢复正常，久之必然引起身体的疾病。

愤怒、焦虑等消极情绪的持续作用将造成循环系统功能紊乱而出现心律不齐、高血压、冠心病等。应激事件也与高血压有关，如失业、离婚等容易引起高血压。国内外研究表明，冠心病患者情绪障碍发生率高，以焦虑和抑郁症状为甚（施慎逊，陆静，2000；A. A. Ariyo & M. Haan，2000）。有调查表明老年冠心病患者焦虑症状发生率明显高于抑郁症发生率（施慎逊，陆静，2000）。张怀惠等人（2003）报告冠心病患者60%同时伴有焦虑抑郁情绪，同时老年冠心病患者焦虑发生率明显高于抑郁发生率。而在张静平等人的研究中发现，抑郁发生率明显高于焦虑症状发生率（2007）。

长期处于忧愁、悲伤等状态下，可使消化道功能受累，从而导致胃、十二指肠溃疡。研究表明，人在情绪激动、焦虑、发怒和怨恨时，胃膜充血，胃肠流动增强，血管充血，胃酸持续升高，久而久之，胃膜发生糜烂。抑郁、惊恐等消极情绪与神经性皮炎、皮肤瘙痒症、荨麻疹和斑秃等皮肤病有密切关系。敏感、依赖性强、暗示性强、应激的人容易引起支气管平滑肌收缩，长期如此就形成支气管哮喘。威廉姆斯（Williams）调查了487例不同年龄的哮喘病人，发现心理致病因素占30%。

【建议参考资料】

1. 朱宝荣. 应用心理学教程［M］. 北京：清华大学出版社，2004.

2. 刘淑慧. 情绪与运动竞赛［M］//孟昭兰. 情绪心理学. 北京：北京大学出版社，2005.

3. 侯晓晖. 聚焦情绪与道德发展：各派心理学理论观［J］. 现代教育科学，2008，(1)：6－7，27.

4. 张剑. 员工情绪与管理［M］. 北京：清华大学出版社，2009.

5. 乔建中，王云强. 情绪状态与身体健康研究的新进展［J］. 中国心理卫生杂志，2002，16（10）：704－706，698.

6. 王云强，乔建中. 情绪活动对免疫系统的影响［J］. 心理科学进展，2004，12（4）：519-523.

7. 乔建中. 知情交融教学模式的理论探析［J］. 南京师大学报（社会科学版），2006，(1)：89－95.

8. 郭德俊，田宝，陈艳玲，周鸿兵. 情绪调节教学模式的理论建构［J］. 北京师范大学学报（人文社科版），2000，(5)：115－122.

9. 郭小艳，王振宏. 积极情绪的概念、功能与意义［J］. 心理科学进展，2007，15（5）：810-815.

10. 任俊，高肖肖. 道德情绪：道德行为的中介调节［J］. 心理科学进展，2011，19

(8)：1224－1232.

11. 艾树，汤超颖. 情绪对创造力影响的研究综述［J］. 管理学报，2011，8（8）：1256－1262.

【问题与思考】

1. 主要的道德情绪有哪些？对道德行为的形成有什么意义？
2. 什么是情绪智力？对个体与组织工作行为有哪些影响？
3. 在教学过程中，认知与情绪应怎样协调作用？
3. 运动员参赛有哪些情绪体验？这些情绪有哪些效能？
4. 分别说明积极情绪与不良情绪对个体身心健康的影响。
5. 情绪对创造性有哪些影响？你认为应怎样调节情绪激发个体的创造性？

图书在版编目(CIP)数据

情绪心理学 / 郭德俊，刘海燕，王振宏编著. －北京：开明出版社，2012.10

（新世纪心理与心理健康教育文库）

ISBN 978－7－5131－0228－5

Ⅰ.①情… Ⅱ.①郭… ②刘… ③王… Ⅲ.①情绪－自我控制 Ⅳ.①B842.6

中国版本图书馆 CIP 数据核字(2011)第 119647 号

责任编辑：吴晨紫　范英　任玉丹　王桢

书　名：情绪心理学
出品人：焦向英
出　版：开明出版社
（北京海淀区西三环北路 25 号 邮编 100089）
经　销：全国新华书店
印　刷：保定市中画美凯印刷有限公司
开　本：700×1000 1/16
印　张：16.5
字　数：318 千字
版　次：2012 年 10 月 北京第 1 版
印　次：2012 年 10 月 北京第 1 次印刷
定　价：42.00 元

印刷、装订质量问题，出版社负责调换货　联系电话：(010)88817647